水上溢油源快速鉴别技术

RAPID IDENTIFICATION TECHNOLOGY FOR OIL SPILL SOURCES ON WATER

刘敏燕　徐恒振　主编

中国环境出版社·北京

图书在版编目（CIP）数据

水上溢油源快速鉴别技术/刘敏燕，徐恒振主编.
—北京：中国环境出版社，2014.8
ISBN 978-7-5111-1736-6

Ⅰ．①水…　Ⅱ．①刘…　②徐…　Ⅲ．①海上溢油—
污染测定　Ⅳ．①X550.2

中国版本图书馆 CIP 数据核字（2014）第 027461 号

出 版 人	王新程
责任编辑	沈　建
责任校对	尹　芳
封面设计	彭　杉

出版发行　中国环境出版社
（100062　北京市东城区广渠门内大街 16 号）
网　　址：http://www.cesp.com.cn
电子邮箱：bjgl@cesp.com.cn
联系电话：010-67112765（编辑管理部）
　　　　　010-67113412（教材图书出版中心）
发行热线：010-67125803，010-67113405（传真）

印　　刷	北京中科印刷有限公司
经　　销	各地新华书店
版　　次	2014 年 8 月第 1 版
印　　次	2014 年 8 月第 1 次印刷
开　　本	787×1092　1/16
印　　张	15
字　　数	353 千字
定　　价	45.00 元

《水上溢油源快速鉴别技术》
编委会

序

　　我国是世界第二大石油进口国，2012 年我国石油净进口量为 2.84 亿吨，石油对外依存度上升至 58%，随着经济发展对能源需求的进一步增加，这个比例将进一步加大。石油进口主要采用海洋运输，促使海洋运输业得到了长足发展，然而，与之结伴而来的海上溢油事故不断发生，海洋石油污染已引起各国的关注。目前，世界上许多国家如美国、韩国、日本及欧洲沿海国家先后形成了先进的溢油鉴别技术和较完善的溢油鉴定体系。但是，我国在这方面还存在一定的差距。近些年来，随着我国对于海洋环境的日益重视，逐渐认识到溢油鉴别技术在溢油事故处理中的重要作用，研究人员正在努力开展对溢油鉴别技术的深入研究，并不断地对其修订完善。

　　该书系统介绍了溢油源快速鉴别方法，通过开展油指纹鉴别，为溢油事故快速鉴定和应急处理提供科学依据，有利于开展针对性的事故调查，提高调查效率。我们相信，该书的出版发行，为贯彻落实《海洋环境保护法》、《防治船舶污染海洋环境管理条例》，提升我国海事调查、执法、诉讼、赔偿等能力方面定会起重要作用，并为构建溢油应急反应体系提供技术支撑，为更好地履行国际公约，树立良好的国际形象，维护社会公平稳定，促进航运业发展提供保障和支持。

中国航海学会常务副理事长

2014 年 1 月

前　言

本书中所说的溢油，是指由于船舶事故或排放造成海洋环境污染的油类，其中油类主要指原油、燃料油、润滑油、舱底油及其他油品，不适用于沸点低于 200℃的非持久性油类。随着我国海上油类运输的发展，海上船舶溢油事故风险加大。据统计，1973—2007 年，我国沿海共发生大小船舶溢油事故 2 742 起，其中溢油 50 t 以上的事故共 79 起，总溢油量 37 877 t。一旦发生海上溢油事故，泄漏到水体中的石油不仅带来严重的经济损失，更对海洋生态环境和周边海岸造成重大污染。

溢油源鉴别是溢油应急反应系统的重要组成部分，在溢油污染事故调查处理中发挥着非常重要的作用。20 世纪 80 年代以来，美国、加拿大、欧洲等国家和地区相继建立了自己的溢油鉴别体系。我国 2007 年发布了国家标准《海面溢油鉴别系统规范》（GB/T 21247—2007），对海面溢油的分析方法和鉴别流程做了详细的规定说明。但由于我国海事部门在执法过程中，特别是船舶溢油事故调查中，可能会扣留多条可疑溢油船舶，为了尽量减少船方因为船期延误而造成的经济损失，海事部门难以做到较长时间扣留所有的嫌疑船舶等待实验结果，必须在尽量短的时间内缩小嫌疑船舶范围，放行无关船舶，并最终准确确定肇事船舶。因此如何选择快速、准确的鉴别方法成为海事执法中亟待解决的问题。

为此，科技部在"十一五"期间设立了国家科技支撑项目"远洋船舶压载水净化和水上溢油应急处理关键技术研究"之"水上溢油事故应急处理技术"。该项目把握鉴别方法的"快速"主线，研究确定了三维荧光光谱法（3D-FS）和气相色谱-质谱法（GC-MS）相结合的溢油源快速鉴别方法，研制成功了"滚动式水面油膜采样装置"，首次建立了适用于船载货油、燃料油的数字化 O-DNA 溢油指纹鉴别自动比对系统；在国内外首次突破了经溢油分散剂处理的和混合溢油品种的鉴别技术；制定了行业标准《水上溢油源快速鉴别规程》，该鉴别方法自 2007 年以来成功应用于 60 余次溢油事故的鉴别中。项目研究组在上述研究成果的基础上，重新进行了认真整理总结，撰写完成《水上溢油源快速鉴别技术》一书。

本书共分六章：第一章概述了国内外溢油鉴别发展概况，以及我国海事执法对于溢油源快速鉴别的需求；第二章详细介绍了船舶污染事故调查程序、水上溢油采样方法以及新型采样装置滚动式水面油膜采样装置的研制过程；第三章对基于荧光光谱分析法、气相色谱—质谱法的水上溢油源快速鉴别技术的建立过程进行了详细介绍；第四章针对风化油品、经溢油分散剂处理油品和混源油品等复杂油品的鉴别技术研究进行了展示；第五章概述了溢油指纹库自动比对系统的主要内容和系统功能；第六章针对单一油品、经风化油品、经溢油分散剂处理油品和混源油品开展了溢油鉴别方法的现场验证实验。

本书的出版是项目研究组集体智慧和科研成果的结晶，书稿的编写得到项目各协作单位领导的高度重视，项目研究组全体人员精诚团结、齐心协力、加班加点、不辞劳苦，高质量、高水平地超额完成了各项任务，在此对他们的敬业精神和辛勤劳动表示崇高的敬意！同时，书稿的撰写还得到了交通运输部海事局船舶处鄂海亮处长，危管防污处董乐毅副处长、徐石明、徐翠明的悉心指导和热情鼓励；交通部环境保护中心劳辉总工、大连海事大学韩立新教授、广州海事法院吴自力庭长、李民韬法官等提出了宝贵的意见；日照海事局李积军局长、山东海事局张向上处长、天津海事局隋旭东主任、辽宁海事局管永义主任和韩俊松副处长，中国海洋石油总公司质量健康安全环保部环保经理朱生凤等给予了大力支持，还得到了海事、海洋、司法、航运、保险、环保、清污机构等各领域专家、学者和同仁的支持和帮助；国际油污损害赔偿基金（IOPC）两届总干事 Willem Osterveen 先生、Mans Jacobsson 先生，执行委员会主席 Jerry Rysanek 先生，国际油轮船东防污染联合会（ITOPF）总干事 Tosh Moller 博士、Richard Johnson 经理和 Michael O'Brien 博士以及英国保赔协会（UK P&I club）Herry Lawford 先生等国际友人也给予了大力帮助，在此表示衷心的感谢！

由于项目研究组的水平所限，书中的缺点和错误在所难免，敬请读者批评指正。

作　者

2013 年 6 月

目　录

第一章　国内外溢油鉴别发展概况

第一节　溢油源快速鉴别的需求分析

一、溢油源鉴别概念

所谓溢油源鉴别，即要解决这样一个问题：石油污染物的源头在哪里？石油是由上千种不同浓度的有机化合物组成，这些有机物是在不同地质条件下，经过长期的物化作用演变而成，因此不同条件或环境下产出的油品具有明显不同的组成特征和化学特征，其光谱、色谱图因此而不同。同时，因制造、储存、运输、使用的环节不同，更增加了油品组成的复杂性。油品的组成特征和化学特征如同人类指纹一样具有唯一性，人们把油品的组成特征和化学特征称为"油指纹"。通过对海面溢油和溢油源油样的"油指纹"进行比对鉴定来确认溢油源，这种方法即溢油源鉴别。

溢油源鉴别是溢油事故调查处理的重要取证手段，而油指纹鉴别则作为目前溢油鉴别的主要技术，通过分析比较可疑溢油源和溢油样的各类油指纹信息，为溢油事故处理提供非常重要的科学依据。

二、溢油源鉴别在海事执法中的作用

随着我国海上油类运输的发展，海上船舶油污染事故呈上升趋势，一旦发生溢油事故，泄漏到水体中的石油不仅带来严重的经济损失，更对海洋生态环境和周边海岸造成重大污染。本书中所说的溢油，是指由于船舶事故或排放造成海洋环境污染的油类，其中油类主要指原油、燃料油、润滑油、舱底油及其他油品，不适用于沸点低于 200℃的非持久性油类。溢油源鉴别是溢油应急反应系统的重要组成部分，在溢油污染事故调查处理中发挥着非常重要的作用。

以往海上发生船舶溢油事故，主管机关为查找肇事船，一般采用询问嫌疑船舶有关当事人、勘查船舶管系和溢油现场、分析风流对溢油流向的影响、排除其他嫌疑溢油源等方法确定肇事船舶。但通过这些方法获取证据，存在着随意性，证据证明力度不够等问题，尤其是船舶操作性溢油，现场证据易人为破坏，事故调查困难。运用溢油源鉴别手段，由于技术鉴定本身具有客观公正、科学合理和合法等特点，可有效弥补其他调查手段的不足，保证事故认定的准确性和科学性，也为事故的进一步处理和索赔提供了科学有力的证据支持。同时，利用鉴定技术能迅速确定溢油来源和种类，并据此开展有针对性的调查，从而

提高调查效率，最大限度地减少船舶滞港时间①。

三、溢油源鉴别需求

一般港口、码头发生污染事故时，经常有多艘船舶同时在港，通常可以圈定几艘甚至几十艘嫌疑船舶，且每艘船舶需从货舱、燃油舱、污油舱等多个地方采集油样，一般溢油事故采集的样品多达数十种。为了尽量减少船方因为船期延误而造成的经济损失，海事部门难以做到较长时间扣留所有的嫌疑船舶等待实验结果，必须在尽量短的时间内缩小嫌疑船舶范围，放行无关船舶，并最终准确确定肇事船舶。因此，如何选择快速、准确的鉴别方法已成为海事执法中亟待解决的问题。

1. 建立快速、实用采样方法

油品进入海洋环境后，受风、浪、流、光照、气温、水温和生物活动等因素的影响，无论在数量上、化学组成上、物理性质及化学性质方面都随着时间发生变化。越早采集溢油样品，其可用于鉴别的信息点越准确、全面，因此，溢油发生后，快速、实用的采样方法已成为溢油鉴别的首要步骤。

目前国内外针对海面溢油的采样方法很多，国际国内标准规范中建议的聚四氟乙烯袋、聚四氟乙烯网、吸油片等采样装置，成本高、国内生产厂家少，目前推广范围小；国内使用较为广泛的桶、盆等传统采样装置，受环境影响大，油膜采集效率低。因此，如何安全、高效、足量地采样，成为溢油鉴别的关键之一。

2. 建立快速的溢油源鉴别方法

溢油源鉴别方法是溢油鉴别流程中的核心步骤，目前国内外溢油鉴别方法很多，一些国家相继推出了完整的溢油鉴别体系，使溢油鉴别工作更高效、科学和有序。本书紧密结合海事执法过程中针对溢油鉴别应"快速"、"准确"的实际需要，从样品前处理、分析方法、数据处理等多方面在已有的鉴别方法中寻求突破，建立快速的溢油源鉴别方法。

3. 建立复杂油品鉴别方法

在实际溢油事故中，往往会遇到以下情况：①在近海区发生小规模溢油事故后，有时不能马上被人发现，经过在海面上一段时间的漂流后，油品风化；②少量油品泄漏后，部分船方为逃避责任，对海面溢油喷洒溢油分散剂；③同一地点两艘及以上船舶发生溢油后溢油品种被混合，或同一船不同位置发生溢油后溢油品种的混合，如货油、机舱油、燃料油等多种油品被混合。

上述油品分别称为风化油品、经溢油分散剂处理的油品和混源油品。统称为复杂溢油油品。这些复杂溢油油品的物理和化学性质均得到了不同程度的破坏。目前，已有风化油品的鉴别方法，但有关经分散剂处理过的油品及混源油品的鉴别方法，国内尚属空白。对此，本书第四章将着重研究复杂油品的鉴别方法。

4. 建立油指纹库自动比对系统

油指纹库建设体系是目前国际上普遍采用的、先进的溢油鉴别及其污染防治技术。目前，国内油指纹库主要依靠油品的气相色谱/质谱方法而建立。油指纹库的作用主要体现在

---

① 张春昌. 论溢油源鉴别在海事行政执法中的法律适用[J]. 交通环保，2001（6）：15-17.

以下几个方面①：

第一，油指纹库是实现油指纹快速鉴别的重要基础。根据存储在油指纹库中的已知油品的信息，以一定的程序进行检索，将嫌疑溢油样信息与库中油样信息进行比较，根据彼此之间的相似性，按最佳匹配顺序列出检索结果。尤其是针对海上运输日益增多、无主漂油事件不断发生的情况，油指纹库的作用更加突出。如可先通过检索油指纹库，初步确定溢油品种、国别，从而缩减扩大嫌疑船舶搜寻范围。

第二，油指纹信息可为准确预测溢油漂移扩散提供重要数据。

第三，溢油的损失评估离不开溢油指纹信息，尤其是油品组分、毒性高低和被降解能力信息等。

总之，油指纹库自动比对系统是溢油应急反应系统良好运行的重要基础。其关键技术是如何选择那些既能表征溢油固有特征又受风化影响和误差影响较小的成分（或指标）作为溢油谱图指纹的数据处理信息点。根据油指纹信息点及谱图相似度信息对可疑溢油源进行排序，为鉴定提供技术参考指标。目前，我国油指纹库建设体系尚不完善，国内现有油指纹库主要针对海上石油平台原油开发。本书旨在建立适用于船载货油、燃料油的油指纹库自动比对系统，为进一步丰富我国的溢油源鉴别体系，提供技术支撑。

5．建立水上溢油源快速鉴别规程

溢油源鉴别是融科学性与法律性为一体的行政执法的重要依据。其中，科学性是其基础，法律性是溢油源鉴别运用于行政执法的保证。目前，我国已制定了有关海面溢油鉴别的国家标准，但尚不能满足海事执法实际要求。因此，配套建立的溢油源快速鉴别方法，建立健全适合于海事管理机构行政执法的溢油鉴别行业标准尤为必要。

第二节　溢油鉴别主要技术与方法

溢油源鉴别技术作为溢油污染事故鉴定的科技手段始于20世纪60年代。70年代美、日等国相继推出标准方法，80年代北欧各国也颁布了北欧标准，中国起步相对较晚，但一直在不断探索研究中。

一、溢油鉴别常用方法

溢油鉴别是溢油事故调查处理的重要取证手段②。溢油鉴别采取的策略通常包括主动标识和被动标识③。主动标识是在溢油发生前，在油品中加入各种不同的化学标识物，以标记每一种可能的油源；被动标识是依据每个油品的固有性质，将溢油样品的化学特征和可疑源油品的化学特征进行对比。由于油品种类繁多，运输量大，标识物本身的毒性等原因，主动标识并未得到实际的应用。目前，国际上比较普遍应用的为被动标识。依据油品

① 孙培艳，包木太，王鑫平，等．国内外溢油鉴别及油指纹库建设现状及应用[J]．西安石油大学学报：自然科学版，2006，21（5）：72-74；Wang Zhendi，Fingas Merv. Developments in the analysis of petroleum hydrocarbons in oils petroleum products and oil-spill-related environmental samples by gas chromatography[J]. Chromatography A，1997（774）：51-78.

② 戴云从，李伟．海面溢油鉴别技术在查处船舶油排污方面的应用初探[J]．海洋环境科学，1985，4（3）：50-55.

③ 曹立新，于沉鱼，林伟，等．美国海岸警备队的溢油鉴别系统[J]．交通环保，1999，20（2）：39-42.

的固有性质，通常可以从以下 4 个方面分别对油品进行鉴别：①物理性质：测试油品的折射率、燃烧点、运动黏度、流动点等；②元素分析：分析油品中的钒、镍、铁、镁、氮和硫等元素；③光谱分析：应用红外光谱（IR）、紫外光谱（U）和荧光光谱（FS）；④色谱分析：应用气相色谱（GC）、薄层色谱（TLC）、纸色谱、凝胶渗透色谱（GPC）、高效液相色谱（HPLC）、气相色谱/质谱法（GC/MS）和单分子烃稳定碳同位素法（GC/IRMS）等。光谱分析和色谱分析是目前溢油鉴别的主要方法。目前应用较多的是荧光光谱法、红外光谱法、气相色谱法和气相色谱/质谱法。

1. 荧光光谱法（FS）

利用紫外光（或短波可见光）照射油品试样，油样中共轭双键构型的有机化合物分子（如苯）或某些无机物分子所产生的荧光现象所建立起来的分析方法，称为荧光光谱法。该方法通过检测油品中芳烃的荧光强度区分油种。荧光光谱法具有灵敏度高、选择性好、试样量少、操作简单、便于现场分析等优点[①]。在溢油鉴别中，应用较多的是普通荧光分析法、同步荧光分析法和三维荧光光谱分析法等[②]。

普通荧光分析法　在选定适当的激发波长位置后，进行发射波长的连续扫描，便得到了普通荧光光谱图。这是一种能快速得到简单光谱图的方法。该光谱图结构较明显，一般可根据特征峰的峰数、特征峰的位置及整个峰形来进行综合判断。由于普通荧光光谱图图形简单，不能确定原油等碳氢多元混合物组分的细微差别，故难以鉴别较相似的油样。

同步荧光分析法　同步扫描荧光光谱是激发波长和发射波长以相同的速度，保持恒定的波长差Δλ连续扫描而成，连接了激发波长和发射波长两者的变化关系，比普通的荧光光谱具有光谱简化、谱带窄化、减小光谱的重叠现象、减小散射光的影响等优点，使其比普通荧光光谱更具对某种复杂混合物的表征能力，增加了辨别油样的可能性。

三维荧光光谱分析法　是 20 世纪 80 年代在荧光光谱分析的基础上发展起来的一种新的分析技术，描述荧光强度同时随激发波长和发射波长变化的关系谱图，表现形式有等角三维投影图和等高线光谱图两种。前者是一种直观的三维立体投影图，后者是通过记录不同激发波长处的荧光光谱并连接各荧光光谱上相同荧光强度的各点，组成同心圆。三维荧光光谱与传统的二维荧光光谱法相比，可提供更多信息点，在溢油鉴别分析中显现出较大优势和发展空间。

2. 红外光谱法（IR）

利用红外光照射物质，不同的物质结构对红外光的吸收强度不同，从而在不同波长产生的吸收光谱不同，依此建立的分析方法称为红外光谱法。该方法通过检测石油中所含的芳烃、烯烃、烷烃等化合物以及氧、硫等物质产生的红外光谱的位置、强度和轮廓来区分油种。由于红外光谱分析提供的信息较少，且受人为影响较大，在油种鉴别中具有一定的局限性，目前已应用较少[③]。

3. 气相色谱法（GC）

油品进入色谱柱后，经过一定时间各个组分可先后有序地被分离出来，从而得到不同

① 许金钩，王尊本. 荧光分析法[M]. 北京：科学出版社，2006.

② 张丹丹. 海面溢油的荧光光谱鉴别法述评[J]. 环境保护科学，2000（26）：34-36.

③ 韩云利. 海上溢油的油指纹鉴定研究[D]. 大连海事大学，2008.

组分的保留时间以及每一组分的含量气相色谱图。该方法主要测定油中的正构烷烃、有机硫和有机氮。可用目视比较识别油种的差异，同时，还可用特征峰比值比较和模糊识别等方法进行数据处理。对于组分差异较大的油品，其原始指纹差别较大，可以直接鉴别为不同油品组分。比较相似的油品，原始指纹比较相似，必须进一步根据其正构烷烃的相对浓度分布及特征比值等指纹信息加以区分。

气相色谱可以给出油品的两种信息：色谱谱图和组分信息。不同的油样，在相同的色谱分析条件下会有不同的谱图。在初步的鉴别中，可以通过气相色谱图的轮廓比较得出结论。气相色谱法在溢油鉴别中应用比较广泛，但是由于其所测组分容易受风化影响，因此，在鉴别溢油源时，一般与其他方法配合使用[①]。

气相色谱/质谱法（GC-MS）是通过分析待测油品中多环芳烃和生物标志物来区分油种的。因为多环芳烃和生物标志物受风化作用的影响相对较小，因此，对风化程度较重的溢油也能鉴别。光谱法只限于测定某一类物质如芳烃化合物的量或一些特征基团的量[②]；气相色谱法只能通过色谱图指纹定性、峰面积定量，难以测定生物降解严重的油样；而采用气相色谱/质谱法鉴别溢油，可从更多的途径进行分析[③]。气相色谱/质谱法相对于气相色谱法来说，具有更高的选择性和更强的定性能力。通过设定特定的定性定量离子，可以实现较为精确的定性和定量。

二、溢油源鉴别常用方法比较

油品光谱、色谱图的复杂性如同人类指纹一样，具有唯一性，因此，人们把油品的光谱、色谱图称为"油指纹"。通过分析比较可疑溢油源和溢油样品的各类油指纹信息，为溢油事故处理提供非常重要的科学依据。将上述 4 种方法的鉴别指标和优缺点进行比较[④]，结果见表 1-1。

表 1-1　4 种溢油方法的鉴别指标及优缺点比较

序号	鉴别方法	鉴别指标	优点	缺点
1	荧光光谱法（FS）	多环芳烃	灵敏度高，受风化影响程度小，分析快速，适用于现场操作，对荧光化合物和杂质较敏感	难以有效鉴别相似油种，鉴别精度稍差
2	红外光谱法（IR）	$250 \sim 4\,000\ \mathrm{cm}^{-1}$ 范围内谱图	分析速度较快，操作简单，分析结果准确度较高，对于羟基化合物较敏感	受风化影响较大，谱图分析的准确性受人为影响较大，提供比对信息较少，对少量的荧光杂质并不敏感

① 包木太，文强，崔文林. 六种成品油的正构烷烃色谱指纹提取与鉴别[J]. 2007，22（1）：87-90.

② 韩云利. 海上溢油的油指纹鉴定研究[D]. 大连海事大学，2008；L. F. 哈奇，等. 工业石油化学——从烃类到石油化学品[M]. 姜俊明，朱和，等译. 北京：烃加工出版社，1987：11-13.

③ 文强. 原油混合油指纹鉴别分析[D]. 中国海洋大学，2007.

④ 陈伟琪，张珞平. 气相色谱指纹法在海上油污染源鉴别中的应用[J]. 海洋科学，2003，27（7）：67-70；张丹丹. 海面溢油的荧光光谱鉴别法述评[J]. 环境保护科学，2000，26（101）：34-36；叶立群，钟燕青. 利用气相色谱-傅里叶红外光谱法联合鉴别溢油污染源[J]. 交通环保，2002，23（4）：25-27；戴云从. 用红外光谱法鉴别海面溢油源[J]. 海洋环境科学，1983，2（2）：133-141.

序号	鉴别方法	鉴别指标	优点	缺点
3	气相色谱法（GC）	正构烷烃	操作简便，对于轻（中）度风化的溢油鉴别准确	不能鉴别谱图相似的油品，受风化影响较大
4	气相色谱/质谱法（GC/MS）	总离子流图、萜烷和甾烷的特征离子碎片 m/z191 和 m/z217 的色谱图指纹	受风化影响程度小，可简化前处理，鉴别指标明确	鉴别过程较烦琐，时间较长

第三节　国内外溢油鉴别体系

目前，国内外溢油源鉴别方法较多，一般来说，所有的鉴别方法在油品鉴别过程中都可以单独使用，但海洋环境中溢油的组分及其变化极为复杂，而且在许多情况下，往往不是单一油种，还含有其他的油类，所以有时单靠某种方法常常难以达到鉴别的目的，故上述鉴别方法可以联合使用，以建立快速有效的溢油鉴别体系。

一、国外溢油鉴别体系概况

1. 欧洲溢油鉴别体系

1983 年，欧洲 6 个国家（比利时、丹麦、德国、挪威、葡萄牙和英国）的研究机构在大量研究的基础上，建立了欧洲海上溢油鉴别系统，并于 1991 年进行了修改，形成欧洲海上溢油鉴别系统——Nordtest 溢油鉴别体系（即 NTCHEM 001，1991）。该系统制定了从采样、运输、保存、分析到报告等一系列的溢油鉴别程序，采用逐级鉴别法，分析方法是离子化检测的气相色谱法和气相色谱/质谱法。后经修订，于 1992 年被波恩协议所接受作为波恩协议内部溢油鉴别的推荐方法[①]。溢油鉴别程序见图 1-1。

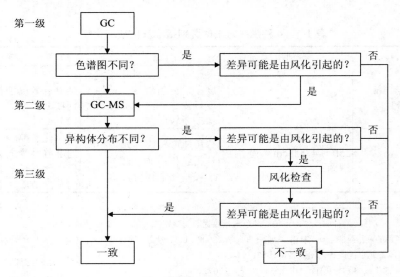

图 1-1　NORDTEST 溢油鉴别程序

---

① NORDTEST. NTCHEM 001 Oil Spill Identification[S]. 1991.

欧洲标准化委员会于 2006 年制定了欧洲标准 CEN/TR 15522—2006（溢油鉴别——水上石油及成品油）[①]，分采样程序、分析方法和结果说明两部分，规定了溢油鉴别的程序分 3 个层次，主要采用气相色谱法和气相色谱/质谱法。该标准是对 Nordtest 溢油鉴别体系技术上的修订，目前在国际应用较为广泛。溢油鉴别程序见图 1-2。

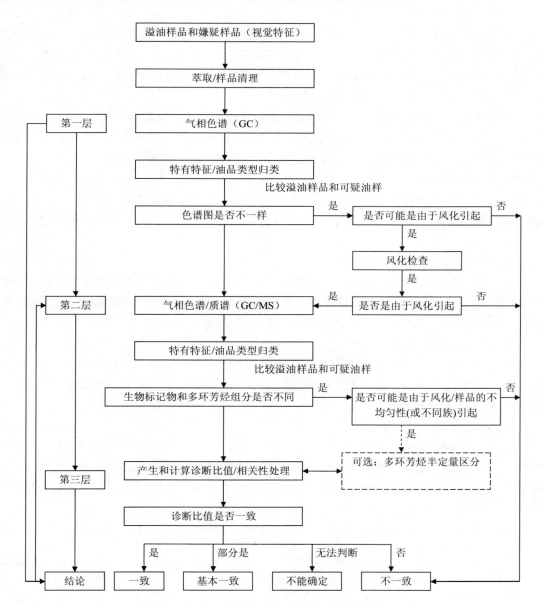

图 1-2　CEN/TR 15522—2006 标准中溢油鉴别程序

① Standards Policy and Strategy Committee. CEN/TR 15522-2006 Oil spill identification-Waterborne petroleum and petroleum products，Part 1：Sampling；Part 2：Analytical methodology and interpretation of results[S]；曹立新，于沉鱼，林伟，等. 美国海岸警备队的溢油鉴别系统[J]. 交通环保，1999，20（2）：39-42.

2．美国溢油鉴别体系

美国在环境保护局主持下[①]，由爱索研究工程公司、菲利普科学公司、伍兹霍尔海洋研究所以及 Baird Atomic 有限公司分别承担研究任务，采用了大量分析仪器和技术，如吸附色谱法、分子发射和吸收光谱法、原子吸收光谱法、气相色谱法等，以油品中的正构烷烃、多环芳烃、Ni、V、S 和 N 等为鉴别指标，对溢油进行鉴别。美国海岸警备队的海上安全实验室为溢油事件提供了准确的科学根据，"油指纹"成功地帮助政府部门向溢油者征收清除溢油的清洁费和民事罚款。海岸警备队确定的溢油鉴别方案包括样品收集、样品保存、样品制备和处理、样品分析。对于样品分析，主要采用 4 种分析方法，即红外光谱法、荧光光谱法、气相色谱法和薄层色谱法[②]。

美国材料与试验协会推出了一系列美国国家标准方法 ASTM D4489-95（2006）、ASTM D3325-90（2006）、ASTM D3650-93（2006）等[③]，规范了从油品采样、油样保存、水上油品鉴别以及应用红外光谱、荧光光谱测定水上石油对比标准实验等标准方法规程。其中，ASTM D3415-98（2004）《水上油鉴别标准实施规程》规定，应用气相色谱，红外光谱、荧光光谱作为可疑油样和溢油样进行排除，再应用气相色谱/质谱法进行分析。气相色谱法和气相色谱/质谱法已经被作为两种重要的溢油鉴别方法，为溢油污染事故的调查处理提供了准确的科学依据。

3．日本溢油鉴别体系

日本海上保安试验研究中心作为日本海上保安厅的技术支持系统，其下属的化学分析课主要负责溢油鉴别工作，分析方法主要采用气相色谱法、火焰光度检测器的气相色谱法、凝胶渗透色谱法、傅里叶红外光谱法以及气相色谱/质谱法[④]。

4．韩国溢油鉴别体系

韩国海洋警察厅的污染管理局负责溢油事故的管理和溢油鉴别工作，并对进口的所有原油建立了相应的油指纹库。所用的油指纹分析方法包括气相色谱法、红外光谱法、荧光光谱法和气相色谱/质谱法。

5．加拿大溢油鉴别体系

加拿大环保部溢油应急响应中心建立了一套基于气相色谱法和气相色谱/质谱法的油指纹鉴别体系，并探索确定了内标法定量油品中正构烷烃、多环芳烃和生物标志物等 100 多种化合物的油指纹分析方法，分析检测油品中包括密度、黏度、含水率、含硫量等多种

---

① 曹立新，于沉鱼，林伟，等. 美国海岸警备队的溢油鉴别系统[J]. 交通环保，1999，20（2）：39-42.

② 徐基衢. 海上环境溢油的鉴别[J]. 海洋环境科学，1982，1（1）：115-125.

③ ASTM. D3325-90（Peapproved 2006）Standard Practice for Preservation of Waterborne Oils[S]. 2006；ASTM. D3326-2007 Standard Practice for Preparation of Samples for Identification of Waterborne Oils[S]. 2007；ASTM. D3328-2 006 Standard Test Methods for Comparison of Waterborne Petroleum Oils by Gas Chromatography[S]. 2006；ASTM. D3414-98（Peapproved 2004）Standard Test Methods for Comparison of Waterborne Petroleum Oils by Infrared Spectroscopy[S]. 2004；ASTM. D3415-98（Peapproved 2004）Standard Practice for Identification of Waterborne Oils[S]. 2004；ASTM. D3650-93（Peapproved 2006）Standard Test Methods for Comparison of Waterborne Petroleum Oils by Fluorescence Analysis[S]. 2006；ASTM. D4489-95（Peapproved 2006）Standard Practice for Sampling of Waterborne Oils[S]. 2006；ASTM. D4840-99（Peapproved 2004）Standard Guide for Sample Chain-of-Custody Procedures[S]；ASTM. D5739-2006 Standard Practice for Oil Spill Source Identification by Gas Chromatography and Positive Ion Electron Impact Low Resolution Mass Spectrometry [S].

④ 蔡文鹏，方新洲. 日本准军事力量——海上保安厅[J]. 现代舰船，2005（2）：15218.

参数，同时开展了模拟风化研究，为许多国家的环保部门和石油天然气公司开展油指纹库建设工作提供服务[1]。

二、国内溢油鉴别体系概况

我国开展溢油鉴别技术研究相对国外较晚，但一直在不断探索研究中。交通部水运科学研究所自 20 世纪 70 年代中期开展了溢油品种鉴别方法、溢油图像识别技术、海面溢油鉴别系统的研究，所用方法一般采用国外介绍的"油指纹"识别法[2]及国际海事组织（IMO）《溢油采样与鉴定指南》，并参考执行，保证溢油事故中采样和鉴定程序的合法有效[3]。

中国海事局烟台溢油应急技术中心自 20 世纪 80 年代初期开始船舶油水分离器中水中油含量分析和船舶油污事故溢油源鉴定，针对荧光光谱法、红外光谱法、气相色谱法、气相色谱/质谱法等溢油鉴别分析方法开展研究应用。2007 年起，该中心开始船舶、海上石油平台油指纹库的建设，收集完成包括原油、船用燃料油、船舶污油和事故溢油样品在内的上千余个油样品，针对不同油种的指纹特征开展研究，在船舶溢油事故污染源鉴定中发挥了重要作用。20 世纪 70 年代中期就开展了溢油品种鉴别方法、溢油图像识别技术、海面溢油鉴别系统的研究，掌握气相色谱、气相色谱/质谱、红外光谱、荧光光谱等化学指纹分析方法，建立了一套较完善的油指纹库建设体系和溢油鉴别技术，并针对各个海区不同区块的石油平台油样建立了油指纹数据库。1997 年国家海洋局颁布了行业标准《海面溢油鉴别系统规范》（HY 043—1997），该规范规定了用气相色谱法、红外光谱法、荧光光谱法 3 种基本方法共同鉴别海面溢油，为我国相关领域应用溢油鉴别技术提供了依据，成为当时我国海面溢油鉴别技术领域中最为先进、成熟、配套、完整的规范，为我国海洋执法管理提供了强有力的技术手段。

我国现行的《海面溢油鉴别系统规范》（GB/T 21247—2007）于 2008 年 4 月 1 日起实施，参考了欧洲标准委员会（CEN）《溢油鉴别规程》（CEN/TR 15522—2）、美国 ASTM 石油分析相关标准、IMO 相关文件以及大量国内外溢油鉴别文献，结合多年的海洋溢油鉴别研究和实践经验制定而成。该标准基于 5 种分析方法，包括荧光光谱法、红外光谱法、气相色谱法、气相色谱/质谱法和单分子烃稳定碳同位素法。采用逐级鉴别方式，首先进行可疑溢油源样品的筛选，以荧光光谱法或红外光谱法作为可选方法进行初步筛选，排除掉明显不一致的可疑溢油源样品；然后进行气相色谱和气相色谱/质谱分析，必要时辅以单分子烃稳定碳同位素分析，进行最终鉴别。该标准详细介绍了鉴别方法的仪器条件、前处理程序、实验流程等。溢油鉴别流程见图 1-3。

[1] Merv Fingas. The basics of oil spill cleanup 2 nd[M]. New York：Lewis Publishers，2001.

[2] 褚家成，王容，张万玉. 海上溢油的风化特性和对污染油种的鉴别[J]. 环境化学，1982，1（4）：297-303.

[3] 溢油采样与鉴定指南[R]. 中国海事局，编译. 2001.

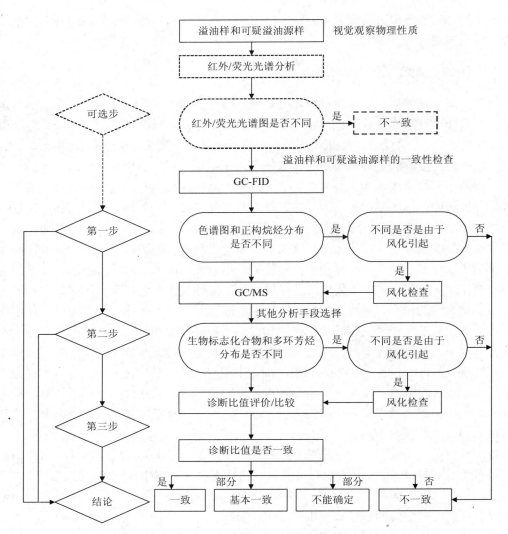

图 1-3　GB/T 21247—2007 标准中溢油鉴别程序

此外,《气相色谱-质谱法测定沉积物和原油中生物标志物》（GB/T 18606—2001），规定了沉积物和原油中生物标志物气相色谱-质谱分析鉴别方法,提供了质量色谱图与参数计算依据。

《海面溢油鉴别系统规范》（GB/T 21247—2007）是我国目前主要使用的溢油鉴别标准。

第四节　溢油鉴别技术的发展趋势

一、DNA 标记法鉴别技术

DNA 标记法用于溢油鉴别、追踪，目前被认为是最先进的方法。DNA 标记法是在示踪法基础上衍生出来的一种生物科技标记系统，它具有安全系数高、不易伪造，性质稳定、可长久保存，无毒无害、对环境无不良影响的优点，适用于各种液体和固体物质，可应用到化工、环保、商业等许多行业。在溢油追踪领域的应用原理与"示踪法"基本相同。就是把人工生成的具有唯一代码的 DNA 标记添加到油中，发生溢油事故后，只需通过检测 DNA 代码就可确定溢油源。DNA 标记受外界环境影响非常小，不论溢油时间长短，都可以做出正确的鉴定结论。这样不仅便于追踪，同时也提高了溢油鉴别的准确率，确保肇事方得到应有的法律制裁。虽然 DNA 标记法比示踪法更具有准确、高效、安全、环保等优点，但能否应用和如何应用到溢油追踪领域中仍有待进一步的实验研究[①]。

近年来，各国科学家们正致力于利用先进技术生成 DNA 标记。当前世界上较具影响力的是英国的 Cypher Science International Ltd.，该公司的产品 Cypher Mark 已在世界上取得了专利。该标记物的序列是由特定软件随意生成，与自然生成的物质有同系关系的概率极小。Cypher Mark 由两种化学成分组成，一种是不足 1 μm 的荧光珠，它可以通过荧光检测器在屏幕上显示出来，以指示标记物的存在；另一种是 DNA，它们基团的化学结构各不相同。Cypher Mark 的序列代码都是唯一的，100 个核苷酸的不同排序能产生 1 060 个不同的代码。标记物生成之后，还需要在欧洲生物信息资源 EMBL 核酸数据库（该数据库与美国 Gen Bank 和日本 DNA 数据库联网使用）里进行同系搜索，以确保 DNA 标记的唯一性。目前该公司与挪威、法国合作致力于 DNA 标记的全面开发和市场推广。

各国已开展的 DNA 标记可行性实验，除了在实验室里进行复杂的实验研究分析外，还对海上船舶进行了一系列现场实验。比如，在船舶加载燃油的整个过程中，由一个小空气驱动配药泵以一定速度、持续不断地把 DNA 标记注入油中，使之与油按一定比例充分混合。

目前，IMO 海上安全委员会（MEPC）第 45 次会议指导散装液体和气体分委会（BLG）把油标记法列入工作方案。BLG 第 7 次会议上，分委会讨论了 DNA 标记是否适用于溢油追踪，并综合考虑各方面因素，继续进行全面的研究和实验，以权衡利弊。

二、同位素鉴别技术

同位素指纹技术，尤其是近年来发展起来的分子同位素技术（又称单体化合物同位素分析），使得有机质碳同位素研究进入分子级水平。当风化作用强烈，通过烃类分布形式、生物标志化合物等化学指纹已难以明确判识时，同位素指纹因其特征性和稳定性，正日益成为重要且有效的油类污染物的"环境示踪剂"[②]。

1. 微量元素同位素鉴别技术

石油中含有微量的铊、铋、铅、铜、钾等元素的同位素。在不同产地的石油中，同位素的种类、数量各不相同。当石油从原产地向更广泛的自然界渗透时，其所含同位素的多项指标基本保持不变。张景廉等对辽河油田原油、有机质中 Pb、Sr、Nd 同位素进行了研究[③]。俄罗斯专家对俄罗斯汉特-曼西自治区境内不同地区的石油污染物进行了采样，并用

① 董艳，秦志江. DNA 标记在溢油追踪领域的应用[J]. 交通环保，2003，24（增刊）：17-18.
② 王大锐. 油气稳定同位素地球化学[M]. 北京：石油工业出版社，2000；彭先芝，刘向，叶先贤，等. 化学与稳定同位素指纹示踪原油类污染：以广东南海两次小型溢油事件为例[J]. 地球化学，2004，33（3）：317-323.
③ 张景廉，朱炳泉，陈义贤，等. Pb、Sr、Nd 同位素与辽河油田油源对比[J]. 地学前缘，2000（2）.

伽马光谱测量仪检测了油污中的同位素。根据检测结果，准确地找到了造成石油污染的原油产地[①]。

2. 氢同位素分析

氢同位素指纹分析是近年来应用于溢油鉴别的新技术之一。该技术目前还处于研究阶段。刘金萍对黄骅坳陷古生界烃源岩抽提物中的正构烷烃单体碳、氢同位素进行测定，结果表明在复杂的含油气系统中，正构烷烃单体碳、氢同位素组成分布特征对油源对比有着重要的意义[②]。王彦美以松辽盆地南部上白垩统的烃源岩及原油为研究对象，对烃源岩抽提物和原油中正构烷烃的单体氢同位素组成进行了测定[③]。生物标志化合物和正构烷烃的碳氢同位素组成特征表明，在未成熟—成熟阶段正构烷烃的单体氢同位素组成受热成熟度的影响不明显，可以作为油源对比的一个有用的辅助指标。

3. 碳同位素比率

石油及其产品中稳定的碳形式是不受物理过程和生物过程影响的。例如 $^{13}C/^{12}C$ 就可以用作鉴别溢油的依据。在高温下，将物质燃烧成 CO_2 和 H_2O，然后用同位素质谱（IRMS）分析纯 CO_2 中的同位素比率。此方法主要的优点是可以分析受风化影响很大的样品。因为同位素特征不易受环境等因素影响，因此，已作为特征值；当缺少生物标记物时，GC-IRMS可以提供较好的特征指纹，尤其在重油的鉴别中，不需要依赖于气相色谱较好的分辨率而显示出了独特的优点。

原油的碳同位素组成具有母质继承效应，不同来源的原油及其组分的碳同位素类型曲线形状不同，可以利用这种规律进行溢油鉴别。王传远通过分析中国代表性原油、氯仿沥青"A"组分碳同位素和正构烷烃单体碳同位素组成，探讨碳同位素在溢油鉴别中的应用[④]。生烃演化和油源对比的重要手段之一的单体烃碳同位素分析技术，使碳同位素的应用达到了分子级水平，亦能较好地用于溢油鉴别。

今后，随着同位素应用范围的进一步拓宽，将会有更多的稳定同位素应用到环境科学领域和目标污染物的研究之中。

三、油指纹库鉴别技术

石油由许多不同浓度的有机物构成。这些有机物在不同地质条件下经长期演变而成，其光谱、色谱图因此而不同。这种特性就如人的指纹一样具有唯一性，因此，人们把油品的光谱、色谱图称为"油指纹"。加上石油炼制过程的差异使得石油成品油组分构成也不一致。此外，油品的风化会使油指纹发生不同程度的变化。这些差异就可以作为溢油鉴别的技术依据，从而找出溢油的油源。

随着计算机技术的应用，在溢油源的鉴别研究中，谱图解析工作的计算机化成为可能。溢油谱图库检索是一种最常用的谱图解析方法，也是今后溢油源鉴别研究的发展方向。这

① 王丽. 海洋石油污染物鉴别方法研究及其归宿和来源探讨[D]. 厦门大学，2005.

② 刘金萍，耿安松，熊永强，等. 正构烷烃单体碳、氢同位素在油源对比中的应用[J]. 新疆石油地质，2007，28（1）：104-107.

③ 王彦美，熊永强，王立武，等. 松辽盆地南部上白垩统烃源岩和原油中正构烷烃的氢同位素组成研究[J]. 地球化学，2006，6：602-608.

④ 王传远，车桂美，盛彦清，等. 碳同位素在溢油鉴定中的应用研究[J]. 环境污染与防治，2009，31（7）：21-24.

需要将不同特性的油品信息即"油指纹"集成为一个系统，建成油指纹库。一旦发生溢油事故，就可根据溢油信息检索油指纹库找到油源。

近年来，随着技术的不断发展和研究的不断深入，各国都在不断完善自己的溢油鉴别体系，并建立了相应的油指纹库。1978 年，美国海岸警备队成立了油品鉴别中心实验室（Central Oil Identification Laboratory，COIL），具体负责溢油鉴别工作。美国环保局则对美国境内最常使用的近 20 种油品建立了包括物理性质和化学性质在内的油指纹库。1983 年，欧洲 6 个国家（比利时、丹麦、德国、挪威、葡萄牙和英国）的研究机构在大量研究工作的基础上，建立了欧洲海上溢油鉴别系统。1991 年进行了修订，形成新的欧洲海上溢油鉴别系统（NTCHEM 001，1991），建立了在欧洲生产或在欧洲水域运输的原油的化学指纹数据库。韩国海洋警察厅（Korean National Maritime Police Agency，NMPA）的污染管理局负责溢油事故的管理和溢油鉴别工作，对于进口的所有原油均建立了相应的油指纹库。将来还会进一步完善溢油指纹库，从而使溢油鉴别变得更加便利和快捷。

在我国，近几年，国家海洋局北海环境监测中心也建立了一套与国际接轨的油指纹鉴别体系，主要包括部分渤海原油、陆地原油、成品油和一些外国油品的油指纹库。但是，尚显不够，未来几年需建立起涵盖我国绝大多数生产和运输油品的大型油指纹库，不断提高油指纹分析能力、手段和鉴别能力。

四、多种鉴别技术联用

目前单一溢油鉴别方法都存在一些缺点，如荧光光谱法（FI）对荧光化合物和杂质较敏感，难以有效鉴别相似油种，鉴别精度稍差；红外光谱法（IR）受风化影响较大，谱图分析的准确性受人为影响较大，提供比对信息较少，对少量的荧光杂质并不敏感；气相色谱法（GC）不能鉴别谱图相似的油品，且受风化的影响较大；气相色谱/质谱联用（GC/MS）鉴别过程相对烦琐。鉴于目前没有一种方法能独立解决溢油鉴别的所有问题，因此，将来需进一步开发新方法，并把现有的各种鉴定方法进行联用，以达到更好的效果。

近红外光谱技术是一种快速无损分析技术，王丽结合聚类分析对快速判断溢油种类进行了研究[①]。结果表明，近红外光谱技术结合聚类分析能对体积分数在 0.4～0.8 mL/L 的海面溢油样品正确、快速分类。小波分析是近年来发展起来的一种新的信号处理方法。孙培艳等对渤海海上两个不同区块所产原油的红外光谱进行小波分析，获得了不同尺度下的光谱信息，提高了红外光谱的分辨率[②]。叶立群利用气相色谱法和傅里叶红外光谱法联合鉴别海洋、港口水域的溢油污染源，即先运用气相色谱仪的 FID 检测器对溢油样和若干可疑油源进行初步鉴别，再利用傅里叶红外光谱仪对油品的化学结构作进一步的鉴别，将油品的色谱与光谱数据相互补充，提高了鉴别结果的准确性和可靠性[③]。刘岩开发了一种臭氧氧化衍生液相色谱联用技术分析鉴别海面溢油的方法，得到的油指纹-色谱图具有详细的油指纹单元信息从而便于进行鉴别[④]。张前前将气相色谱和同步荧光光谱所体现的油品的正

---

① 王丽，何鹰，王颜萍，等. 近红外光谱技术结合主成分聚类分析判别海面溢油种类[J]. 海洋环境科学，2004，23（2）.

② 孙培艳，王修林，邹洁，等. 原油红外光谱鉴别中的小波分析法[J]. 青岛海洋大学学报：自然科学版，2003，33（6）：969-974.

③ 叶立群. 利用气相色谱-傅里叶红外光谱法联合鉴别溢油污染源[J]. 交通环保，2002（4）：25-27.

④ 刘岩，等. 臭氧氧化衍生液相色谱联用技术分析鉴别海面溢油的方法[P]. 中国专利，101294938，2008-10-29.

构烷烃（含姥鲛烷和植烷）和多环芳烃特征一起作为油品的指纹信息，应用常见的化学计量学方法即可鉴别油的来源[①]。

总的来说，现有的溢油鉴别技术都比较繁琐，而溢油鉴别是一个相对复杂的过程，对技术的要求高。因此，人们一直在进行溢油鉴别方法的研究和探索，以结合各种新兴的技术，发展简单易行的溢油鉴别流程，进而建立科学的溢油鉴别系统。

第五节　溢油鉴别体系

一、已有溢油鉴别体系存在的不足

通过对国内外现有的鉴别体系的分析可以看出，目前国内外溢油鉴别方法基本上保持了一致，即采用气相色谱法和气相色谱/质谱法联用的方法，但针对我国海事执法实践而言，还存在以下不足：

第一，就目前国内外实验室条件而言，气相色谱法和气相色谱/质谱法联用的方法所需实验时间较长，难以满足海事执法部门要求的时间短、鉴定结果准确的要求。

第二，对于复杂油品（主要指风化油品、经溢油分散剂处理的油品、混源油品），其物理和化学性质均得到了不同程度的改变。其中，风化油品的鉴别方法目前已趋成熟，而混源油品的鉴别和经溢油分散剂处理油品的鉴别目前尚属空白。

二、溢油源快速鉴别方法的确定

交通运输部水运科学研究所联合中国海事局烟台溢油应急技术中心、国家海洋环境监测中心、深圳市计量质量检测研究院，依托国家科技支撑计划"十一五"项目"远洋船舶压载水净化和水上溢油应急处理关键技术研究"之课题三"水上溢油事故应急处理技术"，对国内外现有方法进行改进，确定了溢油源快速鉴别方法。

1. 单一油品鉴别方法

溢油源快速鉴别基于两种分析方法：三维荧光光谱法（3D-FS）和气相色谱/质谱法（GC/MS）。选用逐级鉴别方式，采用荧光光谱法进行可疑溢油源的筛选，排除明显不一致的可疑溢油源，采用气相色谱/质谱法进行分析，进行最终鉴别。当上述方法仍无法进行最终鉴别时，可选择单分子烃稳定碳同位素辅助分析。

采用三维荧光光谱法进行溢油样品初步筛选，排除明显不一致的可疑溢油源样品（快速否定）；然后采用气相色谱/质谱法进行最终鉴别。由于红外光谱可提供的比对信息较少，国内外一般已不再使用红外光谱法进行溢油源的鉴定；气相色谱法也已由气相色谱/质谱法所取代。三维荧光光谱法在比较溢油样品与可疑溢油源样品的三维荧光光谱图（荧光强度等高线光谱图）时，主要比较三个特征：①谱图形状、指纹走向；②主峰位置；③两特征峰荧光强度比值。若以上三个特征中有一个特征存在明显差异，则可排除此可疑溢油源样品。

① 张前前，朱丽丽，安伟，等. 应用气相色谱和同步荧光光谱鉴别溢油[J]. 中南民族大学学报：自然科学版，2009，25（2）：9-13.

采用气相色谱/质谱法对筛选后的样品进行最终鉴定，分析溢油样品中的正构烷烃、多环芳烃、甾烷和萜烷类生物标志化合物，提取相应特征离子并取得相应的诊断比值，利用重复性限进行诊断比值比较，来确定溢油样品与可疑溢油源样品的一致性。

2. 复杂油品鉴别方法

（1）风化油品鉴别方法

风化油品是指溢油样品溢散到海面后，其组分和性质随着时间变化而变化的样品。引起这些变化的主要过程是溢油样品的蒸发、光化学氧化、溶解、乳化、颗粒物质的吸附沉降以及微生物降解等，这些过程统称为溢油的风化过程。选择既能表征溢油固有特征，又受风化和分析误差影响较小的成分（或称指标）作为溢油谱图指纹的数据处理信息点，可以准确地判别溢油的来源。风化过程中低碳组分容易受风化而丢失，可以作为风化程度判断的依据。

（2）经分散剂处理油品鉴别方法

溢油分散剂可以加剧多环芳烃及其烷基化系列生物标志化合物的风化作用，使相关的生物标志化合物比值失去指示意义。针对经溢油分散剂处理油品的鉴别，可以考虑采用气相色谱/质谱方法，从纯油品的各项溢油鉴别指标中，通过实验筛选不受溢油分散剂干扰的指标，从而判断溢油样品与嫌疑样品的一致性。

（3）混源油品鉴别方法

混源油品是指在同一地点两艘及以上船舶发生溢油后溢油品种的混合或同一船舶不同位置发生溢油后溢油品种的混合物。混源溢油识别技术的研究是目前溢油事故中较难解决的问题，不仅涉及溢油的混合作用，同时还要考虑溢油的风化作用。对混合溢油源的识别可通过特征性生物标志化合物指纹和分子碳、氢同位素地球化学对比技术来完成，此种方法不仅能有效鉴别，还能根据指纹和同位素的分布计算各个溢油源的相对比例。

三、溢油源快速鉴别程序

为满足海事执法部门的需求，本书提出了溢油源快速鉴别流程（图1-4），分为3个步骤：

可选步，采用荧光光谱法对溢油样品和可疑溢油源进行比对，如"不一致"，则得出"不一致"的鉴别结论；否则，进行气相色谱/质谱法分析。

第一步，采用气相色谱/质谱法对溢油样品和可疑溢油源进行分析，比较其分布是否有差异，如果没有，进行下一步诊断比值评价和比较；否则，进行风化检查，确定差异是否是由于风化引起的；如果是风化引起或不确定是否由风化引起，则进行诊断比值评价和比较；否则，得出"不一致"的鉴别结论。

第二步，进行风化检查、诊断比值评价和比较。基于风化检查结果进行风化影响评价。选取受风化影响小且能准确测量的诊断比值，基于确定的诊断比值，采用重复性限方法进行溢油样品和可疑溢油源的相关性分析。

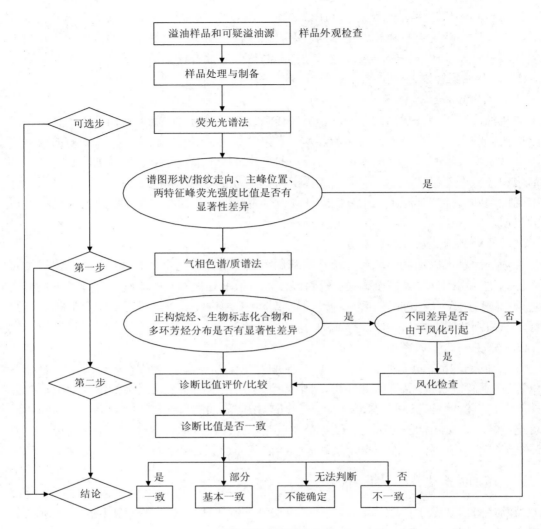

图 1-4   溢油源快速鉴别流程

第二章 水上溢油取样

第一节 船舶污染事故调查程序

一、受理港口污染事故信息

各级各类海事管理机构都有责任受理港口污染事故信息，初次受理事故信息的机构的作用是非常关键的。在接到污染事故报告时应该做好记录，详细询问事故发生的时间、地点，溢油种类、数量，事故造成或可能造成的损害，以及事故现场的其他相关情况等。接到事故信息的单位或部门应尽快将相关的信息按照程序上报至主管部门，以确保对污染事故的调查快速展开。

边防值勤人员、港口工作人员、海上岸上作业人员和海事值班巡逻人员都可以发现和报告污染事故。海事管理机构应通过加大宣传力度、对举报属实者予以表彰奖励，建立并拓展信息渠道，以保证及时掌握辖区所有污染事故。

二、调查人员的准备工作

船舶污染事故的发生通常是偶然的和突发性的。客观上要求调查人员随时有充分的准备，一旦接到污染事故的报告，便能立即赶赴事故现场，并全面展开调查工作。因此，船舶污染事故调查必备的材料和工具为：①本人的执法证件；②录音、照相、摄像设备（包括微型录音机、数码录音设备、照相机、摄像机等）；③污染事故现场勘验报告，以及调查询问记录用纸等事故调查用文书；④笔、印泥、有关印章等；⑤通讯设备及通讯录（包括手机、高频电话、事故方和其代理的通讯录）；⑥污染源取样专用包（内有取样器材、样品瓶、封口条、样品记录、封口胶带等）；⑦防护用具（工作服、手套、平底鞋等）；⑧手电筒等照明设备（也可由船舶提供）等。

一旦接到污染事故调查的通知，调查人员应立即随身携带以上材料和工具前往现场。由于交通工具是快速反应的必要条件，因此，负责交通工具调配的部门必须确保事故调查人员的用车需求；有条件的单位最好配备污染事故调查处理专用车，确保调查人员在第一时间内到达现场，这对案件的查处以及后续的应急反应是极其重要的。

三、海面溢油的采样

发现船舶污染事故或接到船舶污染事故报告，调查人员应尽可能迅速地赶往事故现场。到达现场后，调查工作全面展开之前的首要任务，就是要及时组织对海面溢油按照采样程序进行溢油样品采集、保存，以尽力保证溢油样品不再继续受到玷污，确保化验鉴定结论的准确、可靠。《中华人民共和国水上油污染事故油样品取样程序规定》，是关于取样的最为直接的依据，取样时应严格执行该规定。

四、初步调查

海事管理机构在接到有关船舶污染事故的报告后，应按应急反应程序进行报告和应急反应，事故调查的组织工作应同时展开。在正式展开调查之前，调查的组织者应首先根据各种事故信息的来源，或者当事人对事故情况的简要介绍，了解事故的基本情况，并以此来决定搜集证据的步骤和具体内容。事故的基本情况包括：①事故发生的时间、地点（应注意：最初了解到的时间可能是不准确的）；②溢油种类、数量；③事故造成或可能造成的损害；④事发水域的船舶动态情况（注意了解有否已开航船舶，以及有否计划开航的船舶）；⑤目击证人情况；⑥嫌疑船舶情况；⑦事发水域的气象、潮流情况等。

五、调查走访证人

调查走访证人，及时准确了解溢油发生的时间、溢油排出时的位置、状态、气味、漂移方向，船上船下有关人员的反应等，搜集事故细节和证据，目的是确定嫌疑船舶的范围，为进一步的调查工作做准备。

六、确定嫌疑船范围

嫌疑船范围的确定，需要结合溢油位置及其附近船舶的分布情况，根据推算或了解到的事故发生时间，结合事故现场的风、流、浪、涌、潮汐等情况和溢油的数量、种类，进行综合分析。范围的确定要尽量准确，范围过大会导致工作量增加，效率降低，不利于案件的快速侦破；范围过小，则有可能使肇事船舶漏网，从而使后续所有的调查工作都失去意义。

七、确定调查重点

嫌疑船舶的范围确定后，进一步确定调查的重点至关重要。调查重点是具体到每一艘船舶而言的，需要根据以上各步中收集到的一些资料，尤其是溢油状况的资料，进行综合分析。

调查重点的确定通常可以参考以下几点进行考虑：

第一，如果溢油为污油，当溢油量较小时，可以考虑共同管系带油、含油垃圾入海等；溢油量较大时，可以考虑共同管系带油、违法排放、操作失误、违章使用油水分离器时油水分离器故障或失效等情况，根据以往污染事故调查资料的统计，近90%的港口油污染案件是因各种原因排放机舱污油水所致。

第二，如果溢油为燃油，可以考虑压载水带油、燃油驳运作业过程中操作失误或疏忽等。

第三，如果溢油为润滑油状，可以考虑压载水带油、润滑油驳运误操作、尾轴漏油、液压油或甲板油类入海、柴油机冷却器漏油等。

第四，如果溢油为动植物油或石油类货油，可以考虑油轮装卸作业溢油，或溢油通过岸上管线喷出、渗出或从罐区排出等。

八、调查计划的拟订

经过初步调查与分析、调查走访证人，进而确定了嫌疑船舶的范围和调查重点后，调查的组织者应综合初步掌握的情况，拟订出进一步调查的较为详细的调查计划。包括调查人员的分组与分工，确定调查的重点和方向。任务明确后，调查人员深入到各嫌疑船舶调查取证，是关键步骤。调查人员的分组与分工亦十分重要，要注意人员的合理搭配；搭配调查人员应考虑专业知识、英语运用能力、文字表达能力等因素；良好地搭配调查人员可以使各调查小组充分发挥各人的特长，使调查工作顺利开展。

九、下达调查通知书

嫌疑船舶的范围确定后，接下来便是调查的关键程序——登轮进行调查。登轮调查需要时间和船方的配合。登轮调查必须向船方说明充分的法律依据。因此，应该在登轮调查的同时或调查之前向船方送达一份《涉嫌违法排放调查通知书》，通知书应载明污染事故的概况，以及被怀疑船舶涉嫌违法排放的间接、直接证据。同时，要依据相关的法律、法规、国际公约的规定通知船方接受调查，未经调查机关核准同意，不得开航。

十、上船调查取证

1. 文字资料的搜集与检查

对于所有的溢油事故，都应尽可能全面地搜集资料。资料搜集越详细，越有利于全面了解事故事实、查明事故原因。通过收集和查阅其记录，还可以发现船舶近期是否进行了与污油水相关的作业，比如排放压载水、频繁处理或内部调拨机舱污水、机舱设备拆洗等。同时也可以检查发现记录中是否存在其他缺陷和疑点，对船舶日常管理工作是否规范形成大致印象，为进一步搜集有关证据做好准备。国际海事组织《关于按照 MARPOL73/78 公约附则Ⅰ进行调查和检查的指南》的第 3 部分，详细列出了认定违反 MARPOL73/78 附则Ⅰ排放规定可能证据的项目清单，为事故调查中资料的搜集提供了参考。搜集一般性船舶资料时，可针对具体污染事故类型确定取证范围。在港内违法排放案件调查中，通常需要搜集的证书、文书与记录资料主要有：船舶参数；《国际防止油污证书》及其附件；《油类记录簿》、《货物记录簿》及相关记录；《航海日志》、《轮机日志》及相关记录；港口日志或装卸货作业记录（包括前吃水、后吃水）；机舱、货舱污油水管系图和国际安全管理体系（ISM）的有关内容。

2. 对嫌疑船舶的嫌疑部位进行全面取样

嫌疑部位即可能的污染源所在的位置。取样应按照《中华人民共和国水上油污染事故油样品取样程序规定》的要求进行。

3. 机舱勘验检查

机舱勘验要求调查人员能够通过调查和检查发现船上是否存在防污染管理和操作上的重大缺陷，形成印象，取得证据，但检查和取证要有针对性。因为任何防污染缺陷都可能成为指控船舶违法排放的证据，所以对任何缺陷都要进行有效的取证。勘验可以和调查询问同时或交叉进行，勘验期间发现的重要疑点，除了制作勘验笔录和录像拍照外，还可以在询问中进一步调查，互相补充。进行机舱调查应由船舶有关人员陪同和协助。

4．查询船上相关人员

及时组织查询船员，重点对当班机工、轮机员、轮机长和当班的驾驶员、水手和船长进行查询。查询内容参照 IMO《作为指控违反 MARPOL73/78 附则 I 排放规定的细目表》列出的细目，有选择、有针对性地进行，不必面面俱到。除了细目中列出的内容外，还可针对不同人员了解船舶设备操作、维护、记录等方面的内容，了解船舶管理是否科学严谨，人员是否熟悉有关规程和制度，是否掌握设备参数并经常使用，污染物排放是否有规律，是否按照（ISM 规则的）要求进行作业和记录等。查询船上相关人员应当按照查询证人的要求进行，尤其要注意的是，务必要单独进行询问，无关人员要回避。

5．拆检船上管路

根据调查工作进展，结合鉴定结论、舷外勘验结果，必要时可拆卸有关管路进行排污情况检查。近年来，日本、韩国等国家的主管机关，常采用拆解管路的方法调查船舶排污事件。

6．舷外勘验

舷外勘验是指对嫌疑船舶船体周围、水线以下部分、附近海面等地方进行的技术性勘察和验证。根据调查进展情况，舷外勘验可分一次或多次进行。通常，首次勘验是为了确定是否有船舶排污的直接证据，因为很多情况下船舶排放污染物后，会在排污口周围留下油迹，尤其是对通过甲板泄水孔，以及舱底水、压载水系统的排出口排污的情况，及时进行这种舷外勘验十分必要。舷外勘验的作用还表现在，通过对货物作业记录、舷外油迹线高度、相邻泊位船舶油迹线高度和潮流等信息的综合分析，可以推定溢油时间，并结合溢油时间和潮流分析来大致确定嫌疑溢油船舶范围，排除已经列入嫌疑范围但实际上不是肇事者的船舶。

根据舷外勘验结果，通过对船舶内外舷油迹和油量的比较，结合油带分布和机舱布置情况，还可以分析判断船舶排污所用的舷外出口。根据调查需要，进行水下探摸，还可发现船舶舷外出口是否仍存有油迹等证据。不管是水下探摸还是水上舷外勘验，皆应随时做好拍照、录像等取证工作。

十一、油指纹鉴定

将海面溢油样品以及从嫌疑船舶采集的油样品按照采样程序进行保存，送实验室进行油指纹鉴定。因为船舶违法排放的直接证据往往难以获得，因此，在这类案件调查中油指纹鉴定十分重要，甚至起着决定性的作用，从应对行政复议和诉讼的角度讲，油指纹鉴定也是十分必要的。

第二节 采 样

一、采样设备准备

采样前应备齐下列物品：采样容器、油膜采样器、海上浮油采样器、一次性手套、采样包、密封带、擦布、金属勺、样品标签和封口条、采样记录和监管记录表格等。

有些采样设备可以采用一次性的。对于重复使用的用品，应先用热水和洗涤剂彻底清洗，再用蒸馏水漂洗、晾干后，备用。

采样设备应事先备妥，并处于随时可用状态。

二、采样要求

1．采样一般要求

（1）根据现场勘察情况确定可疑溢油源后，应首先从嫌疑最大的溢油源开始采样。

（2）每个采样点采集的样品个数应不少于 2 个。

（3）每个样品应含有 50～80 mL 的油，样品量不足时，也应采集。

（4）采样容器的灌装量不应超过其容量的 3/4。

（5）对造成我国管辖水域污染的溢油都应采样备查。

2．水面溢油采样

（1）采样应在溢油分散剂施放前或未施放溢油分散剂的油膜处进行。

（2）发生溢油后，即使形成了乳状油水混合物，也应尽可能快地从新鲜的溢油中采样。

（3）根据水面溢油的颜色、黏度等外观特征判定区分货油、燃油和舱底污油等不同溢油类型，并在不同类型的溢油中设定采样点。

（4）大规模的溢油，至少应确定 3 个采样点；小规模的溢油，应确定 1～2 个采样点。

（5）采样点应设在溢油受其他有机物质的污染较少、油膜较为聚集、采样比较方便处。

（6）乘船舶采样时，采样点应设在船舶的上风向处，并远离船舶排出的废气。

（7）当固态或半固态的样品含有海藻或沙砾等外部物质时，应把油和附带物很好地存放在采样容器内。

（8）根据海上溢油的形态，分别采用海上浮油采样器和油膜采样器等不同的方法采集样品。

3．可疑溢油源采样

（1）采样前应初步判断或绘制出溢油从可疑溢油源所有可能流入水中的路径草图，并据此设定采样点。

（2）采样过程中应有被采样人陪同；如不陪同，需以书面说明。

（3）对未予采样的其他可疑溢油源，采样人员应出具报告，说明未进行采样的原因。

4．背景样品采集

溢油发生在海湾、河口、港池等典型人为影响的水域或封闭港口水域，应采集背景样品。背景样品用以显示溢油发生前当地水域的背景值，采样点应选在远离溢油现场的附近水域。当溢油量很小时，应该注意采集水域的参照样。

三、溢油采集技术

以下介绍几种溢油采样技术，参见图 2-1 的流程选择最佳的采样方法。

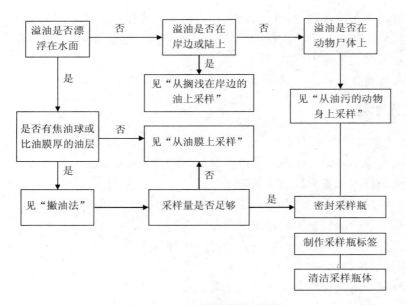

图 2-1 水上溢油采样流程图

1. 撇油法

（1）从采样瓶上拧下瓶盖，一手拿瓶，另一手拿盖或将盖子放在其他位置，轻轻地将采样瓶放入水中，并慢慢移动，将水面上的油层撇入瓶中，重复上述动作，直到采样至采样瓶总容量的 3/4。

（2）如果采样瓶中撇上的油层太薄，以致肉眼分辨不出来，比较常用的方法是从水中取出样品瓶，将瓶盖盖上并拧紧，将采样瓶倒置 2～3 min，然后慢慢地拧松瓶盖，将瓶中的水放出后，再将瓶盖拧紧并恢复到瓶口朝上状态，重复以上动作至取到足够油量。

（3）采用小油桶采样时，桶的底部带有小孔或是不锈钢筛，以便将多余的水从油中滤出。水分滤出后，重复撇油动作，逐渐增加小桶中的油量，然后用不锈钢或 TFE 碳氟聚合物制成的刮子，沿小桶边缘将油层刮入采样瓶中。采样小桶在重复使用前应进行清洗干净。

（4）水上漂浮的小木片也可用来将溢油撇入样品瓶中。从船上采样时，应在船舶的上风向并远离船舶排出的废气处采样。

撇油法参见图 2-2。

图 2-2 撇油法示意图

2. 从油膜上采样

（1）采用锥形聚四氟乙烯袋采样

将锥形袋与带柄的金属环固定在一起，在袋底部裁出直径 1～2 cm 的圆孔，在水面上撇油并从其底部放出多余的水，重复上述动作直至撇到足够油量。当袋中的水泄放后，将采样瓶置于袋子的下方，将油漏入采样瓶中即可。锥形聚四氟乙烯袋采样装置参见图 2-3，采样方法参见图 2-4。

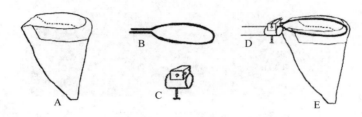

A—锥形聚四氟乙烯袋；B—金属环；C—固定器；D—木棍；E—聚四氟乙烯袋底部圆孔

图 2-3 聚四氟乙烯袋采样装置

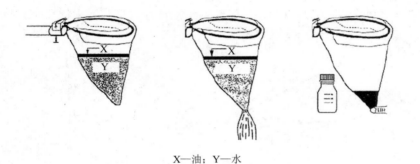

X—油；Y—水

图 2-4 采用锥形聚四氟乙烯袋采样方法

（2）采用聚四氟乙烯网采样

将聚四氟乙烯采样网与带柄的金属环固定在一起，在油层上移动让油水混合物滤过采样网以吸附油样，缓慢地前后移动收油网几次，从金属环上取下收油网，将整个收油网投入采样瓶中。聚四氟乙烯网采样装置参见图 2-5，采样方法参见图 2-6。

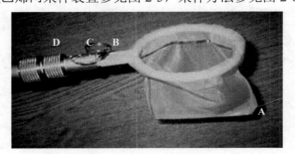

A—聚四氟乙烯网；B—金属环；C—固定器；D—金属棍

图 2-5 聚四氟乙烯网采样装置

图 2-6   采用聚四氟乙烯网采样方法

（3）采用吸油片采样

吸油片由聚四氟乙烯材质或由聚四氟乙烯喷涂的玻璃纤维制成。将吸油片放在水面上静置几分钟或来回移动吸油片吸附浮油，然后将吸油片直接装入采样瓶中。吸油片采样装置见图 2-7，采样方法见图 2-8、图 2-9。

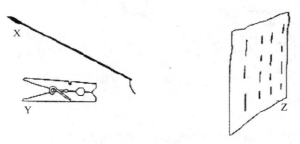

X—采样杆和线；Y—夹子；Z—吸油片

图 2-7   吸油片采样装置

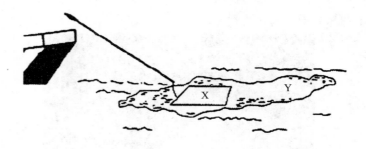

X—吸油片；Y—油膜

图 2-8   采样吸油片采样方法（利用采样杆）

图 2-9　采样吸油片采样方法（手持）

3. 从搁浅在岸边的油上采样及从油污垃圾上采样

打开采样瓶，将采样瓶置于油和沙（或其他油混合物）上，加装上述混合物至 3/4 瓶。必要时用木质压舌片、干净的勺子或直接用瓶盖，将油混合物或油污垃圾装入瓶中。

4. 从油污的动物身上采样

鸟类的羽毛或动物的皮毛上都附有油脂，会影响对溢油样品的分析结果。石油与羽毛或皮毛长时间接触后，其上的油脂就会溶解在石油中，样品会因此而受到污染，使分析鉴定的难度增大。如果可以，就应该将污油从鸟类或动物身上人工刮下来，避免污油与羽毛或皮毛长时间接触；如果有难度，应按以下步骤进行：①剪下含油的羽毛并将其放入采样瓶中；或②将被油污染的已死去的鸟或动物放入塑料袋中，袋上做上标志，冷冻保存，送实验室处理。

四、嫌疑溢油源采样

从船上或其他油源处采样，应选择具有一定经验或熟悉船舶结构的人员作为采样人员。采样人员应熟知船上的有关规定，有疑问时应及时进行咨询。

1. 从船上采样

应对船上全部废油舱、油渣柜和机舱污油水进行采样，首先应画出溢油从船上流入水面的路径草图，并据此进行采样，可参考以下文件开展船上采样工作：①船上保存的油舱图、舱容图、通气管、加油管及测深管布置图等图纸，图上标有不同油舱的位置、容量以及其中所载油品的种类；②船上的《油类记录簿》、《船舶日志》、《航海日志》和《轮机日志》记载着不同油舱中所载的油品以及可能导致溢油的操作。《船舶日志》尽管只是一个较简单较粗的记录，但是同样具有法律效力。

采样点确定后，可采取下列方法之一进行采样：①对于双层底以上的油舱，可通过阀门直接将油放入采样瓶中，或通过其他各种管路采样；②对污水井采样，可用采样小桶进行；③从油舱的入孔、测量开口采样。

从油舱中采样的采样器，可采用在钢管中放入玻璃试管的方法制成，以便采样器能沉入高黏度的油中，钢管底部应采用不对称结构，以保证采样器到达油舱底时能自动放平。这种采样器尤其适用于油舱存油量很少，极难取到足够油样的油舱的采样。

当从油渣柜采样时，如果其中的残油是来自双层底燃料油舱中的重质油，由于油的黏度太大，玻璃试管可能很难放入油中，这种情况下应采用特殊设计的带刷的或层状的采样器，整个采样器附件，全部送实验室进行分析。

由于存在静电聚集的风险，从含有易燃气体的油舱中采样时，应使用由天然材料制成的采样绳，不能使用人工合成材料。采样应分别在油舱的上、中、下油位处进行。

从油渣柜、机舱污油水井采样时，应特别注意其中油类的分布可能很不均匀。

2. 从其他油品生产、储运设施采样

采样地点包括移动钻井架、固定或锚泊的产油系统、输油管线、油码头、油储罐、运油车辆等。

对于油井、石油平台等采样时，应充分了解其生产状况，包括生产工艺、产量、地质层位等，以确定采样数量和采样方法。

从船上采样的方法也适用于对这些设施的采样。

从油井直接采集的油样，可能含有大量水分和气体且温度较高，须经搅拌、静置使油水、油气分离且冷却后再装入样品瓶。

五、样品运输及保存

采样后，应立即进行封装，对样品箱上锁，存放在低温、避光的环境中，并尽快将样品送往实验室。

样品瓶中应留出足够的膨胀空间，样品瓶和样品箱应使用柔软、吸油的材料进行包装，以防止发生事故。

如果样品为水样，可加入 1～2 g 杀菌剂，抑制微生物的降解。

样品运输过程中应一直保持低温、避光。

样品运至实验室后，应存放在冰箱或冷库中冷藏，温度保持在 3～4℃。

只要样品量足够，应留出备份样品，于−10～−15℃冷藏。

第三节　新型采样装置研制

交通运输部水运科学研究所依托国家科技支撑计划项目"远洋船舶压载水净化和水上溢油应急处理关键技术研究"之课题三"水上溢油事故应急处理技术"，自行研发新型采样装置——滚动式水面油膜采样装置。该采样装置为国内外首创，填补了国内外海上溢油快速取样器具的空白，已获得中国国家专利。

一、研制目的和意义

对水面油膜采样，通常是用取样容器将水面的油水取出，然后用瓶或漏斗进一步分离出油分装入采样瓶。但由于水面的波动性、油膜厚度及油品的差异性和环境温度的影响，在快速便捷采样方面，存在着方法落后、速度慢、安全性差、因船舶摇摆不易操作等问题。

滚动式水面油膜采样装置专利技术的开发，着重解决了薄油膜富集等技术难题，同时具有安全、便捷、经济的特点，便于推广使用。该技术使溢油采样过程进一步规范化和标准化，填补了国内该领域空白，提高了我国溢油应急反应中现场采样的技术水平。

二、国内外水面油膜取样装置概况

关于溢油取样装置，国内外有关文献、标准和规范中推荐的基本类似，主要在以下标准规范中有所描述：

* 溢油鉴别标准，第一部分：采样（CEN/TR 15522-1：2006）；

* 石油液体手工取样（ISO3170-2004）；

* 溢油采样与鉴定指南（油污手册第Ⅵ部分，IMO-578E，中华人民共和国海事局编译）；

* 海面溢油鉴别系统规范（GB/T 21247—2007）；

* 水上油污染事故调查油样品取样程序规定。

其中，水面油膜取样主要采用 3 种装置：锥形聚四氟乙烯袋、聚四氟乙烯网和吸油片。

上述 3 种装置均为国外文献报道，国际海事组织推荐，国内有关标准采纳的方法，其携带方便、操作简单、价格适宜，但由于器具没有厂家生产、聚四氟乙烯网和吸油片材料成本较高、且不容易得到等原因，在国内并没有见到实际使用，同时还存在以下不足：①实际上由于上述的采样器具都需要使用长竿配合使其能够接触水面，因而存在船舶上难以操作和安全性差的缺陷；②受风浪流等的影响，水面波动性较大，用长竿不易采集水面的油样，用小船增加了采样的复杂性，需要多次富集油样，采样效率较低；③当溢油为中东原油、柴油等轻质油类时，溢油在水面扩散，很快形成薄油膜，上述采样装置更难以在波动的水面采集油样。

综上所述，加上碳氟聚合物吸油片需要进口，价格较贵，在实际工作中很少采用。采集海面油膜样品，在船舷高、海况差、船只不稳定情况下比较困难，甚至无法采样。由于海上的风浪、气候和夜间缺乏照明等限制，传统的有关标准、规范推荐的方法，对水面油膜采样仍然存在很大的局限性，不利于对事故的快速处理，甚至不能顺利完成采样。因此，研发一种采样效率高、器具成本低、一次性使用的油膜采样装置，对于缩短采样时间、增多采样点，提高溢油指纹鉴别效率，增强海上现场取样操作的安全性，提高海事系统执法效率和溢油事故的应急反应速度，有着积极的意义。

三、新型采样装置的研制

1. 设计原则

快速进行海面油膜采样要解决两个基本问题：一是采样装置的结构问题，取样器具的设计原则是"结构简单、成本低、易于操作和采样材料一次性使用"；二是采样材料的来源问题，设计原则是"采样材料对油的富集效率高，成本低且能在国内解决"。

2. 设计思路与结构设计

（1）设计思路

首先，应重点解决在船上使用方便、操作安全，且"高效采样"这一关键问题。

其次，对几米远的油膜取样，传统的采样竿子不利于稳定和准确的操作，必须用其他方法彻底改进。

再次，取样器具应成本低，便于普及。

最后，采样材料能一次性使用，便于规范性的简易操作。

（2）采样器的结构设计

进行了漂浮式矩形漏斗式撇油取样器、片式吸油毡式油膜富集器和滚动式水面油膜采样装置等多种方案的分析、试验比较，最终设计出一种能够投到水面上漂浮的滚动式水面油膜采样装置。

- 利用滚筒产生浮力，使采样器漂浮在水面上，便于采集漂浮在水面的油膜；
- 为解决采样材料一次性使用问题，滚筒设计应考虑采样材料能方便地固定在其上；
- 为使滚筒在水面转动，在滚筒上设置叶片，叶片在流动水的作用下，带动滚筒滚动；
- 滚动的滚筒带动采样材料反复经过水面，与油膜有更多的接触机会，以提高采样效率；
- 为克服用竿子操作难以准确定位采样的难题，设计用线绳连接采样装置的滚筒式采样装置，将其投放入水面，使采样装置有更好的随波性，采样操作既准确、便捷，又安全、高效；
- 为解决夜间和雨天采样能见度低、不易准确定位的问题，同样采用线绳连接采样装置，并随意投放水面，不需准确定位；
- 采样材料的选择，可视油膜厚度等具体情况灵活确定，使采样装置的适用性更广。

3. 采样材料的选择

为富集水面油膜的油，采样材料应具有亲油疏水的能力。考虑到吸油毡比一般材料更容易吸取水面的油而吸水少的特点，对吸油毡、聚四氟乙烯多孔性材料和不锈钢丝网等进行了试验研究。最终目标是在国内可以购买到该采样材料，且富集能力强，成本低。

（1）吸油毡特性试验研究

1）吸油毡材料选择试验

①定义

吸油倍数 n = 材料吸附油后的净重量 d（油）/吸油材料自重 f。即 n 越大，表明材料吸附油的能力越强或亲油能力越强。

吸水倍数 w = 材料吸附水后的净重量 d（水）/吸油材料自重 f。即 w 越大，表明材料吸附水的能力越强，疏水能力越差。

亲油疏水指数 $p = n/w$。指数值越高，表明材料对油的吸附能力越强，对水的吸附能力越差，有利于提高采样效率和油膜测定的准确度。

②选用的吸油材料和实验油品

选择以下吸油材料进行试验研究：A 为脱脂棉（作为吸油材料的参比）；B 为进口吸油毡；C 为国产吸油毡；D 为浙大硬无纺布；E 为浙大软无纺布；DF 为硬无纺布包裹吸油

素；EF 为软无纺布包裹吸油素。

选用以下油品进行试验研究：0#柴油、120#燃料油、阿联酋 UPPERZAKUM 原油、安哥拉 CABINDA 原油和安哥拉 HUNGO 原油 5 种油样。

③仪器工具

电子天平、烧杯、培养皿、温湿度计、秒表、精密水银温度计、镊子、脱脂棉、石油醚（用于擦洗容器）和纸杯。

④亲油疏水指数实验方法

将烧杯放在电磁搅拌台上，在室温平衡状态下，分别注入足量自来水或油品，依次投入事先称重的吸油材料，通过搅拌使其充分浸润，2 min 后取出，自由滴干 60 s 后，在电子秤上称出吸水/吸油重量。

⑤数据处理

计算出吸水倍数 w、吸油倍数 n 和亲油疏水指数 p 3 个参数，数据填入记录表中。从中排序选出亲油疏水指数高的吸油材料。

⑥吸油材料类别筛选试验

用称重法分别称量 100 mg A、B、C、D、E 共 5 种单一吸油材料；370 mg DF、EF 共两种由无纺布包裹吸油素的方形片式复合吸油材料，做吸油材料对不同油品的亲油疏水指数实验。对 A、B、C、D、E、EF、DF 吸油材料试验的数据分析，分别见表 2-1 和图 2-10。

表 2-1　吸油材料类别筛选试验结果

吸油材料	油　种	吸油倍数 n	吸水倍数 w	亲油疏水指数 p	平均值
A	0#柴油	20.7	33.5	0.62	0.69
	120#燃料油	24.6	33.5	0.73	
	阿联酋 UPPERZAKUM 原油	23.5	33.5	0.70	
	安哥拉 HUNGO 原油	21.5	33.5	0.64	
	安哥拉 CABINDA 原油	25.1	33.5	0.75	
B	0#柴油	8.7	0.7	12.4	13.70
	120#燃料油	9.0	0.7	12.9	
	阿联酋 UPPERZAKUM 原油	9.7	0.7	13.9	
	安哥拉 HUNGO 原油	9.6	0.7	13.7	
	安哥拉 CABINDA 原油	10.9	0.7	15.6	
C	0#柴油	10.8	0.7	15.4	16.66
	120#燃料油	13.1	0.7	18.7	
	阿联酋 UPPERZAKUM 原油	11.0	0.7	15.7	
	安哥拉 HUNGO 原油	11.3	0.7	16.1	
	安哥拉 CABINDA 原油	12.2	0.7	17.4	
D	0#柴油	5.2	1.8	2.9	4.56
	120#燃料油	14.8	1.8	8.2	
	阿联酋 UPPERZAKUM 原油	6.2	1.8	3.4	
	安哥拉 HUNGO 原油	6.7	1.8	3.7	
	安哥拉 CABINDA 原油	8.2	1.8	4.6	

吸油材料	油 种	吸油倍数 n	吸水倍数 w	亲油疏水指数 p	平均值
E	0#柴油	7.5	2.2	3.4	5.26
	120#燃料油	20.6	2.2	9.4	
	阿联酋 UPPERZAKUM 原油	8.7	2.2	4.0	
	安哥拉 HUNGO 原油	9.5	2.2	4.3	
	安哥拉 CABINDA 原油	11.4	2.2	5.2	
EF	0#柴油	14.4	1.2	12.0	12.66
	120#燃料油	15.8	1.2	13.2	
	阿联酋 UPPERZAKUM 原油	15.4	1.2	12.8	
	安哥拉 HUNGO 原油	15.0	1.2	12.5	
	安哥拉 CABINDA 原油	15.4	1.2	12.8	
DF	0#柴油	12.5	0.6	20.8	20.20
	120#燃料油	10.5	0.6	17.5	
	阿联酋 UPPERZAKUM 原油	12.8	0.6	21.3	
	安哥拉 HUNGO 原油	12.7	0.6	21.2	
	安哥拉 CABINDA 原油	12.1	0.6	20.2	

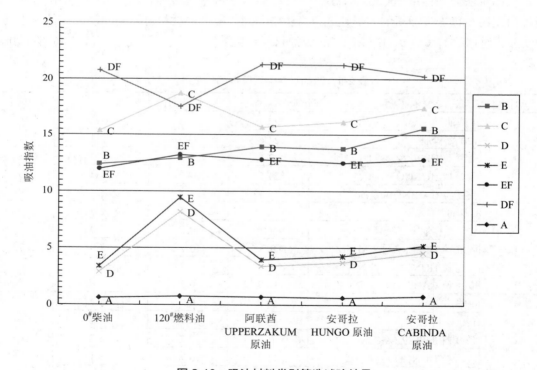

图 2-10 吸油材料类别筛选试验结果

实验结果分析如下：

* A 是脱脂棉，仅作为参比。

* 不同吸油材料对油的吸附能力有明显差异，但同一吸油材料对不同油品种的选择性影响差异不大。

* 用材料 D 包裹了吸油素的 DF 的亲油疏水指数 p 最高，为 20.20，说明吸油素起的作用很大；其次，C 的亲油疏水指数为 16.66；B 的亲油疏水指数为 13.70。

* 由于燃料油的黏度太高，表面的黏附作用会带来测试结果偏高的误差。

* 材料的形状对测试结果有一定影响，薄片状材料对表面的黏附作用有一定影响。

⑦吸油材料形状筛选试验

考虑上述因素，改变采样材料的形状为方形或团状，吸油材料的重量均为 370 mg，选 A、B、C、D、BF、DF，进行形状筛选试验，结果见表 2-2 和图 2-11。

表 2-2 吸油材料形状筛选试验结果

吸油材料	油种	吸油倍数 n	吸水倍数 w	亲油疏水指数 p	平均值
A	0#柴油	19.2	24.1	0.8	0.75
	安哥拉 HUNGO 原油	16.6	24.1	0.7	
B	0#柴油	5.9	0.3	19.7	22.50
	安哥拉 HUNGO 原油	7.6	0.3	25.3	
BF	0#柴油	15.9	1.7	9.4	10.25
	安哥拉 HUNGO 原油	18.9	1.7	11.1	
DF	0#柴油	8.1	0.6	13.5	13.90
	安哥拉 HUNGO 原油	8.6	0.6	14.3	
C	0#柴油	10.5	3.2	3.3	3.20
	安哥拉 HUNGO 原油	10.0	3.2	3.1	
D	0#柴油	5.2	0.8	6.5	6.15

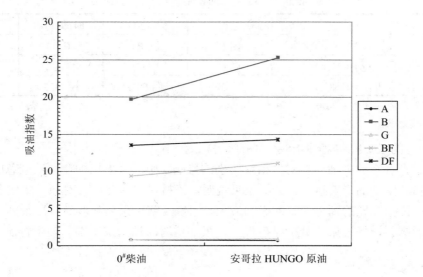

图 2-11 吸油材料形状筛选试验结果

结果讨论：

* 材料 B 的指数最高，为 22.50，说明形状的改变提高了吸油憎水的效果。

* 对于表 2-1 中指数高的材料 C，改变了形状后指数下降很多。

* DF（D 包裹吸油素）的吸油憎水效果反而下降，说明尽管吸油素的比例增大，由于密度太大而体积太小，影响了吸油的饱和度，应适当调整疏松度。

* 选出材料 B、C 和 DF 为最优的吸油材料。

2）吸油材料对水面油膜吸净效果的试验

在亲油疏水效果好的吸油材料中，通过对水面油膜吸净效果实验，掌握吸油材料对水面油膜吸净效果的优劣。

①定义：在水面滴入一定量的实验油品，将面积基本等同的吸油材料投到油膜表面，在一定的时间内，取出吸油材料，并观察水面的残留油膜。残留油膜越少，说明吸净效果越好。

②仪器工具：电子天平、数字照相机、塑料盛具、移液器、温湿度计、秒表、镊子、脱脂棉、石油醚和纸杯。

③吸净效果实验方法：选择高亲油疏水性能的吸油材料作为试验样品。选择有代表性的油品，用移液器定量取油样 20 μL，滴入水表面，将吸油材料投入 1 min 后取出，观察水表面的残余油膜多少，分别在 30 s 和 60 s 后在用相机拍照、记录。

④吸净效果实验及其结果分析：将亲油疏水指数实验中选出的 B、C 和 DF 作为高亲油疏水性能的吸油材料，选择亲油疏水指数实验中使用过的安哥拉 HUNGO 原油，实验结果见吸油材料对水面油膜的吸净程度实验原始记录表 2-3 和图 2-12。从图、表中可以看出，B 的效果相对好一些，DF 残留油稍多些。

表 2-3　吸油材料对水面油膜的吸净程度实验原始记录

吸油材料	油　种	吸油材料	油量/20 μL	时间/30 s	时间/60 s
B	安哥拉 HUNGO 原油	图 B	图 B1	图 B2	图 B3
C	安哥拉 HUNGO 原油	图 C	图 C1	图 C2	图 C3
DF	安哥拉 HUNGO 原油	图 DF	图 DF1	图 DF2	图 DF3

注：室温为 19℃、环境湿度为 20%、液体温度为 16.5℃。

3）选定的吸油材料对油指纹鉴别的影响实验

为了掌握选定的吸油材料对油指纹鉴别的影响，中国海事局烟台溢油应急中心做了 B 材料对油指纹鉴别的影响试验。分析结果说明，该材料中的杂质会对原油指纹鉴别产生影响，其中：正构烷烃的判定受到的影响最大，甾烷、萜烷系列和多环芳烃系列中部分诊断比值受到影响。详细结果与分析见附件二，吸油毡对原油指纹鉴别影响报告。

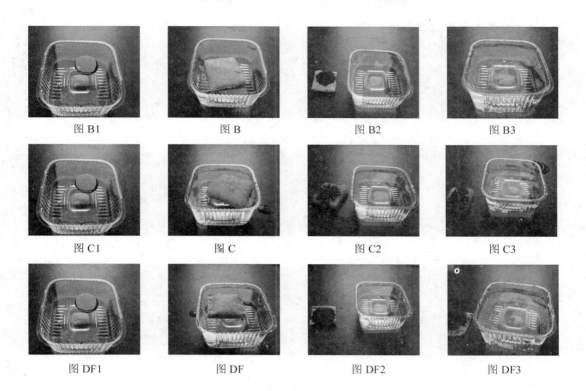

图 B1　　　　　图 B　　　　　图 B2　　　　　图 B3

图 C1　　　　　图 C　　　　　图 C2　　　　　图 C3

图 DF1　　　　　图 DF　　　　　图 DF2　　　　　图 DF3

图 2-12　吸净效果实验照片

（2）氟碳系列材料的选择

　　氟碳系列材料具有很好的化学稳定性，国际海事组织推荐的吸油片是由聚四氟乙烯材料制成。此类材料总的来讲是憎水憎油的，但憎水的效果要好于憎油，相对来讲其在水中是吸油的。文献资料表明，氟碳系列材料表面水的浸润接触角大于油，水为 40，油为 25 左右。国产聚四氟乙烯材料很多，有管状、片状等产品出售，价格较贵。据分析，聚四氟乙烯多孔材料的吸油性能好于平面的片状材料。寻找到一种材料，经过试验能够黏附一定的水面油膜，进行对油指纹鉴定影响的分析，结果表明，聚四氟乙烯多孔材料和聚四氟亲水膜材料中含有的杂质较少，对原油指纹鉴别的影响较小。其中：检测到 $nC10 \sim nC25$ 的正构烷烃以及姥鲛烷和植烷，可能会对其诊断比值产生影响；没有检测到甾、萜烷系列的生物标记物；多环芳烃系列中，含有萘系列、芴系列，可能会对其诊断比值产生影响，没有检测到其他多环芳烃系列化合物。详细结果与分析见附件三，氟碳材料对原油指纹鉴别影响报告。

（3）其他材料的选择

　　由于不锈钢钢丝球具有较大的表面积，其物理化学性质稳定，不会对原油指纹鉴别产生影响，相比聚四氟乙烯材料更亲油，成本更低，更易获取，通过物理黏附，也能达到采集水面油膜样品的目的，故选择不锈钢钢丝球作为采样材料应是经济有效的，将成为今后的一种发展趋势。

4．滚动式水面油膜采样装置制作和试验

（1）滚动式水面油膜采样装置制作

滚动式水面油膜采样装置的设计示意图见图2-13，装置成品的照片见图2-14。

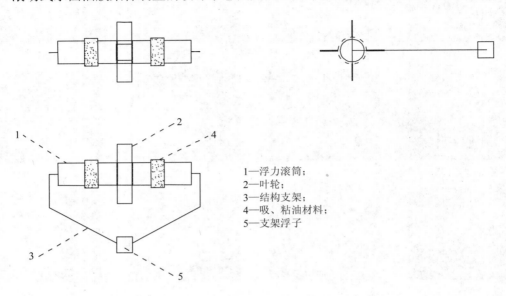

1—浮力滚筒；
2—叶轮；
3—结构支架；
4—吸、粘油材料；
5—支架浮子

图 2-13　装置图纸

图 2-14　装置照片

（2）装置材料

首先，采样装置滚筒是由对油指纹鉴定没有影响的轻木等廉价的材料制成，有利于一次性使用和推广。

其次，采样材料可以根据现场情况选择国外成品聚四氟乙烯网、国内研究所研制的聚四氟乙烯多孔材料和不锈钢丝网等。

（3）装置试验

装置的浮力、基本功能的试验于 2009 年 10 月 12 日在中海石油环保服务有限公司的试验水池内进行。试验现场照片见图 2-15～图 2-23。

图 2-15 安装吸油材料

图 2-16 水池没有油膜

图 2-17 油品和样品瓶

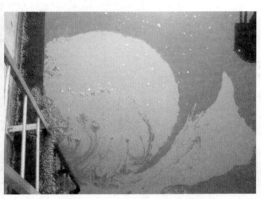

图 2-18 水池洒入少量 0# 轻柴油

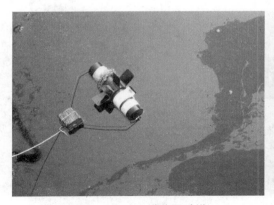

图 2-19 拖动取样装置采样

图 2-20 采样材料吸附的柴油

图 2-21　洒入船用燃料油　　　　　　图 2-22　人为拖动使得滚筒转动采样

图 2-23　黏附溢油的采样装置

　　为了便于现场应用，对采样装置进行了套装设计，配备了采样箱、采样瓶、采样材料和镊子等工具，对现场使用方便性的试验于 2010 年 8 月在深圳港盐田港区水域进行。试验现场照片见图 2-24～图 2-25。

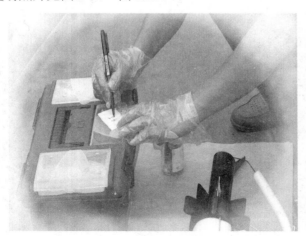

图 2-24　采样装置套装　　　　　　图 2-25　从船上采样

试验结果表明，滚动式水面油膜采样装置的浮力、随波性、采样材料的附着性、操作方便性等各项性能指标均能达到设计的预期目标。

四、结语

滚动式水面油膜采样装置，原理可行、设计思路巧妙、结构设计合理，通过试验验证，能够达到快速富集薄油膜的采样目的。

新型采样器具有以下特征：①有一滚筒，它能产生浮力，使采样器漂浮在水面；②可灵活选用合适的采样材料，并可方便地固定在滚筒上；③滚筒上设置的叶片，在流动水的作用下，可带动滚筒滚动；④滚筒的滚动带动采样材料反复经过水面，与油膜接触机会更多，获得好的富集溢油样品的效果，用较少的采样材料即可以达到较高的采样效率；⑤滚筒式采样装置用线绳投放，使采样装置有更好的随波性，克服了用竿子操作，难以准确采样的难题，采样操作既准确、便捷，又安全、高效；⑥滚筒式采样装置用牵线投放，不需准确定位，有利于夜间和雨雾等条件下使用。

丝网结构的不锈钢丝和聚四氟乙烯材料对指纹鉴定的测试分析影响小，能够满足大多数情况下的采样需要。

第三章 水上溢油源快速鉴别技术

第一节 荧光光谱分析法

目前，溢油源分析可采用的方法有很多，然而由于油品组分特别复杂，没有一种方法可以提供油品的全部信息。常用的油指纹分析方法有：气相色谱法（GC-FID）、气相色谱-质谱法（GC/MS）、红外光谱法（IR）、荧光光谱法及重量法等。其中，荧光光谱鉴别法具有灵敏度高、选择性好、取样量少、分析结果快速等优点，其"指纹"信息来源为芳烃类多环化合物，其水溶性和挥发性都较小，自然风化速度较慢，因此，荧光光谱法是目前鉴别油污染的重要手段之一。三维荧光光谱是 20 世纪 80 年代在荧光光谱分析的基础上发展起来的一种新的分析技术，是测试芳烃类组分分布和浓度的有效手段。本书在目前国际、国内已有方法的基础上，确立了适用于快速鉴别的三维荧光光谱参数，对前处理、特征鉴别指标进行了探讨，建立了一种更加完善的快速鉴别溢油源的荧光光谱法。

一、材料与方法

1. 样品的来源及制备

实验共使用 8 个油样，包括 1 个柴油油样、4 个燃料油油样和 3 个原油油样，样品的具体信息如表 3-1 所示。取 0.001 0 g±0.000 1 g 油样，溶解于 5 mL 正己烷（色谱纯）中，旋涡混合 30 s，加入少量无水硫酸钠（预先于 120℃烘箱中活化 2 h），再旋涡混合 10 s，然后以 3 000 r/min 的转速离心 10 min，将上层清液转入另一洁净干燥的试管中，待配置所需浓度用。

表 3-1 样品基本信息

序号	油品名称	产地	来源
1	4#重柴油	锦 州	烟台溢油应急技术中心
2	燃料油		烟台溢油应急技术中心
3	燃料油 120CST	韩 国	水上溢油事故应急处理技术课题
4	燃料油 180CST	韩 国	水上溢油事故应急处理技术课题
5	燃料油 380CST	韩 国	水上溢油事故应急处理技术课题
6	阿根廷原油	阿根廷（埃斯克兰特）	水上溢油事故应急处理技术课题
7	俄罗斯原油	俄罗斯（乌拉尔）	水上溢油事故应急处理技术课题
8	赵东原油	大港（赵东原油）	水上溢油事故应急处理技术课题

2．仪器基本条件

日立 F-7000 型荧光分光光度计，激发波长（*Ex*）为 200～460 nm，步长 5 nm，发射波长（*Em*）为 250～600 nm，步长 2 nm。

3．仪器及实验条件

本次实验中，待确定的仪器及实验条件包括仪器的扫描速度、扫描电压、狭缝宽度以及样品的最佳测定质量浓度，具体见表 3-2。

表 3-2　待确定的仪器及实验条件

扫描速度/（nm/s）	扫描电压/V	狭缝宽度/nm	最佳测定质量浓度/（mg/L）
1 200	400	*Ex*：5 *Em*：5	5～200
2 400			
12 000	700	*Ex*：10 *Em*：5	

二、结果与讨论

1．扫描速度对油品测定的影响

使用质量浓度为 20 mg/L 和 5 mg/L 的赵东原油，狭缝宽度激发波长（*Ex*）为 5 nm，发射波长（*Em*）为 5 nm，电压强度 400 V，进行扫描速度实验，每个扫描速度测定 3 个平行样，结果如表 3-3、表 3-4 和图 3-1、图 3-2 所示。

表 3-3　20 mg/L 赵东原油在不同扫描速度下的荧光峰值参数及谱图

扫描速度/（nm/s）	测定时间/min	激发波长（发射波长）/nm	平均值	偏差	相对标准偏差
1 200	18	235.0/348.0	1 649.0	8.54	0.52%
		265.0/366.0	1 356.7	17.62	1.30%
		275.0/332.0	689.2	10.47	1.52%
2 400	10	235.0/350.0	1 594.3	14.47	0.91%
		265.0/372.0	1 372.3	13.65	0.99%
		275.0/334.0	705.6	8.63	1.22%
12 000	4	235.0/364.0	1 129.3	30.66	2.72%
		265.0/386.0	1 088.0	54.44	5.00%

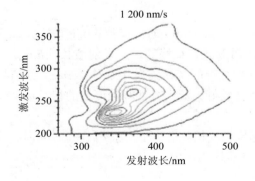

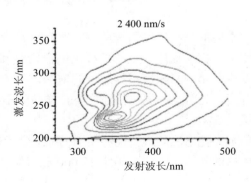

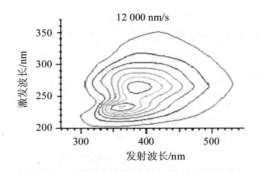

图 3-1 20 mg/L 赵东原油在不同扫描速度下的谱图

表 3-4 5 mg/L 赵东原油在不同扫描速度下的荧光峰值参数

扫描速度/（nm/s）	测定时间/min	激发波长（发射波长）/nm	平均值	偏差	相对标准偏差
1 200	18	230.0/344.0	620.2	3.60	0.58%
		265.0/366.0	421.8	4.45	1.05%
		275.0/332.0	216.0	2.66	1.23%
2 400	10	230.0/346.0	609.9	8.34	1.37%
		265.0/372.0	426.0	7.43	1.74%
		275.0/334.0	219.2	5.42	2.47%

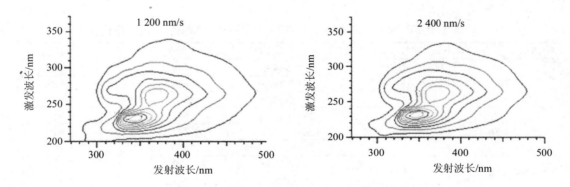

图 3-2 5 mg/L 赵东原油在不同扫描速度下的荧光谱图

　　不同的扫描速度所需的测定时间相差较大，12 000 nm/s 时，仅需 4 min 即可完成样品的测定。扫描速度不仅影响样品的测定时间，对荧光特征峰的最大发射波长（Em_{max}）和强度也有影响。随着扫描速度的增加，各荧光特征峰的 Em_{max} 发生红移，Em_{max} 处信号强度有变弱趋势。不同扫描速度下，样品的平行性较好，荧光特征峰强度值的相对标准偏差不超过 5%。

　　荧光光谱法的最大优势在于扫描速度远远快于气相色谱-质谱法，并在短时间内完成对油样品的初筛，经试验确定 12 000 nm/s 作为最佳扫描速度。

2. 电压强度对油品测定的影响

使用质量浓度为 0.5～5 mg/L 的 RL041 燃料油，测定速度 2 400 nm/s，狭缝宽度激发波长（*Ex*）为 5 nm，发射波长（*Em*）为 5 nm，进行电压强度实验，结果如图 3-3 所示。

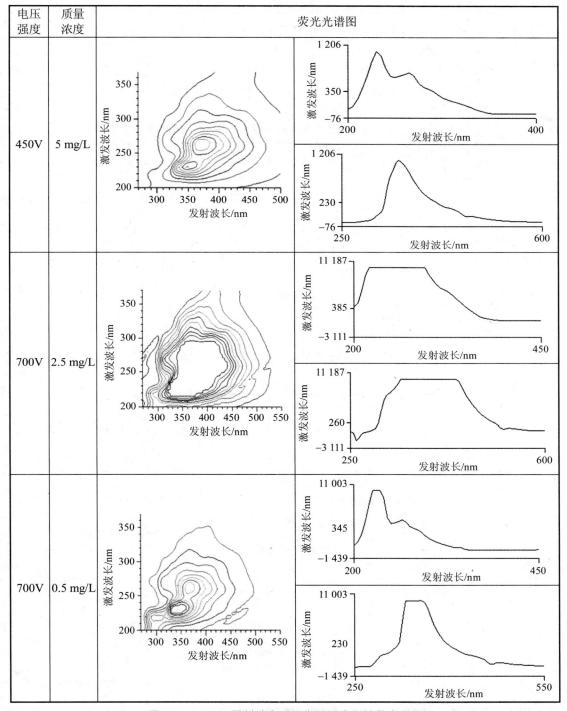

图 3-3　RL041 燃料油在不同电压强度下的荧光谱图

电压强度为 700V，样品质量浓度为 5 mg/L 时，荧光信号强度偏低，数值在 1 000 左右，约占仪器测定范围的 10%；电压强度为 700V，样品质量浓度为 2.5 mg/L 时，样品峰值处的强度超出仪器测定范围，出现平头峰；电压强度为 700V，样品质量浓度为 0.5 mg/L 时，峰值处的强度仍然超出仪器测定范围，出现平头峰。根据文献资料，油样品的最佳测定质量浓度在 0.5～20 mg/L。推荐 400V 的电压强度进行实验。

3. 狭缝宽度对油品测定的影响

使用 5 mg/L 和 20 mg/L 的赵东原油，扫描速度 2 400 nm/s，电压强度 400V，进行狭缝宽度实验，每个狭缝宽度测定 3 个平行样，结果如表 3-5 和表 3-6 所示。

表 3-5　5 mg/L 赵东原油在不同狭缝宽度下的荧光峰值参数及谱图

狭缝宽度	激发波长（发射波长）/nm	平均值	偏差	相对标准偏差	荧光谱图
激发波长为 5 nm；发射波长为 5 nm	230.0（346.0）	684.4	8.36	1.22%	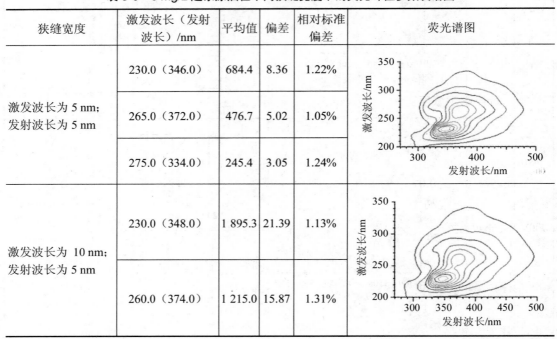
	265.0（372.0）	476.7	5.02	1.05%	
	275.0（334.0）	245.4	3.05	1.24%	
激发波长为 10 nm；发射波长为 5 nm	230.0（348.0）	1 895.3	21.39	1.13%	
	260.0（374.0）	1 215.0	15.87	1.31%	

表 3-6　20 mg/L 赵东原油在不同狭缝宽度下的荧光峰值参数及谱图

狭缝宽度	激发波长（发射波长）/nm	平均值	偏差	相对标准偏差	荧光谱图
激发波长为 5 nm；发射波长为 5 nm	235.0（350.0）	1 688.3	8.74	0.52%	
	265.0（372.0）	1 482.0	10.44	0.70%	

狭缝宽度	激发波长（发射波长）/nm	平均值	偏差	相对标准偏差	荧光谱图
激发波长为 10 nm；发射波长为 5 nm	230.0（348.0）	4 641.3	76.36	1.65%	
	260.0（374.0）	3 680.0	165.22	4.49%	

　　狭缝宽度对荧光信号强度的影响较大，*Ex* 狭缝宽度变大后，荧光峰值的位置基本未变，强度明显增加。选择不同狭缝宽度时，样品的平行性较好，荧光特征峰强度值的相对标准偏差不超过 5%。样品浓度较低时，狭缝宽度为 *Ex* = 10 nm，*Em* = 5 nm 时，能够获得更好的荧光信号。因此，推荐狭缝宽度为 *Ex* = 10 nm，*Em* = 5 nm 作为最佳狭缝宽度。

4．最佳测定浓度实验

　　选择俄罗斯原油和 4#重柴油，进行最佳测定浓度实验，质量浓度范围 2.5～40 mg/L，结果如图 3-4、图 3-5、图 3-6 所示。俄罗斯原油的荧光光谱有两个峰，激发/发射波段位于 230.0～235.0 nm/346.0～350.0 nm 和 260.0～265.0 nm/366.0～370.0 nm 处，其中：230.0～235.0 nm/346.0～350.0 nm 处，质量浓度为 2.5～15 mg/L 时荧光强度与质量浓度的线性关系较好，质量浓度高于 15 mg/L 时两者的线性关系开始减弱；260.0～265.0 nm/366.0～370.0 nm 处，质量浓度为 2.5～25 mg/L 时荧光强度与浓度的线性关系较好，质量浓度高于 25 mg/L 时两者的线性关系开始减弱。4#重柴油的荧光光谱有两个峰，它们的激发/发射波段位于 230.0～235.0 nm/346.0～350.0 nm 和 260.0～265.0 nm/362.0～364.0 nm 处。其中：230.0～235.0 nm/346.0～350.0 nm 处，质量浓度为 2.5～10 mg/L 时荧光强度与浓度的线性关系较好，浓度高于 10 mg/L 时两者的线性关系开始减弱；260.0～265.0 nm/362.0～364.0 nm 处，质量浓度为 2.5～10 mg/L 时荧光强度与浓度的线性关系较好，质量浓度高于 10 mg/L 时两者的线性关系开始减弱。

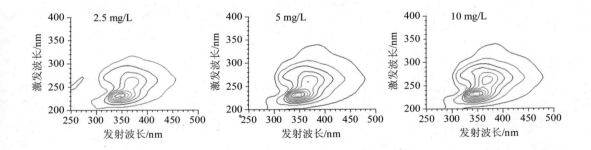

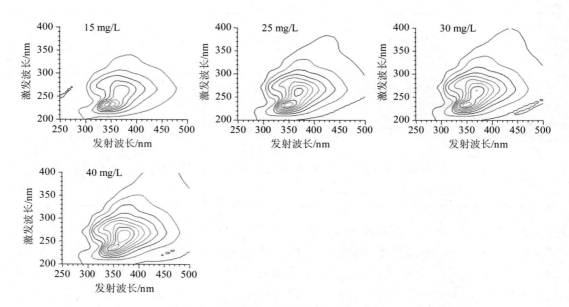

图 3-4　不同质量浓度俄罗斯原油的荧光谱图

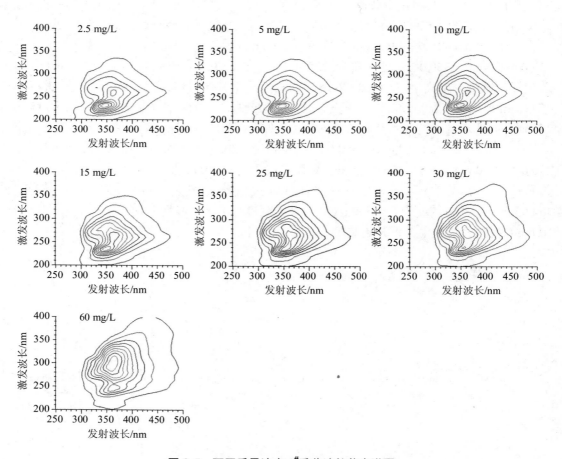

图 3-5　不同质量浓度 4#重柴油的荧光谱图

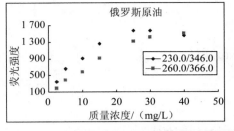

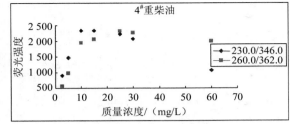

图3-6　不同质量浓度俄罗斯原油和4#重柴油荧光峰值强度变化曲线

选择阿根廷原油、赵东原油、120CST 燃料油、180CST 燃料油、380CST 燃料油，质量浓度分别为 5 mg/L、10 mg/L、15 mg/L、20 mg/L 时进行测定，结果如图 3-7、图 3-8 所示。

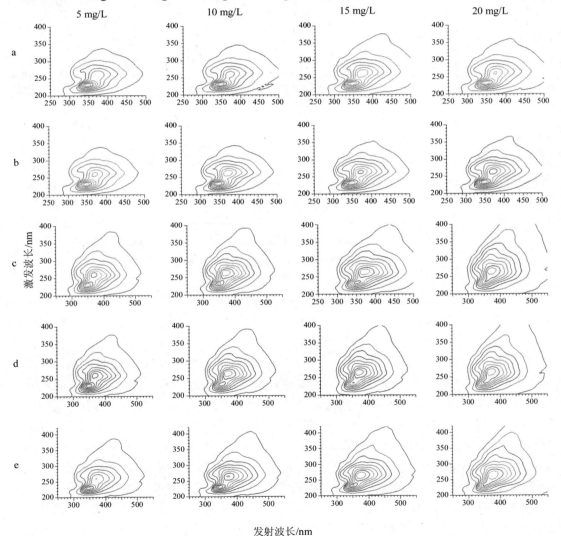

图3-7　不同质量浓度阿根廷原油（a）、赵东原油（b）、120CST 燃料油（c）、180CST 燃料油（d）、360CST 燃料油（e）的荧光谱图

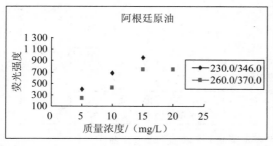
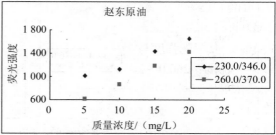
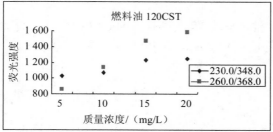
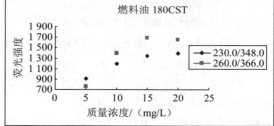
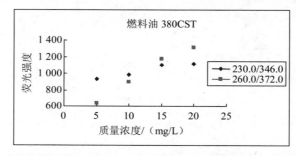

图 3-8 不同质量浓度阿根廷原油、赵东原油、120CST 燃料油、180CST 燃料油、
380CST 燃料油的荧光峰值强度变化曲线

阿根廷原油的荧光光谱有两个峰，激发/发射波段位于 230.0～235.0 nm/346.0～
350.0 nm 和 260.0～265.0 nm/372.0～374.0 nm 处。其中：230.0～235.0 nm/346.0～350.0 nm
处，质量浓度为 2.5～15 mg/L 时荧光强度与质量浓度的线性关系较好，质量浓度高于
15 mg/L 时两者的线性关系开始减弱；260.0～265.0 nm/370.0～374.0 nm 处，质量浓度为
2.5～15 mg/L 时荧光强度与质量浓度的线性关系较好，质量浓度高于 15 mg/L 时两者的
线性关系开始减弱。赵东原油的荧光光谱有两个峰，它们的激发/发射波段位于 230.0～
235.0 nm/346.0～350.0 nm 和 260.0～265.0 nm/370.0～372.0 nm 处。其中：230.0～
235.0 nm/346.0～350.0 nm 处，质量浓度为 10～20 mg/L 时荧光强度在与质量浓度的线性关
系较好；260.0～265.0 nm/370.0～372.0 nm 处，质量浓度为 5～20 mg/L 时荧光强度与质量
浓度的线性关系较好。120CST 燃料油的荧光光谱有两个峰，激发/发射波段位于 230.0～
235.0 nm/348.0～354.0 nm 和 260.0～265.0 nm/368.0～370.0 nm 处。其中：230.0～
235.0 nm/348.0～354.0 nm 处的荧光强度在 5～15 mg/L 的质量浓度范围内随质量浓度的增
加略有增加，质量浓度为 20 mg/L 时，荧光强度略有降低；260.0～265.0 nm/368.0～370.0 nm
处，质量浓度为 5～20 mg/L 时荧光强度与质量浓度的线性关系较好。180CST 燃料油的荧

光光谱有两个峰，激发/发射波段位于 230.0～235.0 nm/348.0～354.0 nm 和 260.0～265.0 nm/366.0～370.0 nm 处。其中：230.0～235.0 nm/348.0～354.0 nm 处，质量浓度为 5～15 mg/L 时荧光强度与质量浓度的线性关系较好，质量浓度高于 15 mg/L 时两者的线性关系开始减弱；260.0～265.0 nm/366.0～370.0 nm 处，质量浓度为 5～15 mg/L 时荧光强度与质量浓度的线性关系较好，质量浓度高于 15 mg/L 时两者的线性关系开始减弱。380CST 燃料油的荧光光谱有两个峰，激发/发射波段位于 230.0～235.0 nm/346.0～352.0 nm 和 260.0～265.0 nm/372.0～376.0 nm 处。其中：230.0～235.0 nm/348.0～354.0 nm 处，质量浓度为 5～20 mg/L 时荧光强度随质量浓度略有增加；260.0～265.0 nm/372.0～376.0 nm 处，质量浓度为 5～20 mg/L 时荧光强度与质量浓度的线性关系较好。

三、结语

根据实验结果，本书确定了油品荧光光谱的测定方法：

1. 样品处理

取适量油样品，以 3 000 r/min 的转速离心 10 min，取上层油样，分别准确称取油样品 0.050 0 g±0.000 1 g 于两个 10 mL 容量瓶中，用环己烷（色谱纯）溶解，定容到刻度，摇匀，静置 10 min。采用逐步稀释方式得到 5 mg/L 的待测油溶液（依次取油溶液 1 mL，定容至 10 mL）。

2. 荧光光谱仪测试条件

激发波长（Ex）为 210～460 nm，步长 5 nm，狭缝宽度 10 nm；发射波长（Em）为 250～550 nm，步长 2 nm，狭缝宽度 5 nm；扫描速度：12 000 nm/s；电压强度：400V；响应时间：自动。

3. 鉴别指标及要求

谱图形状、指纹走向；观察峰的个数及等高线的轮廓。主峰位置；激发和发射波长极差不超过 4 nm 为通过。两特征峰荧光强度比值：相对偏差不超过 7% 为通过。

第二节 气相色谱-质谱法

国内外有关应用生物标志物鉴别海上溢油的研究已有大量的报道，分析和比较这些标准性文件[①]和研究文献[②]，可知这些文件中一般都采用柱层析法处理油样，毛细管气相色谱-

① CEN/TR 15522-2：2006. Oil spill identification—Waterborne petroleum and petroleum products—Part 2: Analytical methodology and interpretation of results[S]. London: CEN national members, 2006; CEN/TR 15522-1: 2006. Oil spill identification—Waterborne petroleum and petroleum products—Part 1: Sampling[S]. London: CEN national members, 2006; GB/T 21247—2007. 海面溢油鉴别系统规范[S]. 北京：国家海洋局，2007；SY/T 5119—1995. 岩石可溶有机物和原油族组分柱层析分析方法[S]. 北京：中国石油天然气总公司，1995；GB/T 18606—2001. 气相色谱-质谱法测定沉积物和原油中生物标志物[S]. 北京：石油地质实验标准化分委员会，2001.

② 徐恒振，周传光，马永安，等. 甾烷作为溢油指示物（或指标）的研究[J]. 海洋环境科学，2002，21（1）：14-20，45；徐恒振，周传光，马永安，等. 甾烷作为溢油指示物的模糊聚类分析研究[J]. 交通环保，2002，23（2）：7-10；徐恒振，周传光，马永安，等. 萜烷作为溢油指示物（或指标）的研究[J]. 交通环保，2001，22（4）：15-20；徐恒振，周传光，马永安，等. 特种生物标志物作为溢油指示物（或指标）的研究[J]. 交通环保，2001，22（6）：5-11；包木太，孙培艳，崔文林，等. 基于石油烃特征比值的多元统计方法进行原油鉴别[J]. 分析化学，2008，36（4）：483-488；王鑫平，孙培艳，周青，等. 原油饱和烃指纹的内标法分析[J]. 分析化学，2007，35（8）：1121-1126；孙培艳，周青，李光梅，等. 原油中多环芳烃内标法指纹分析[J]. 分析测试学报，2008，27（4）：344-348.

质谱-选择性监测离子（GC-MS-SIM）测定的方法鉴别溢油。采用成熟的柱层析方法处理油样固然可靠，但所需时间较长，有时难以满足海上溢油事故应急处理技术的需求；若将油样（正己烷溶解）直接进行毛细管 GC-MS-SIM 分析，则会严重污染色谱柱或质谱离子源等，同时还会产生一些鬼峰，造成一定的分析误差，给油种数据库采集信息带来一些困难，难以准确地鉴别溢油。为此，建立了一个涡旋-离心处理油样，GC-MS-SIM 测定的鉴别油种方法，以满足海上溢油事故应急处理技术的需求。

一、材料与方法

1. 仪器与设备

气相色谱-质谱仪（Agilent 6890-5973MS）；旋涡混合器（江苏金坛市医疗仪器厂，XH-C）；离心机（上海卢湘仪离心机仪器有限公司，TG16-WS）；超声仪（昆山市超声仪器有限公司，KQ5200B）；旋转蒸发仪（上海亚荣生化仪器厂，RE-2000）；电热恒温鼓风干燥箱（上海精宏实验设备有限公司，DHG-9109A 型）；涡旋振荡器；氮吹仪（Organomation Associates，Jnc，N-EAP12）。

2. 试剂及其处理

正己烷（HPLC，TEDIA 公司）；二氯甲烷（HPLC，TEDIA 公司）；中性氧化铝（层析，100～200 目），450℃活化 4 h，稍冷后，装入磨口瓶，加入 1% 的水，混匀，失活，置于干燥器保存，备用；硅胶（层析，100～200 目），180℃活化 20 h，稍冷后，装入磨口瓶内，置于干燥器内保存，备用；无水 Na_2SO_4（分析纯），450℃烘 4 h，装入磨口瓶，置于干燥器保存，备用。

3. 实验油品

实验油品选取 1 种原油和 2 种燃料油。原油：涠洲油 WEI 11-8-1 油井，井深 3 104～3 270 m，其编号为原油 C；燃料油：其中一种燃料油为 180# 重油，其编号为燃料油 F；另一种燃料油系由中国海事局烟台溢油应急技术中心提供，样品名称为 FO238。

4. 涡旋-离心法处理油样

油样的配制（2.1 mg/mL）：称取油样 0.1 g，加入 1 g 无水 Na_2SO_4，加入（3～4 mL）正己烷，涡旋 30 s 溶解，用正己烷定容至 8.0 mL，混匀，以 3 000 r/min 转速，在离心机中离心 5 min，以除去沥青质。移取上述油样 1.0 mL 于离心管中，再移取 3 mL 二氯甲烷，移取 2 mL 正己烷（保持二氯甲烷：正己烷（体积比）=1：1），加入 1.0 g 硅胶，以 3 000 r/min 的转速，在离心机中离心 5 min，取上层清液 1 μL，上机分析，得到油样的毛细管 GC-MS-SIM 谱图。

5. 气相色谱-质谱条件

气相色谱条件：色谱柱为 HP-5MS 30 m×0.25 mm（或 0.32 mm）×0.25 μm；载气为氦气；恒流模式；柱流量：1 mL/min；进样口温度：300℃；进样量 1 μL；进样方式为不分流进样；初始温度为 60℃，保持 2 min，以 6℃/min 的速度升到 300℃，保持 10 min。

质谱条件：接口温度为 280℃；离子源温度为 230℃；四极杆为 150℃；扫描碎片 m/z 范围为 50～550；采集模式为全扫描/选择离子扫描；溶剂延迟为 3 min；电子碰撞能量为 70 eV；选择性离子分别为：85，191，217，218，142，166，180，198，192，231，242。

二、结果与讨论

1. 不同提取液对油样净化的影响

称取 0.2 g FO238 油样于 10 mL 容量瓶中，加入 1 g 无水 Na_2SO_4，用正己烷定容，在超声波萃取仪中超声 15 min，作为实验用油。取 100 μL 上述油样注入 4 个玻璃离心管中，再在 4 个离心管中分别加入 4 mL 正己烷、4 mL 20%的二氯甲烷-正己烷（体积比）、4 mL 40%的二氯甲烷-正己烷（体积比）、4 mL 50%的二氯甲烷-正己烷（体积比）的不同提取液，再往其中 3 个离心管中分别加入 0.5 g 中性氧化铝或 0.5 g 硅胶[其中，4 mL 正己烷的比色管中，不加 0.5 g 中性氧化铝（或 0.5 g 硅胶），作为原始油样，以备分析用]。将 4 个离心管在离心机中以 3 000 r/min 的转速离心 5 min，取 1 μL 上层清液（油样浓度为 0.5 mg/mL）进样，用毛细管气相色谱-质谱-选择性离子监测模式（GC-MS-SIM）测定（除初始温度为 50℃外，其余气相色谱-质谱条件同上）。图 3-9 为原始油样（上）和 20%的二氯甲烷-正己烷提取液（下）的 231 特征离子谱图。图 3-10 为原始油样（上）、40%二氯甲烷-正己烷提取液（下）和 50%二氯甲烷-正己烷提取液（中）的 231 特征离子谱图。图 3-11～图 3-15 分别为原始油样（上）与 50%二氯甲烷-正己烷提取液（下）的 m/z 分别为 57、191、217、231、198 的特征离子谱图。

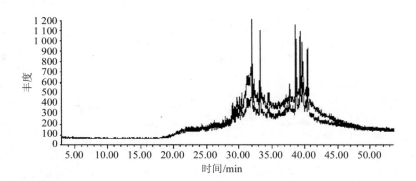

图 3-9　原始油样（上）与 20%的二氯甲烷-正己烷提取液（下）的 231 特征离子谱图

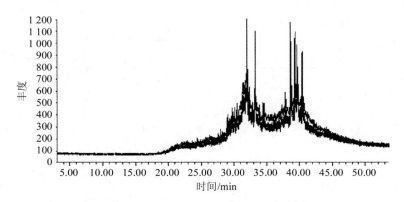

图 3-10　原始油样（上）、40%二氯甲烷-正己烷提取液（下）、
50%二氯甲烷-正己烷提取液（中）的 231 特征离子谱图

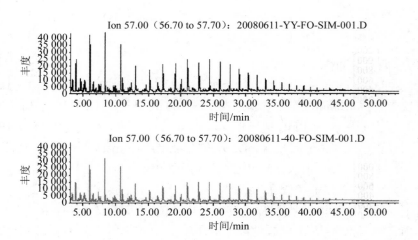

图 3-11   原始油样（上）与 50%二氯甲烷-正己烷提取液（下）的 57 特征离子谱图

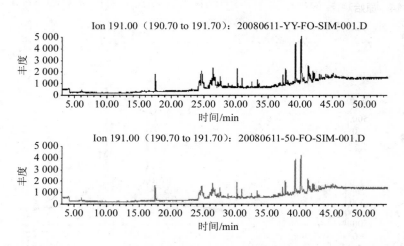

图 3-12   原始油样（上）与 50%二氯甲烷-正己烷提取液（下）的 191 特征离子谱图

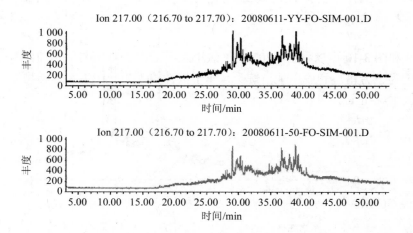

图 3-13   原始油样（上）与 50%二氯甲烷-正己烷提取液（下）的 217 特征离子谱图

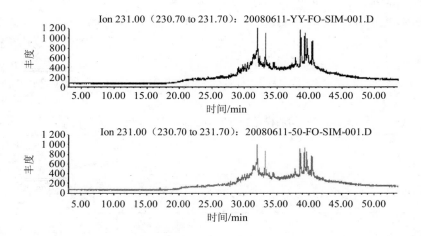

图 3-14 原始油样（上）与 50%二氯甲烷-正己烷提取液（下）的 231 特征离子谱图

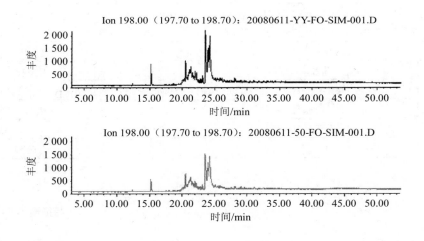

图 3-15 原始油样（上）与 50%二氯甲烷-正己烷提取液（下）的 198 特征离子谱图

由图 3-9 和图 3-10 可以看出，20%的二氯甲烷-正己烷提取液与原始油样的 231 特征离子谱图（主要为三芳甾烷和脱甲基甾烷类，属于极性较大的一些生物标志物）的重合性不好，随着二氯甲烷-正己烷提取液中二氯甲烷比例的增大，提取液极性的逐渐增大，当二氯甲烷的比例达到 50%时，与原始油样的谱图有较好的吻合；而 20%二氯甲烷-正己烷提取液和 40%二氯甲烷-正己烷提取液与原始油样比较，对于 231 特征离子有较多的吸附，提取不彻底；50%的二氯甲烷-正己烷提取液与原始油样比较，很多生物标志物谱图之间无显著性差异（图 3-11～图 3-15）。因此，按照 50%二氯甲烷-正己烷提取液进行涡旋-离心处理油样和毛细管 GC-MS-SIM（如 m/z：57、191、217、231、198 等）分析是可行的。

2. 油样质量浓度大小对响应值的影响

分别取不同量的原油 C 和燃料油 F 于玻璃离心管中，加 1.0 g 中性氧化铝（或 1.0 硅胶）作为涡旋-离心的吸附剂，加 8 mL 50%二氯甲烷-正己烷混合溶液作为提取液，使其中油样的质量浓度分别达到 0.5 mg/mL 和 2.1 mg/mL，以 3 000 r/min 的转速在离心机中离心5 min，取上清液 1 μL 进样，GC-MS-SIM 测定，考察不同质量浓度的原油和燃料油中生物标志物诊断指标的变化。表 3-7 为不同油样质量浓度大小对生物标志物诊断指标变化的影响。图 3-16～图 3-19 分别为不同质量浓度原油 C 的 218、191 离子 GC-MS-SIM 谱图。

表 3-7　不同油样质量浓度中生物标志物诊断指标的变化

选择离子	诊断指标	0.5 mg/mL		2.1 mg/mL	
		原油 C	燃料油 F	原油 C	燃料油 F
85	n-C17/Pr	2.642	4.080	2.602	4.117
	n-C18/Ph	4.200	2.387	5.037	3.287
	Pr/Ph	1.888	0.967	2.196	0.832
191	Ts/Tm	未检出	0.592	4.166	0.556
	C29αβ/C30αβ	0.375	0.838	0.376	0.830
217、218	C27 甾αββ/（C27～C29）甾αββ	0.362	0.314	0.378	0.320
	C28 甾αββ/（C27～C29）甾αββ	0.219	0.282	0.215	0.297
	C29 甾αββ/（C27～C29）甾αββ	0.418	0.404	0.406	0.384
142	2-甲基-萘/1-甲基-萘	1.585	1.413	1.875	1.517
166、180	芴/1-甲基-芴	未检出	未检出	0.860	1.654
198	4-甲基-二苯并噻吩/3-甲基-二苯并噻吩	未检出	未检出	1.636	1.232
	4-甲基-二苯并噻吩/1-甲基-二苯并噻吩	5.358	1.786	7.271	1.814
192	2-甲基-菲/1-甲基-菲	0.978	0.848	1.184	1.566
242	2-甲基-䓛/6-甲基-䓛	未检出	未检出	2.055	1.724

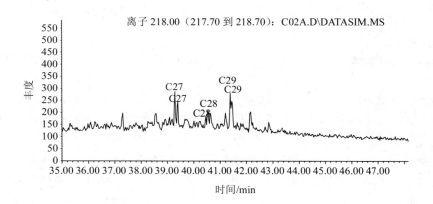

图 3-16　质量浓度为 0.5 mg/mL 的原油 C 的 218 离子 GC-MS-SIM 谱图

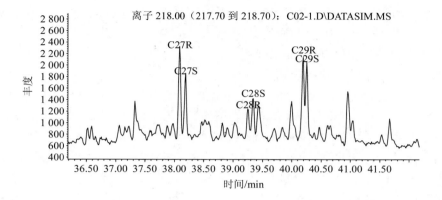

图 3-17　质量浓度为 2.1 mg/mL 的原油 C 的 218 离子 GC-MS-SIM 谱图

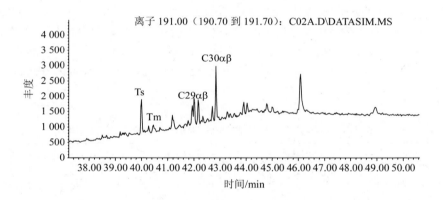

图 3-18　质量浓度为 0.5 mg/mL 的原油 C 的 191 离子 GC-MS-SIM 谱图

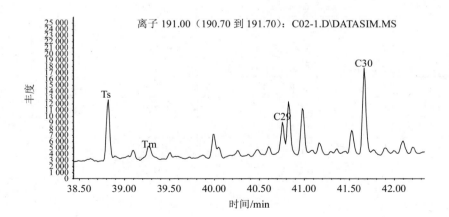

图 3-19　质量浓度为 2.1 mg/mL 的原油 C 的 191 离子 GC-MS-SIM 谱图

由表 3-7 和图 3-16~图 3-19 可以看出，两种油的浓度为 0.5 mg/mL 时，油样中有一些生物标志物的响应值小，无法辨识有效峰，不能计算其诊断指标的比值；两种油的浓度为 2.1 mg/mL 时，油样中生物标志物均具较高的响应值，可以计算出诊断比值。因此，GC-MS-SIM 测定油样浓度以 2.1 mg/mL 为宜。

3. 吸附剂用量油样净化的影响

分别取 0.0 g、0.5 g、1.0 g、2.0 g、3.0 g 硅胶于 5 个 10 mL 的玻璃离心管内，分别移取 1.0 mL 浓度为 2.1 mg/mL 原油 C（正己烷溶液）于 5 个玻璃离心管中，再分别加入 3 mL 二氯甲烷和 2 mL 正己烷，以 3 000 r/min 的转速在离心机中离心 5 min。可以看出，0.0 g 硅胶中油样（原始油样的稀释）体积为 6 mL（棕色，澄清）；0.5 g 硅胶中油样体积为 5 mL（黄色，澄清），硅胶变为棕色；1.0 g 硅胶中油样体积为 4 mL（黄色，澄清），硅胶变为棕色；2.0 g 硅胶中油样体积为 2 mL（黄色，混浊），硅胶变为棕色；3.0 g 硅胶中油样体积为 1 mL（黄色、混浊、黏稠、硅胶量过多），硅胶变为棕色。由于加入 2.0 g 和 3.0 g 硅胶的油样，涡旋-离心后，油样溶液混浊，且体积太小，不适宜进行 GC-MS-SIM 测定，故仅对加入 0.0 g、0.5 g 和 1.0 g 硅胶的油样涡旋-离心后进行 GC-MS-SIM 测定。表 3-8 为不同量的硅胶吸附剂对生物标志物诊断比值的影响。图 3-20、图 3-21 和图 3-22 为分别加入 0.0 g、0.5 g 和 1.0 g 硅胶的原油 C 的总离子（TIC）谱图和选择离子 191、218 的 GC-MS-SIM 谱图。图 3-20~图 3-22 中 C02-0、C02-05 和 C02-1 依次代表加入 0.0 g、0.5 g 和 1.0 g 硅胶的油样。

表 3-8　不同量的硅胶对油样中生物标志物诊断比值的影响

选择离子	诊断指标	0.0 g 硅胶	0.5 g 硅胶	1.0 g 硅胶
85	nC17/Pr	2.588	2.586	2.618
	nC18/Ph	5.079	5.046	5.028
	Pr/Ph	2.209	2.200	2.193
191	Ts/Tm	4.256	4.436	3.896
	C29$\alpha\beta$/C30$\alpha\beta$	0.379	0.379	0.373
218	C27 甾$\alpha\beta\beta$/（C27~C29）甾$\alpha\beta\beta$	0.389	0.377	0.379
	C28 甾$\alpha\beta\beta$/（C27~C29）甾$\alpha\beta\beta$	0.213	0.221	0.209
	C29 甾$\alpha\beta\beta$/（C27~C29）甾$\alpha\beta\beta$	0.398	0.401	0.411
142	2-甲基-萘/1-甲基-萘	1.865	1.88	1.870
166、180	芴/1-甲基-芴	0.858	0.867	0.854
198	4-甲基-二苯并噻吩/3-甲基-二苯并噻吩	1.654	1.620	1.653
192	2-甲基-菲/1-甲基-菲	1.198	1.179	1.188
242	2-甲基-菡/6-甲基-菡	2.083	2.072	2.038

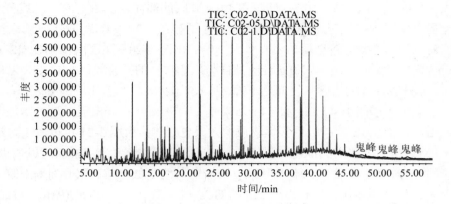

图 3-20　加入 0.0 g（上）、0.5 g（中）和 1 g（下）硅胶的原油 C 的总离子（TIC）谱图

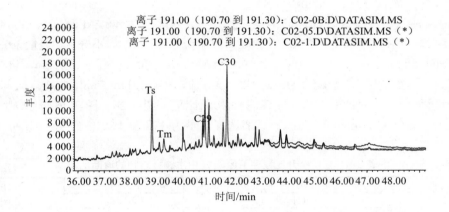

图 3-21　加入 0.0 g（上）、0.5 g（中）和 1 g（下）硅胶的原油 C 的 191 离子 GC-MS-SIM 谱图

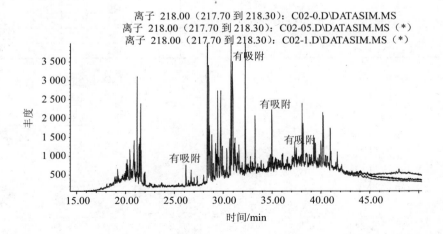

图 3-22　加入 0.0 g（上）、0.5 g（中）和 1 g（下）硅胶的原油 C 的 218 离子 GC-MS-SIM 谱图

由表 3-8 可以看出，加入 0.5 g 硅胶和 1.0 g 硅胶的油样以及原始油样，其间诊断比值的大小无显著性差异。说明在油样中加入一定量的硅胶（1.0 g），尽管可吸附大量的极性物质，但对生物标志物的诊断比值没有多大影响；由图 3-20 可以看出，GC-MS-TIC 谱图在 43 min 以前，加入 0.5 g 和 1.0 g 硅胶油样与原始油样的重合较好，43 min 以后，加入 0.5 g 和 1.0 g 硅胶油样的谱图基线开始下降，加入 1.0 g 硅胶的基线下降更低一些，而原始油样（未加硅胶）谱图中 47 min 和 54 min 处有一些不可辨识峰出现，这说明加入硅胶后有吸附作用，且加 1.0 g 硅胶吸附极性物质的效果更好些；由图 3-21 可以看出，选择离子191 的 GC-MS-SIM 谱图，43 min 以前与原始油样谱图较好重合，从 43 min 以后，加入 1.0 g 和 0.5 g 硅胶的谱图基线开始下降，且 1.0 g 硅胶的基线更低一些，说明加入硅胶后有吸附作用；由图 3-22 可以看出，选择离子 218 的 GC-MS-SIM 谱图，在 26.19 min、32.26 min、34.97 min、37.49 min 均有吸附，且加入 1.0 g 硅胶的吸附效果比 0.5 g 的效果要好。综合分析，选择硅胶做吸附剂，可以去除油样中很多极性物质，并且以加入 1.0 g 硅胶为宜。

4．不同升温程序对分离的影响

采用两种色谱程序进行油样的测试，程序 I：60℃，2 min，6℃/min，300℃，保持16 min，进样口温度 290℃，接口温度 280℃，离子源温度 230℃，不分流，流量 1.0 mL/min。总运行时间 60 min。程序 II：70℃，2 min，4℃/min，300℃，保持 10 min，进样口温度300℃，接口温度 280℃，离子源温度 230℃，不分流，流量 1.0 mL/min。总运行时间 70 min。表 3-9 为两种程序的原油 C 中生物标志物的诊断比值。图 3-23～图 3-26 分别为原油 C 在两种程序升温（6℃/min 和 4℃/min）下的选择离子为 198 和 191 的 GC-MS-SIM 谱图。

表 3-9　在两个升温程序下原油 C 中生物标志物的诊断比值

选择离子	诊断指标	程序 I	程序 II
85	nC17/Pr	2.588	2.614
191	Ts/Tm	4.256	6.559
218	C27 甾αββ/（C27～C29）甾αββ	0.389	0.362
142	2-甲基-萘/1-甲基-萘	1.865	1.865
166、180	芴/1-甲基-芴	0.858	0.796
198	4-甲基-二苯并噻吩/3-甲基-二苯并噻吩	1.654	1.593
192	2-甲基-菲/1-甲基-菲	1.198	1.295
242	2-甲基-䓛/6-甲基-䓛	2.083	1.991

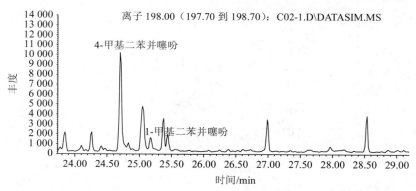

图 3-23　原油 C 在 6℃/min 升温程序下选择离子 198 的 GC-MS-SIM 谱图

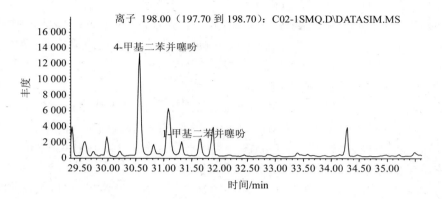

图 3-24　原油 C 在 4℃/min 升温程序下选择离子 198 的 GC-MS-SIM 谱图

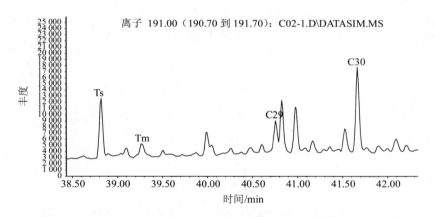

图 3-25　原油 C 在 6℃/min 升温程序下选择离子 191 的 GC-MS-SIM 谱图

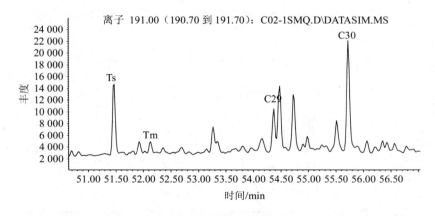

图 3-26　原油 C 在 4℃/min 升温程序下选择离子 191 的 GC-MS-SIM 谱图

从谱图上看，除选择离子 198 和 191 的 GC-MS-SIM 谱图中生物标志物的分离有一定的差异外，其他各生物标志物的 GC-MS-SIM 谱图均未有明显差异。在 198 的 GC-MS-SIM

谱图上，1-甲基苯并噻吩在 4℃/min 升温程序中的分离要比 6℃/min 的分离好，其特征比值未受到影响。而从 191 的 GC-MS-SIM 谱图中看出，Tm 在 4℃/min 升温程序中比 6℃/min 的分离要好，从总体来看，两种升温程序均可使用。但从溢油的快速鉴别出发，还是以选择程序 I（升温速率为 6℃/min）作为升温程序为宜。

5. 毛细管柱类型对分离的影响

按照涡旋-离心法处理原油 C，分别采用毛细管柱 DB-5MS（30 m×0.25 mm×0.25 μm，Agilent）和 HP-5MS（30 m×0.25 mm×0.25 μm，Agilent）进行分离。图 3-27～图 3-32 依次为原油 C 的毛细管柱 DB-5MS 和 HP-5MS 分离的选择性离子 85、191 和 198 的 GC-MS-SIM 谱图。由图可以看出，毛细管柱 DB-5MS 不能很好地分离生物标志物之间的几个难分离物质对，如 *n*C17 和姥鲛烷（Pr），C29 和 C29Ts，1-甲基二苯并噻吩和其后相邻峰（未识别物）等（见图 3-27、图 3-29、图 3-31），难以对其进行准确的峰面积积分，从而影响了特征比值的计算；毛细管柱 HP-5MS 能很好地分离这 3 个难分离物质对（见图 3-28、图 3-30、图 3-32）。因此，在溢油鉴别过程中，以采用 HP-5MS 的毛细管色谱柱（30 m×0.25 mm×0.25 μm，Agilent）分离油样中的生物标志物为宜。

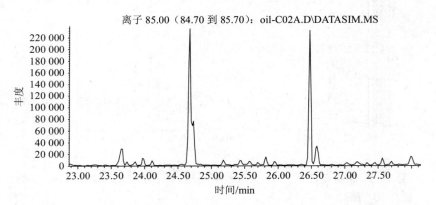

图 3-27 原油 C 选择离子 85 的 GC-MS-SIM 谱图（毛细管柱 DB-5MS）

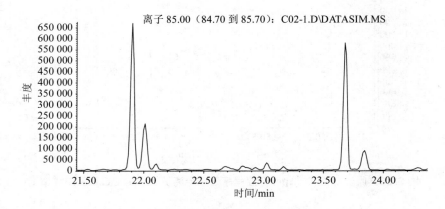

图 3-28 原油 C 选择离子 85 的 GC-MS-SIM 谱图（毛细管柱 HP-5MS）

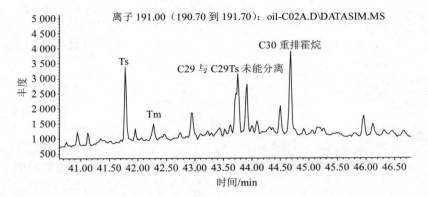

图 3-29 原油 C 选择离子 191 的 GC-MS-SIM 谱图（毛细管柱 DB-5MS）

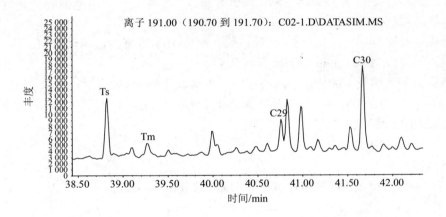

图 3-30 原油 C 选择离子 191 的 GC-MS-SIM 谱图（毛细管柱 HP-5MS）

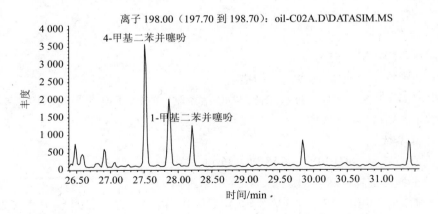

图 3-31 原油 C 选择离子 198 的 GC-MS-SIM 谱图（毛细管柱 DB-5MS）

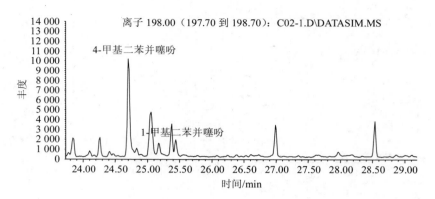

图 3-32 原油 C 选择离子 198 的 GC-MS-SIM 谱图（毛细管柱 HP-5MS）

6. 涡旋-离心-毛细管 GC/MS-SIM 分析方法——方案

（1）样品处理

准确称取油样 0.10 g，加入 5 mL 正己烷，涡旋 30 s 溶解，定容至 8 mL，加入 1 g 无水硫酸钠，混匀，3 000 r/min，5 min 离心分离。

准确移取上述油样 1.00 mL 于离心管中，再移取 3 mL 二氯甲烷，移取 2 mL 正己烷，加入 1.0 g 硅胶。以 3 000 r/min 的转速在离心机中离心 5 min，取上层清液，直接上机分析，得到 GC/MS-SIM 油样谱图。

（2）气相色谱-质谱条件

气相色谱条件：

——色谱柱：HP-5MS 30 m×0.25 mm（或 0.32 mm）×0.25 μm；

——载气：高纯氦气，1.0 mL/min；

——进样方式：不分流；

——温度：进样口 290℃；接口 280℃；离子源 230℃；

——升温程序：在 60℃保持 2 min，以 6℃/min 的速度升高到 300℃，保持 16 min；

——溶剂延迟 3 min。

质谱条件：

——质量范围：50～550；

——采集模式：全扫描/选择离子扫描；

——提取离子：85；191；217、218；142 萘系列；166、180 芴系列；198 二苯并噻吩系列；192 菲系列；242 䓛系列。

（3）评价参数

诊断比值：85——$nC17/Pr$，$nC18/Ph$，Pr/Ph；

饱和烃生物标记物：191——Ts/Tm、C29αβ/C 30αβ；

218——C27 甾αββ/（C27～C29）甾αββ、C28 甾αββ/（C27～C29）甾αββ、C29 甾αββ/（C27～C29）甾αββ。

芳烃生物标记物：

——142 萘系列：2-甲基-萘/1-甲基-萘；

——166、180 芴系列：芴/1-甲基-芴；

——198 二苯并噻吩系列：4-甲基-二苯并噻吩/1-甲基-二苯并噻吩（3-甲基-二苯并噻吩）；

——192 菲系列：2-甲基-菲/1-甲基-菲；

——242 蒽系列：2-甲基-蒽/6-甲基-蒽。

其诊断比值记录表，详见表 3-10。

表 3-10　溢油鉴别诊断比值记录表

生物标记化合物（选择离子）	诊断指标	诊断比值		
		平行 1	平行 2	平均值
85	nC17/Pr			
	nC18/Ph			
	Pr/Ph			
191	Ts/Tm			
	C29αβ/C30αβ			
217、218	C27 甾 αββ/（C27～C29）甾 αββ			
	C28 甾 αββ/（C27～C29）甾 αββ			
	C29 甾 αββ/（C27～C29）甾 αββ			
128、142、156、170 萘系列	2-甲基-萘/1-甲基-萘			
166、180、194 芴系列	芴/1-甲基-芴			
184、198、212、226 二苯并噻吩系列	4-甲基-二苯并噻吩/1-甲基-二苯并噻吩			
178、192、206、220 菲系列	2-甲基-菲/1-甲基-菲			
228、242、256、270 蒽系列	2-甲基-蒽/6-甲基-蒽			

7. 涡旋-离心法与柱层析的比较

对原油 C 分别采用涡旋-离心法（涡旋-离心-毛细管 GC/MS-SIM 分析方法——方案）和柱层析法进行油样前处理和 GC-MS-SIM 分析（上述升温程序Ⅱ）。其中柱层析法的油样处理方法为：移入 0.3 mL 油样（20 mg/mL 油样：称 0.2 g 样品至 10 mL 离心管中，加入正己烷 4 mL 涡旋溶解，正己烷定容 10 mL，加入 1 g 无水 Na_2SO_4，混匀）于玻璃层析柱（内径 6 mm，预先装有 0.5 g 硅胶）上，用 5 mL 的正己烷-二氯甲烷混合液（体积比，1∶1）以 1 mL/mL 的速率淋洗，收集洗脱液，混匀，取 1 μL 洗脱液进样，GC-MS-SIM 分析。图 3-33～图 3-48 分别为原油 C 按照涡旋-离心法、柱层析法进行油样前处理并按程序Ⅱ分析的不同选择离子的 GC-MS-SIM 谱图。通过比较图 3-33～图 3-48 可以看出，采用涡旋-离心法和柱层析法处理油样，GC-MS-SIM 测定油样中的生物标志物，两种方法具有很好的可比性；采用两种方法皆可处理油样，二者无显著性差异；但涡旋-离心法操作要简便些。

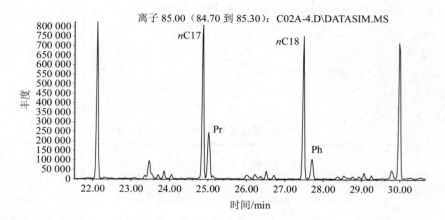

图 3-33　原油 C 选择离子 85 的 GC-MS-SIM 谱图（层析柱法）

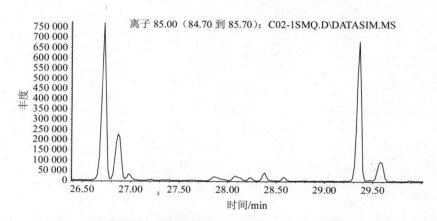

图 3-34　原油 C 选择离子 85 的 GC-MS-SIM 谱图（涡旋—离心法）

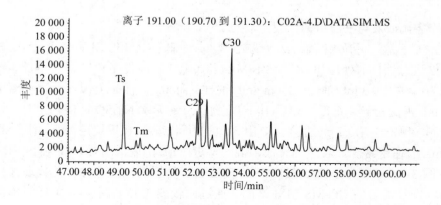

图 3-35　原油 C 选择离子 191 的 GC-MS-SIM 谱图（层析柱法）

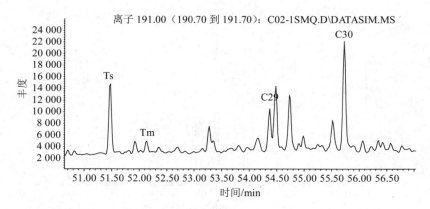

图 3-36　原油 C 选择离子 191 的 GC-MS-SIM 谱图（涡旋-离心法）

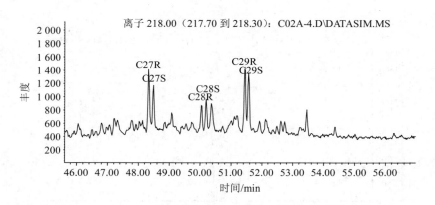

图 3-37　原油 C 选择离子 218 的 GC-MS-SIM 谱图（层析柱法）

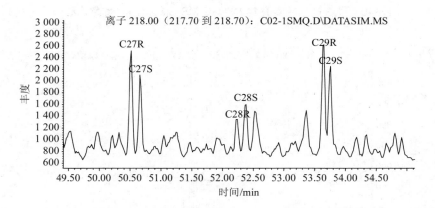

图 3-38　原油 C 选择离子 218 的 GC-MS-SIM 谱图（涡旋-离心法）

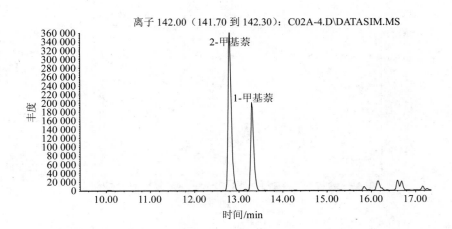

图 3-39　原油 C 选择离子 142 的 GC-MS-SIM 谱图（层析柱法）

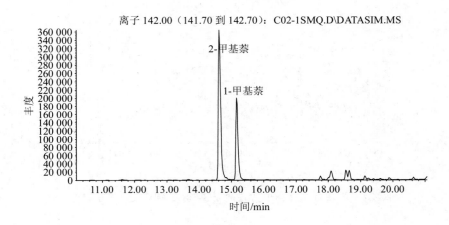

图 3-40　原油 C 选择离子 142 的 GC-MS-SIM 谱图（涡旋-离心法）

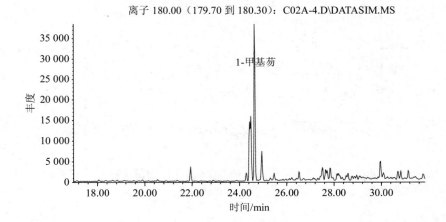

图 3-41　原油 C 选择离子 180 的 GC-MS-SIM 谱图（层析柱法）

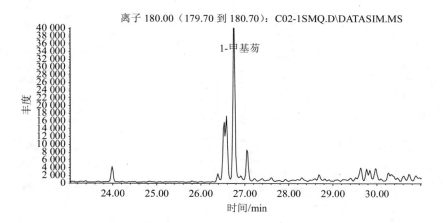

图 3-42　原油 C 选择离子 180 的 GC-MS-SIM 谱图（涡旋-离心法）

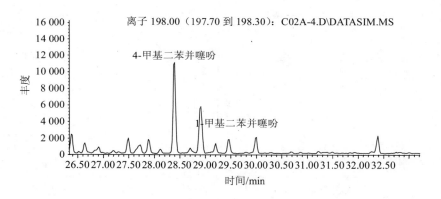

图 3-43　原油 C 选择离子 198 的 GC-MS-SIM 谱图（层析柱法）

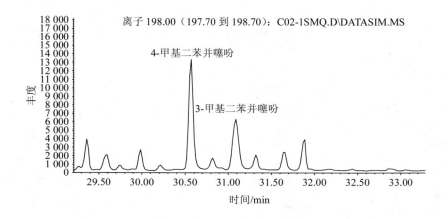

图 3-44　原油 C 选择离子 198 的 GC-MS-SIM 谱图（涡旋-离心法）

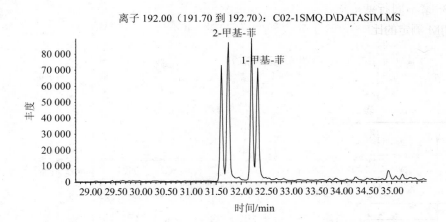

图 3-45　原油 C 选择离子 192 的 GC-MS-SIM 谱图（层析柱法）

图 3-46　原油 C 选择离子 192 的 GC-MS-SIM 谱图（涡旋-离心法）

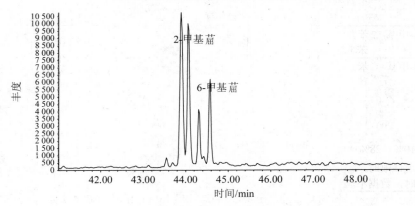

图 3-47　原油 C 选择离子 242 的 GC-MS-SIM 谱图（层析柱法）

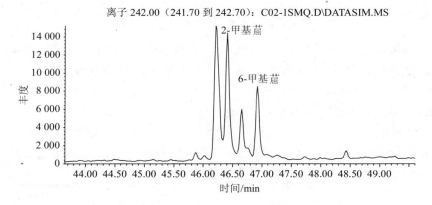

离子 242.00（241.70 到 242.70）：C02-1SMQ.D\DATASIM.MS

图 3-48　原油 C 选择离子 242 的 GC-MS-SIM 谱图（涡旋-离心法）

8. 实验室间的油样比对分析方法——验证实验

有 3 家不同行业的有机分析实验室参加了原油 C 的涡旋-离心处理油样，毛细管 GC-MS-SIM 测定的比对分析，其生物标志物的诊断比值及其评价结果列入表 3-11。由表 3-11 可以看出，3 家实验室分析结果的一致率达 85.7%，说明采用涡旋-离心处理油样，毛细管 GC-MS-SIM 测定油种的方法，具有较好的可比性和再现性，可以应用到海上溢油鉴别中去。

表 3-11　3 家实验室涡旋-离心法处理原油 C 的比对结果

选择离子	诊断指标	C 类油						
		实验室 Ⅰ	验室 Ⅱ	实验室 Ⅲ	平均值	极差	再现性限	评定
85	nC17/Pr	3.258	2.984	2.602	2.948	0.656	0.825	Y
	nC18/Ph	5.769	6.284	5.037	5.697	1.247	1.595	Y
	Pr/Ph	2.477	2.338	2.196	2.337	0.281	0.654	Y
191	Ts/Tm	5.257	4.379	4.166	4.601	1.091	1.288	Y
	C29αβ/C30αβ	0.767	0.354	0.376	0.499	0.414	0.140	N
218	C27 甾αββ/（C27～C29）甾αββ	0.409	0.344	0.378	0.377	0.065	0.106	Y
	C28 甾αββ/（C27～C29）甾αββ	0.177	0.234	0.215	0.209	0.057	0.058	Y
	C29 甾αββ/（C27～C29）甾αββ	0.421	0.423	0.406	0.417	0.017	0.117	Y
142	2-甲基-萘/1-甲基-萘	1.777	1.977	1.875	1.876	0.200	0.525	Y
166、180	芴/1-甲基-芴	0.777	0.848	0.86	0.828	0.083	0.232	Y
198	4-甲基-二苯并噻吩/3-甲基-二苯并噻吩	2.026	1.730	1.636	1.797	0.390	0.503	Y
	4-甲基-二苯并噻吩/1-甲基-二苯并噻吩	1.545	6.903	7.271	5.240	5.726	1.467	N
192	2-甲基-菲/1-甲基-菲	1.156	1.260	1.184	1.200	0.104	0.336	Y
242	2-甲基-䓛/6-甲基-䓛	1.581	1.724	2.055	1.787	0.474	0.500	Y

依据文献[*]再现性限：

$r_{95\%} = 2.8 \times \bar{x} \times 10\% = 28\% \bar{x}$；

当极差小于再现性限时，数据满意；当极差大于再现性限时，数据不满意

依据判定原则：以上数据中，C29αβ/C30αβ，4-甲基-二苯并噻吩/1-甲基-二苯并噻吩二组数据不满意。
总计 14 组有效数据，数据满意度 85.7%

注：* EN/TR 15522-2：2006. Oil spill identification—Waterborne petroleum and petroleum products—Part 2：Analytical methodology and interpretation of results[S]. London：CEN national members，2006.

三、结语

首先，涡旋-离心处理油样主要受提取剂、油样浓度、吸附剂硅胶用量等因素的影响。

其次，加入硅胶对除去非烃等物质有一定的效果，以 1.0 g 硅胶的用量为宜。

再次，提取剂为 6 mL 1∶1 正己烷-二氯甲烷混合液（体积比）、油样质量浓度为 2.1 mg/mL、1.0 g 硅胶的涡旋-离心净化油样，采用 6℃/min 的程序升温，HP-5MS（30 m×0.25 mm 或 0.32 mm×0.25 μm）毛细管柱可以很好地分离油样中的生物标志物。

最后，涡旋-离心法处理油样，毛细管 GC-MS-SIM 测定油样中生物标志物的诊断比值，可以鉴别可疑溢油，是一种较好的水上溢油快速鉴别技术。

第三节　荧光光谱分析法比对实验研究

选择了两种具有代表性的油种——原油和燃料油样品，通过进行荧光光谱法鉴别的均匀性、稳定性试验证明样品适用于比对实验，然后按确定的方案在 3 家检测机构之间开展鉴别比对实验研究，得到满意的比对结果，证明不同实验室之间采用相同的荧光光谱法对同一油样进行鉴别时可以得到一致的结果。

一、三维荧光光谱鉴别溢油比对实验室

参加比对的实验室共 3 家，分别为深圳市计量质量检测研究院（以下简称：深圳）、中国海事局烟台溢油应急技术中心（以下简称：烟台）、大连—国家海洋环境监测中心（以下简称：大连）。

二、三维荧光光谱鉴别溢油比对样品

选择原油和燃料油两种样品油作为比对样品。比对样品的一致性[①]，对于使用它进行实验室间比对，进而开展该检测项目实验室的能力验证都是至关重要的。每种油样经搅拌均匀后分装成 13 个小样，并经过均匀性实验、稳定性实验，确保样品之间不存在显著差异性且样品本身无变异。随机从 13 个小样品中抽取 3 个样品分发到参加比对的 3 家实验室进行比对实验。

1. 样品均匀性检验

本次均匀性实验，将从 13 个小样中随机抽出 10 个小样进行实验，考查的特征参数为：相对峰强度比 R 值。每个样品平行测定两次，实验时间为：2009 年 8 月 18 日。采用单因子方差分析法对二组样品的测试结果进行样品均匀性评价。

（1）原油样品均匀性检验

原油样品以 $R = \dfrac{F_{(225/340)}}{F_{(275/328)}}$ 值为均匀性考查参数，R 值的平均值为 4.213。均匀性实验结

---

① CNAS-GL02: 2006 能力验证结果的统计处理和能力评价指南; CNAS-GL03: 2006 能力验证样品均匀性和稳定性评价指南.

果详细数据见表 3-12，结果方差分析见表 3-13。

表 3-12　原油样品 *R* 值测试结果及结果平均值

样品编号	测试序号	$F_{(225/340)}$	$F_{(275/328)}$	$\dfrac{F_{(225/340)}}{F_{(275/328)}}$	样品内平均值
C03	C03-A	975.1	231.5	4.212	4.26
	C03-B	988.2	229.5	4.306	
C04	C04-A	1 004.0	241.0	4.166	4.16
	C04-B	984.5	237.2	4.151	
C05	C05-A	989.8	234.9	4.214	4.26
	C05-B	996.7	231.5	4.305	
C06	C06-A	1 002.0	241.0	4.158	4.19
	C06-B	978.5	231.4	4.229	
C07	C07-A	966.5	231.9	4.168	4.21
	C07-B	1 005.1	236.7	4.246	
C08	C08-A	976.6	237.1	4.119	4.16
	C08-B	989.7	235.4	4.204	
C10	C10-A	990.8	239.6	4.135	4.18
	C10-B	975.6	230.4	4.234	
C11	C11-A	976.5	232.9	4.193	4.25
	C11-B	998.2	231.5	4.312	
C12	C12-A	1 003.0	239.3	4.191	4.23
	C12-B	977.6	228.5	4.278	
C13	C13-A	984.4	234.9	4.191	4.23
	C13-B	975.4	228.5	4.269	
$R=\dfrac{F_{(225/340)}}{F_{(275/328)}}$ 总平均值					4.213

表 3-13　原油样品 *R* 值方差分析

方差来源	自由度	平方和	均方	*F*
样品间	9	0.013	0.001 4	0.38
样品内	10	0.037	0.003 7	

F 临界值 $F_{0.05(9,10)}=3.02$。计算的 *F* 值为 0.38，该值 <*F* 临界值，这表明在 0.05 显著性水平时，原油样品中的 *R* 值是均匀的。

（2）燃料油样品均匀性检验

燃料油样品以值为均匀性考查参数，*R* 值的平均值为 1.228。均匀性试验结果详细数据见表 3-14，结果方差分析见表 3-15。

表 3-14 燃料油样品 *R* 值测试结果及结果平均值

样品编号	测试序号	$F_{(225/340)}$	$F_{(275/328)}$	$\dfrac{F_{(230/346)}}{F_{(265/366)}}$	样品内平均值
F03	F03-A	1 028.0	836.5	1.229	1.23
	F03-B	1 014.0	819.4	1.237	
F04	F04-A	992.1	814.1	1.219	1.21
	F04-B	984.3	825.7	1.192	
F05	F05-A	990.3	810.9	1.221	1.21
	F05-B	1 008.6	834.5	1.209	
F06	F06-A	989.2	811.2	1.219	1.25
	F06-B	1 042.8	817.9	1.275	
F07	F07-A	1 020.0	837.4	1.218	1.23
	F07-B	1 014.3	817.6	1.241	
F08	F08-A	984.9	805.3	1.223	1.23
	F08-B	997.5	801.7	1.244	
F09	F09-A	1 012.0	832.6	1.215	1.22
	F09-B	1 002.8	821.7	1.220	
F10	F10-A	1 008.0	826.7	1.219	1.23
	F10-B	989.4	801.5	1.234	
F11	F11-A	987.5	803.1	1.230	1.24
	F11-B	1 013.8	807.8	1.255	
F12	F12-A	999.2	819.1	1.220	1.23
	F12-B	1 008.4	814.7	1.238	
$R=\dfrac{F_{(230/346)}}{F_{(265/366)}}$ 总平均值					1.228

表 3-15 燃料油样品 *R* 值方差分析

方差来源	自由度	平方和	均方	*F*
样品间	9	0.001 4	0.000 16	0.52
样品内	10	0.003 1	0.000 31	

F 临界值 $F_{0.05 (9, 10)}$ =3.02。计算的 *F* 值为 0.52，该值＜*F* 临界值，这表明在 0.05 显著性水平时，燃料油样品中的 *R* 值是均匀的。

2. 样品稳定性检验

本次稳定性实验，采用验证两个平均值之间的一致性的 *t* 检验法进行评价。第一次的测试数据采用均匀性检验的实验数据，测试时间为 2009 年 8 月 18 日，第二次测试时间为 2009 年 9 月 16 日，两次测试的时间间隔覆盖了各参加实验室的测试时段。

（1）原油样品稳定性检验

以 $R=\dfrac{F_{(225/340)}}{F_{(275/328)}}$ 值为稳定性考查参数。第一次测量 *R* 平均值为 4.213，第二次测量 *R* 平

均值为 4.261，$t=1.80$。稳定性试验结果详细数据见表 3-16。显著性水平 α 下（以 95%的置信水平，α 取 0.05），t 临界值 $t_{\alpha (0.05, \, n_1+n_2-2)} = t_{\alpha (0.05, \, 18)} =2.10$。$t < t_{\alpha (0.05, \, n_1+n_2-2)}$，表明两次测试结果间无显著性差异，原油样品在两次测试期间是稳定的。

表 3-16　原油样品中 R 值稳定性检验结果

样品编号	第一次测量结果 R 值	第二次测量结果 R 值
C03	4.26	4.17
C04	4.16	4.25
C05	4.26	4.33
C06	4.19	4.19
C07	4.21	4.35
C08	4.16	4.17
C10	4.18	4.18
C11	4.25	4.33
C12	4.23	4.28
C13	4.23	4.36
平均值	4.213	4.261
标准偏差	0.038 9	0.078 8
t 检验	$t=1.80$	

（2）燃料油样品稳定性检验

以 $R = \dfrac{F_{(230/346)}}{F_{(265/366)}}$ 值为稳定性考查参数。第一次测量 R 平均值为 1.228，第二次测量 R 平均值为 1.223，$t=0.73$。稳定性实验结果详细数据见表 3-17。显著性水平 α 下（以 95%的置信水平，α 取 0.05），t 临界值 $t_{\alpha (0.05, \, n_1+n_2-2)} = t_{\alpha (0.05, \, 18)} =2.10$。$t < t_{\alpha (0.05, \, n_1+n_2-2)}$，表明两次测试结果间无显著性差异，燃料油样品在两次测试期间是稳定的。

表 3-17　燃料油样品中 R 值稳定性检验结果

样品编号	第一次测量结果 R 值	第二次测量结果 R 值
F03	1.23	1.25
F04	1.21	1.24
F05	1.21	1.21
F06	1.25	1.23
F07	1.23	1.20
F08	1.23	1.22
F09	1.22	1.23
F10	1.23	1.21
F11	1.24	1.24
F12	1.23	1.20
平均值	1.228	1.223
标准偏差	0.012 29	0.017 67
t 检验	$t=0.73$	

三、三维荧光光谱鉴别溢油比对结果及分析

1．3家实验室比对结果

（1）深圳市计量质量检测研究院比对结果

原油三维荧光光谱测试数据见表3-18，燃料油三维荧光光谱测试数据见表3-19。

表3-18　原油样品三维荧光光谱测试结果

样品名称	荧光峰位置（Ex/Em）/nm				荧光峰强度 F				$R = \dfrac{F_{(225/340)}}{F_{(275/328)}}$
	T_1	T_2	T_3	T_4	F_1	F_2	F_3	F_4	
C09-A1	225/332	225/342	275/328	—	864.5	876.4	201.8	—	4.34
C09-A2	—	225/340	275/326	270/312	—	865.7	204.2	201.1	4.24

表3-19　燃料油样品三维荧光光谱测试结果

样品名称	荧光峰位置（Ex/Em）/nm				荧光峰强度 F				$R = \dfrac{F_{(230/346)}}{F_{(265/366)}}$
	T_1	T_2	T_3	T_4	F_1	F_2	F_3	F_4	
F013-A1	230/346	265/366	—	—	990.3	810.9	—	—	1.22
F013-A2	230/346	265/366	—	—	984.9	805.3	—	—	1.22

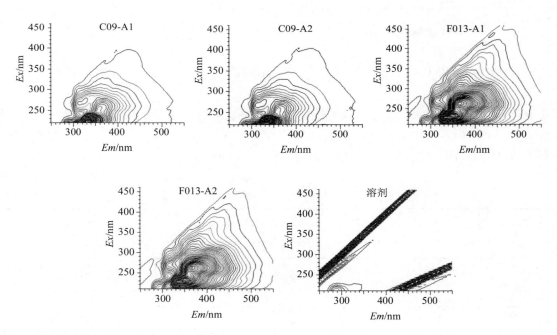

（2）烟台溢油应急技术中心比对结果

原油三维荧光光谱测试数据见表3-20，燃料油三维荧光光谱测试数据见表3-21。

表 3-20　原油样品三维荧光光谱测试结果

样品名称	荧光峰位置（Ex/Em）/nm					荧光峰强度 F					$R = \dfrac{F_{(225/342)}}{F_{(275/328)}}$
	T_1	T_2	T_3	T_4	T_5	F_1	F_2	F_3	F_4	F_5	
C01-1	225/332	230/342	270/326	275/328	280/330	570.5	564.1	128	129.3	129.2	4.36
C01-2	225/330	230/332	230/342	275/328	280/330	617.8	612.9	606	135.3	135.9	4.48

表 3-21　燃料油样品三维荧光光谱测试结果

样品名称	荧光峰位置（Ex/Em）/nm				荧光峰强度 F				$R = \dfrac{F_{(230/342)}}{F_{(255/362)}}$
	T_1	T_2	T_3	T_4	F_1	F_2	F_3	F_4	
F01-1	230/346	255/362	—	—	603.4	475.5	—	—	1.27
F01-2	230/344	255/362	—	—	643.2	510.7	—	—	1.26

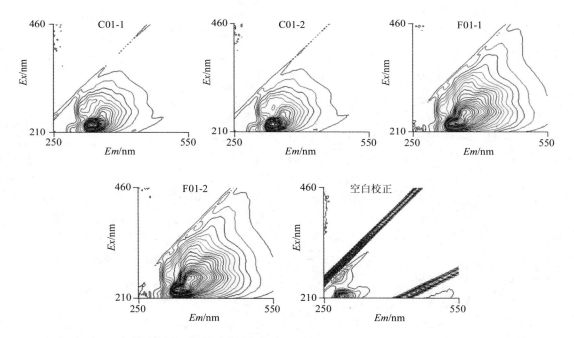

（3）大连—国家海洋环境监测中心比对结果

原油三维荧光光谱测试数据见表 3-22，燃料油三维荧光光谱测试数据见表 3-23。

表 3-22　原油样品三维荧光光谱测试结果

样品名称	荧光峰位置（Ex/Em）/nm				荧光峰强度 F				$R = \dfrac{F_{(225/342)}}{F_{(270/326)}}$
	T_1	T_2	T_3	T_4	F_1	F_2	F_3	F_4	
C02-1	225/342	225/332	270/326	265/316	1 442	1 360	330.1	320.5	4.37
C02-2	—	—	—	—	—	—	—	—	—

表 3-23　燃料油样品三维荧光光谱测试结果

样品名称	荧光峰位置（Ex/Em）/nm				荧光峰强度 F				$R = \dfrac{F_{(230/348)}}{F_{(255/364)}}$
	T_1	T_2	T_3	T_4	F_1	F_2	F_3	F_4	
F02-1	230/348	255/364	255/375	215/310	1 448	1 250	1 246	470.3	1.16
F02-2	—	—	—	—	—	—	—	—	—

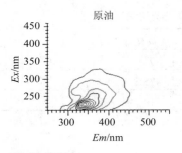

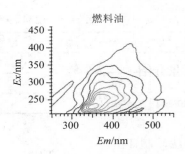

2．比对结果分析

（1）荧光峰位置

原　油　深圳 Ex/Em：225/340、Ex/Em：275/326

烟台 Ex/Em：230/342、Ex/Em：275/328

大连 Ex/Em：225/342、Ex/Em：270/326

燃料油　深圳 Ex/Em：230/346、Ex/Em：265/366

烟台 Ex/Em：230/346、Ex/Em：255/362

大连 Ex/Em：230/348、Ex/Em：255/364

在溢油荧光鉴别过程中，由于存在较多因素的影响，特别是不同仪器的灵敏度存在差异，会导致荧光特征峰位置（Ex/Em）波长存在偏差，尤其在 Ex、Em 的步长设置较小的时候。本次实验中，设置的波长步长为 5 nm，当峰位置的偏差在±5 nm，极差在 10 nm 以内，可认为是相同荧光峰。对比各实验室之间的荧光峰位置，均在此范围内。

评价：荧光峰位置一致。

（2）三维荧光谱图形状

比较 2 家实验室的原油及燃料油的三维荧光图谱，荧光峰的轮廓线形状，走势基本一致，指纹趋势是一致的。

（3）相对荧光峰强度比值 R

原油：计算得深圳的 R 为 4.34，4.24；烟台的 R 为 4.36，4.48；大连的 R 为 4.37；相对标准偏差为 1.96%。

燃料油：计算得深圳的 R 为 1.22，1.22；烟台的 R 为 1.27，1.26；大连的 R 为 1.16；相对标准偏差为 3.54%。

标准 PD CEN/TR 15522-2：2006 溢油鉴定—测定方法及结果说明中给出溢油鉴定的再现性限为极差不超过平均值的 14%。从上面数据看，3 家实验室的原油和燃料油的 R 值的相对标准偏差分别为 1.96% 和 3.54%，远小于 PD CEN/TR 15522-2：2006 中的再现性限。

评价：相对荧光峰强度比值符合要求。

四、结语

从 3 家实验室比对数据分析结果来看，原油及燃料油的荧光峰位置一致，三维图谱指纹趋势一致，相对荧光峰强度比值 R 在要求的范围内。说明采用荧光光谱鉴别溢油是可行的，且具有快速准确的特点，可用于溢油鉴别的快速筛查。

第四节　气相色谱-质谱法比对实验研究

一、背景介绍

1. 研究目的

气相色谱-质谱法比对实验研究的主要任务是，选取有代表性的油种，确定出快速鉴别的测试方法，制订出过程控制和结果处理的统一要求；通过对同一油种的 3 家实验室比对试验，实现实验结果的可比性与同一性，为溢油事故快速鉴定和应急处理提供权威依据。

2. 研究背景

溢油鉴别是海洋环境保护的一个重要课题。一旦发现海上溢油，如果能及时、快速、准确地查明其来源，对其尽快采取有效的控制和治理对策，依法追究肇事者的责任至关重要[①]。而溢油鉴别的方法又是多种多样。目前，国际上常用的方法有：气相色谱法（GC）、气相色谱-质谱法（GC-MS）、高效液相色谱法（HPLC）、红外光谱法（IR）、薄层色谱法（TLC）、紫外法（UV）和荧光光谱法等[②]。在所有的方法技术中，气相色谱-质谱法近年发展很快，较容易获取组分的详细信息，尤其可以获取抗风化的化合物信息，如一些多环芳烃和生物标志物等，可对高度风化油品进行指纹分析[③]，在溢油鉴别过程中得到了广泛的应用。

用气相色谱-质谱特征峰比值鉴别油种，依靠气相色谱的高分离效能，将油品中各特征烃类化合物组分有效分离，再通过质谱的高鉴别能力，获得各特征组分峰面积比值，用于鉴别油品种类。这种方法，其准确度很大程度上取决于气相色谱/质谱仪本身的性能，所用色谱柱的分离效率、仪器的分辨率、积分参数等。由于不同实验室间仪器性能、柱分离效能、仪器分辨力都存在差异，因此，需要对不同实验室所得的分析结果进行比较，确保不同实验室之间采用相同方法对同一油样进行鉴别时，得到一致的鉴别结果。

3. 研究思路和方案

在实验室之间开展溢油鉴别的比对，其技术难点是如何制定出快速、方便、合理、适用的比对实验统一方法，在实验室间进行比对实验。应从溢油样品的选择、测试方法以及特征指标的选择三方面入手，开展研究工作。

首先，是溢油样品的选择。在实际溢油鉴别中，往往可以获得需要进行鉴别的溢油样

---

① 陈伟琪，张骆平. 气相色谱指纹法在海上油污染源鉴别中的应用[J]. 海洋科学，2003，27（7）：67-70.
② 高振会，崔文林，周青，等. 渤海海上原油指纹库建设[J]. 海洋环境科学，2006，25（增刊 1）：1-5.
③ 曹立新，于沉鱼，林伟，等. 美国海岸警备队的溢油鉴别系统[J]. 交通环保，1999，20（2）：39-42.

品和嫌疑溢油源样品，但溢油样品将受到一定的风化影响。为了减少影响因素，选择具有一定代表性的原始油样直接用于比对实验。

其次，测试方法应包括样品的前处理和上机检测程序。油样前处理必须方法简单，处理时间短；上机程序应保证有效族组分分离效果好，灵敏度高，重现性好，定性定量准确。

再次，选择的特征指标抗风化能力强，在油种中含量丰富，特征信息明显，具有一定的代表性和适用性。

具体方案如下：

第一，选择溢油中常见的原油和燃料油，分别进行样品的均匀性和稳定性实验，以获得均匀稳定的样品用于比对实验。

第二，通过对样品不同的前处理方法的实验和比对，确定一个适用于溢油源鉴别的快速有效的样品前处理方法。

第三，通过对样品的特征指标的分析比较，确定具有一定代表性和适用性的特征指标用于快速鉴别溢油。

二、比对样品的选择

1．油种的选择

原油是由数千种不同含量的有机化合物组成的复杂混合物。这些有机物是由大量物质在不同地质条件下经长时间的化学转化形成的，导致了形成于不同条件或环境下的各种原油具有明显不同的化学特征[1]。而原油的精炼又将原油分馏成不同沸点的产品，从极易挥发的汽油到柴油，以致重质燃料油等。这些不同的油品在化学组成上仍存在较大差异。排到海洋环境中的油种很多，有原油、成品油、动植物油脂、各种废油，有单纯的一种油，也有多种油的混合油。对于单一油源的实验室间比对，在海面溢油事故中多以原油和燃料油为主，且原油与燃料油所包含的各种特征化合物存在明显差异。所以本次实验确定两种油：国产原油和燃料油。原油：涠洲油 WEI 11-8-1 油井，井深 3 104～3 270 m（编号为：C）；燃料油：180# 重油（编号为：F）。

为确保样品之间不存在显著差异并排除样品本身的变异性，需对比对样品进行均匀性和稳定性检验。

2．样品均匀性检验

将选择的两类油分别装入 100 mL 棕色瓶中，每类油经搅拌均匀后分装 12 瓶小样，贮存于阴凉干燥处，依据 CNAS-GL03：2006《能力验证样品均匀性和稳定性评价指南》要求，抽出其中的 10 个样品进行均匀性试验，考查的特征参数为：Ts/Tm 值，每个样品平行测定两次，采用单因子方差分析法对二组样品的测试结果进行样品均匀性评价。经过测试，均匀性能满足标准要求，制备的样品可以用于比对实验。

---

① 陈伟琪，张骆平．气相色谱指纹法在海上油污染源鉴别中的应用[J]．海洋科学，2003，27（7）：67-70．

表 3-24　样品均匀性检验

原油样品均匀性检验				燃料油样品均匀性检验			
样品编号	测试序号	Ts/Tm	平均值	样品编号	测试序号	Ts/Tm	T 平均值
C01	C01-A.D	3.285	3.278	F01	F01-A.D	0.573	0.572
	C01-B.D	3.271			F01-B.D	0.571	
C02	C02-A.D	3.416	3.306	F02	F02-A.D	0.595	0.592
	C02-B.D	3.195			F02-B.D	0.590	
C03	C03-A.D	3.304	3.143	F03	F03-A.D	0.616	0.607
	C03-B.D	2.981			F03-B.D	0.598	
C05	C05-A.D	3.367	3.188	F05	F05-A.D	0.562	0.560
	C05-B.D	3.009			F05-B.D	0.558	
C06	C06-A.D	3.272	3.247	F06	F06-A.D	0.587	0.585
	C06-B.D	3.223			F06-B.D	0.584	
C07	C07-A.D	3.167	3.198	F07	F07-A.D	0.561	0.568
	C07-B.D	3.230			F07-B.D	0.574	
C08	C08-A.D	3.066	3.079	F08	F08-A.D	0.563	0.587
	C08-B.D	3.092			F08-B.D	0.611	
C09	C09-A.D	3.128	3.081	F09	F09-A.D	0.551	0.571
	C09-B.D	3.033			F09-B.D	0.591	
C11	C11-A.D	3.077	3.076	F11	F11-A.D	0.612	0.593
	C11-B.D	3.074			F11-B.D	0.573	
C12	C12-A.D	3.087	3.109	F12	F12-A.D	0.574	0.591
	C12-B.D	3.131			F12-B.D	0.608	
Ts/Tm 总平均值		3.170		Ts/Tm 总平均值		0.583	
方差来源	样品间		样品内	方差来源	样品间		样品内
自由度	9		10	自由度	9		10
平方和	0.133 7		0.149 6	平方和	0.003 74		0.003 53
均方	0.014 9		0.015 0	均方	0.000 416		0.000 353
F			0.99	F			1.18
F 临界值 $F_{0.05 (9, 10)}$			3.02	F 临界值 $F_{0.05 (9, 10)}$			3.02
$F < F$ 临界值				$F < F$ 临界值			

结论：在 5% 显著性水平时，原油和燃料油样品是均匀的。

3. 样品稳定性检验

本次溢油比对样品的稳定性，采用验证两个平均值之间的一致性的 t 检验法进行评价，考查的特征参数为：Ts/Tm 值。第一次的测试数据采用均匀性检验的试验数据，实验时间为 2008 年 7 月 5 日；第二次测试从均匀性实验的 10 个样品中随机抽出 6 个样品进行测试，实验时间为 2008 年 8 月 18 日，测试结果选用样品平行测试结果的均值。两次测试的时间间隔覆盖了各参加实验室的测试时段。

表 3-25 样品稳定性检验

原油样品稳定性检验			燃料油样品稳定性检验		
样品编号	第一次测量 Ts/Tm	第二次测量 Ts/Tm	样品编号	第一次测量 Ts/Tm	第二次测量 Ts/Tm
C01	3.278	3.171	F01	0.572	0.565
C02	3.306	3.290	F02	0.592	0.576
C05	3.188	3.182	F05	0.560	0.564
C06	3.247	3.528	F06	0.585	0.569
C09	3.081	3.196	F09	0.571	0.566
C11	3.076	3.097	F11	0.593	0.555
平均值	3.170	3.244	平均值	0.583	0.566
标准偏差的平方	0.013 4	0.023 2	标准偏差的平方	0.000 037 4	0.000 048
t 检验	$t=1.10$		t 检验	$t=2.06$	
$t_{\alpha(0.05,\ n_1+n_2-2)}$	$t_{\alpha(0.05,\ 14)}=2.14$		$t_{\alpha(0.05,\ n_1+n_2-2)}$	$t_{\alpha(0.05,\ 14)}=2.14$	
$t<t_{\alpha(0.05,\ n_1+n_2-2)}$			$t<t_{\alpha(0.05,\ n_1+n_2-2)}$		
结论：两次测试结果间无显著性差异，原油和燃料油样品在测试期间是稳定的。					

4. 比对样品选择结果

通过分析比较，选择原油和燃料油作为本次比对用油种，经过对样品均匀性和稳定性检验，该两类油样在实验期间是均匀且稳定的，确保了比对样品的一致性。

三、比对方法的确定

油排放到海洋中，会受到各种环境因素（风、波、阳光、微生物等）的影响，促使油蒸发、溶解、分散、氧化等，从而加速油的各种性质的变化。油在环境中的存在形式多样，有漂浮油块、薄油膜、乳化油、黏着油等[1]。由于这些因素的存在，给溢油鉴别造成了不少困难。一般来说，用于溢油鉴别的方法应具备：对各种油的鉴别能力要高；被鉴别的指标受环境因素影响要小；满足准确性高、灵敏度高、重现性好等要求；快速和操作简便。

1. 油样的前处理方法

在快速溢油鉴别中，油样的前处理好坏和快慢直接影响鉴别的效率和最终结果，因此至关重要。通过对标准及文献报道的研究发现，溢油样品的前处理方法主要归纳为以下两种：

传统的柱层析法 在 ASTM D3326[2]、《海面溢油鉴别系统规范》（GB/T 21247—2007）和《气相色谱-质谱法测定沉积物和原油中生物标志物》（GB/T 18606—2001）中对油样前处理均有规定。油样去除沥青质等杂质后，用柱层析法将油样中的有效成分饱和烃和芳香烃分离，分别上气相色谱-质谱联用仪检测，以获得相应谱图，再进行数理统计计算。该类方法的优点是可以分别得到饱和烃和芳烃的总离子流图，可以直观地分析判断油源差异，

---

① 余顺. 海洋环境中的溢油鉴别[J]. 海洋环境科学，1985，5（4）：63-72.

② ASTM D 3326-07. Standard Practice for Preparation of Samples for Identification of Waterborne Oils[S]. 2007.

且由于除去了沥青质和极性很强的非烃类物质，对仪器与色谱柱起到了很好的保护作用。但是，由于分离时间较长，所用分离溶剂量较大，且饱和烃和芳烃分别进样，延长了分析时间，不利于快速溢油鉴别。

　　直接进样法　在 CEN 的方法中，是将油样溶解后直接注入色谱仪，该方法的优点是快速，但干扰大，色谱柱柱效下降快，离子源污染严重，并且无进样量的控制。

　　在充分分析了现有样品前处理方法的优缺点后，提出以下两种溢油样品前处理方法：一是采用微型层析柱，将油样的饱和烃和芳烃用少量溶剂同时洗脱出，同时上机测试，大大缩短了前处理与上机分析时间，也起到了有效分离组分，保护仪器与色谱柱的目的，满足快速溢油鉴别的要求。二是采用涡旋-离心法处理油样，首先涡旋离心除沥青质，然后用硅胶直接吸附非烃后上机测试，该方法的优点是溶剂量少，分离时间短，操作简单。现对两种方法归纳总结如下。

　　（1）微型层析柱法处理油样

　　采用微型层析柱[①]处理油样。玻璃微型层析柱的示意图如图 3-49 所示。

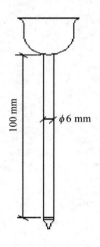

图 3-49　玻璃微型层析柱

　　先后对两种油品，在样品的前处理（样品量、萃取溶剂、萃取方式等）和气相色谱条件方面，进行了 132 组实验，获得大量数据，形成了实验方案，处理及方法见表 3-26。

表 3-26　溢油样品快速处理法

项　　目	内　　容
样品处理	①称取 0.2 g 样品至 10 mL 离心管中，加入正己烷 4 mL 涡旋溶解，用正己烷定容至 10 mL，加入 1.0 g 无水硫酸钠混匀 ②玻璃层析柱，内径 6 mm，装入 1.0 g 的硅胶。移入 0.3 mL 上述经处理过的油样，用 5 mL 的正己烷二氯甲烷混合溶剂（体积比，1:1）洗脱饱和烃和芳香烃。收集饱和烃和芳香烃合并试液，供 GC/MS 上机使用

① 徐世平，孙永革．一种适用于沉积有机质族组分分离的微型柱色谱法[J]．地球化学，2006，35（6）：681-688.

项 目	内 容
气相色谱质谱条件	色谱柱：HP-5MS 30 m，0.25 mm，0.25 μm；柱流量：1 mL/min ——进样方式：不分流 ——进样口温度：300℃ ——接口温度：280℃ ——离子源温度：230℃ ——70℃，保持 2 min，以 4℃/min 的速度升到 300℃，保持 10 min

由该方法得到的谱图见图 3-50。经实验室内部重复性测试，比值的重复性好，具有可比性，且对不同的油品具有较好的适应性。

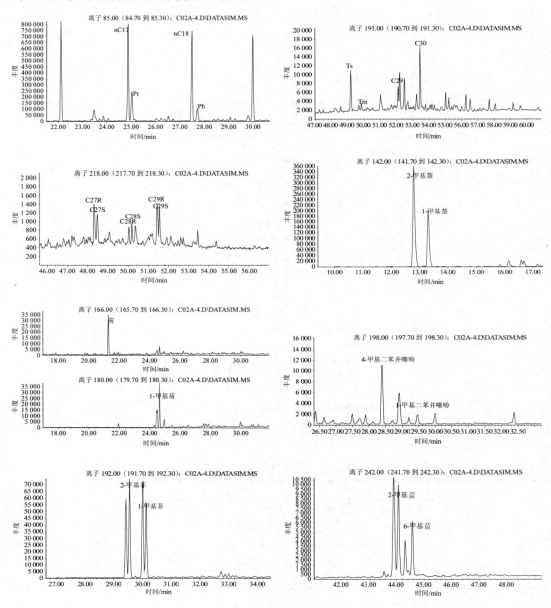

图 3-50　部分特征离子碎片色谱图

该方法与传统的层析柱最大的不同，就是其层析柱小，所使用的洗脱剂量小，可彻底清除掉沥青质和非烃，减轻对仪器的污染，层析时间短，整个油样过柱时间不超过 15 min，并且将饱和烃和芳香烃同时洗脱，一次进样，可满足快速溢油鉴别的快速要求。

（2）涡旋-离心分离法处理油样

首先采用涡旋离心除沥青质，然后用硅胶直接吸附非烃后上机测试，实验分别对超声溶解、硅胶的加入量、进样量及色谱程序等进行了研究，确定的实验条件见表 3-27。

表 3-27　涡旋-离心分离法实验条件

项　目	内　容
样品处理	①准确称取油样 0.1 g，加入 5 mL 正己烷，涡旋 30 s 溶解，定容至 8 mL，加入 1 g 无水硫酸钠，混匀，3 000 r/min，5 min 离心分离 ②准确移取上述油样 1.00 mL，于离心管中，再移取 3 mL 二氯甲烷，移取 2 mL 正己烷，加入 1.0 g 硅胶 ③以 3 000 r/min 的转速在离心机中离心 5 min，取上层清液，直接上机分析，得到 GC/MS-SIM 油样谱图
气相色谱质谱条件	色谱柱：HP-5MS　30 m，0.25 mm，0.25 μm；柱流量：1 mL/min ——进样方式：不分流 ——进样口温度：290℃ ——接口温度：280℃ ——离子源温度：230℃ ——60℃，保持 2 min，以 6℃/min 的速度升到 300℃，保持 16 min

实验证明，加入硅胶对除去不可分辨混合物有一定的效果，且加入 1 g 硅胶量较为适宜；样品进样量适宜，各特征化合物色谱图（图 3-51）响应大，分离度好，各诊断比值重复性（表 3-28）好。因此，该方法可用于比对实验。

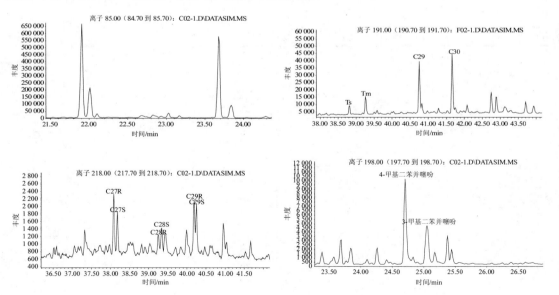

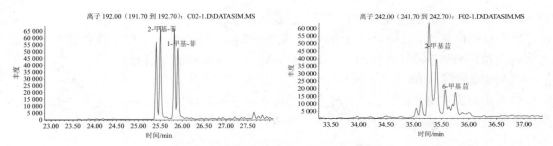

图 3-51　涡旋-离心方法的 GC/MS 谱图比较

表 3-28　涡旋-离心分离法处理油样部分诊断比值重复性

	nC17/Pr	nC18/Ph	Pr/Ph	Ts/Tm	C29/C30	2-甲基菌/6-甲基菌
C02-A	2.586	5.046	2.200	4.436	0.379	2.072
C02-B	2.618	5.028	2.193	4.256	0.373	2.038
F02-A	4.095	3.287	0.833	0.552	0.826	2.986
F02-B	4.139	3.287	0.830	0.559	0.833	3.026

注：A、B 为平行测定。

以上两种前处理方法均可用于比对实验，最终确认采用涡旋-离心法。

2．GC/MS 程序的确认

（1）色谱柱的选择

对 HP-5MS 30 m，0.25 mm，0.25 μm 色谱柱和 DB-5MS 30 m，0.25 mm，0.25 μm 色谱柱，从供应商提供的资料看，应是具有相同性质的色谱柱，但在实验中发现，DB-5MS 对 C17 与 Pr，C29αβ 与 C29Ts，1-甲基苯并噻吩与其他物质等不能有效分离，直接影响诊断比值的计算，而 HP-5MS 柱分离良好，诊断比值重复性好。因此，本次验证实验采用 HP-5MS 色谱柱。

表 3-29　两种色谱柱对样品分析的部分谱图比较

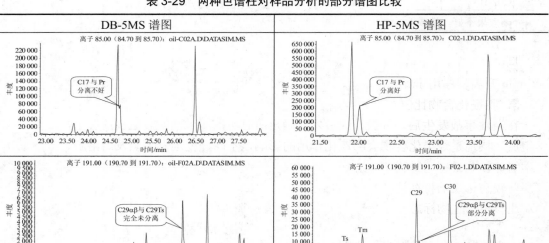

（2）色谱条件的确定

色谱分离质量的标准，既要考虑各特征化合物的有效分离和平行检测结果应该在规定的误差范围内，又要考虑整体运行时间和长短。通常情况下，对于烷烃类物质，多以 $nC17$ 与姥鲛烷及 $nC18$ 烷与植烷在色谱上是否分开，其分离度应大于 80% 方达到质量标准要求；对于芳香烃类物质，如 3-甲基菲与 2-甲基菲、9-甲基菲与 1-甲基菲的分离度都不能低于 70%；对于 17α（H）、21β（H）-30-升藿烷（22S）和（22R）差向立体异构体最好应完全分开；对于 24-乙基、5α（H）、14β（H）、17β（H）-胆甾烷（20R）和（20S）峰高分离度不小于 40%（以 20S 峰高度为准）[①]。对此，确定了以下两种条件用于实验选择（表 3-30），该两种方法的主要区别在于：升温速率不同，总运行时间相差 10 min。

表 3-30　两种色谱条件

1	60℃，2 min，6℃/min，300℃，保持 16 min，进样品 290℃，接口 280℃，离子源 230℃，不分流，流量 1.0 mL/min。总运行时间 60 min
2	70℃，2 min，4℃/min，300℃，保持 10 min，进样品 300℃，接口 280℃，离子源 230℃，不分流，流量 1.0 mL/min。总运行时间 70 min

由两种程序测试的谱图与比值可以看出，对部分生物标记物的分离有一定的影响，从而使得部分诊断比值有差异（表 3-31）。从分离情况来看，4℃/min 的程序升温略好些。

表 3-31　两种不同升温程序对部分诊断比值的影响

	Ts/Tm		4-甲基二苯并噻吩/1-甲基二苯并噻吩	
	6℃升温程序	4℃升温程序	6℃升温程序	4℃升温程序
C02-A	4.256	6.559	7.270	5.687
C02-B	4.436	6.833	7.272	5.728
由于分离效果不好，造成两种升温程序对比值有影响。				

尽管 4℃/min 的升温程序比 6℃/min 略好些，但从节约上机时间考虑，最终还是将 6℃/min 升温程序用于比对实验。

3. 特征化合物比值的确定

在溢油事故发生后，一般几天后才能确定所有可能的溢油源。这种情况下，油品的化学组成，特别是烃类化合物会因风化作用的影响，不同程度地发生蒸发、溶解、分散、光化学氧化、乳化和生物降解等作用，导致油品的化学组成发生变化。在溢油鉴别中需要选取那些较为稳定的特征化合物，尤其是那些能够直接反映原始有机质特征的化合物作为鉴别对比参数。生物标志化合物一般具备这些特点，它是指地质体中的化学性质稳定、碳骨

① 孙培艳，包木太，王鑫平，等. 国内外溢油鉴别及油指纹库建设现状及应用[J]. 西安石油大学学报：自然科学版，2006，21（5）：72-75.

架结构具有明显生物起源特征的有机化合物。

目前，在我国海面溢油鉴别系统规范、CEN/TR 15522-2（CEN 溢油鉴别标准）溢油鉴别标准等规定中，常用于表征溢油特征指标的化合物有正构烷烃、姥鲛烷（Pr）、植烷（Ph）、甾烷、萜烷类、多环芳烃以及烷基化多环芳烃等。

通常，正构烷烃受风化作用的影响较大，且分子量越低越明显。姥鲛烷和植烷由于结构上的稳定性和较高的含量，成为常用的特征化合物；萜烷和甾烷在石油中的含量虽然较低，但却是石油中重要的生物标记物，这两类物质比链烃稳定，不易生物降解。

本次比对实验对特征化合物比值的选择，确定的原则是，既要考虑油种包含的所有特征化合物比值，又要考虑在比对实验中的可操作性，同时还需要考虑在实际应用中的适用性。

类异戊二烯烷烃（姥鲛烷、植烷）是未风化原油中有用的指标化合物，n-C17/Pr、n-C18/Ph 和 Pr/Ph 比值适用于风化程度较低的溢油源的鉴别。

甾烷、萜烷类生物标志物是遭受了风化作用的原油中广泛使用的指标化合物，选取 Ts/Tm、C29αβ藿/C30αβ藿、C27 甾αββ/（C27～C29）甾αββ、C29 甾烷αββ/（αββ+ααα）等特征比值。

多环芳烃化合物主要有萘、芴、菲、二苯并噻吩、䓛以及它们的烷基取代化合物，特别是烷基取代多环芳烃系列有一定的抗风化能力，更适用于溢油鉴别。考虑到代表性，在每个系列中选取一对特征比值（只有二苯噻吩选取了两对比值）：2-甲基-萘/1-甲基-萘、芴/1-甲基-芴、4-甲基-二苯并噻吩/3-甲基-二苯并噻吩、4-甲基-二苯并噻吩/1-甲基-二苯并噻吩、2-甲基-菲/1-甲基-菲和 2-甲基-䓛/6-甲基-䓛。

由于任何单一化指标总是存在一定的局限性，因此，溢油源鉴别应选用多种参数组合进行综合对比。

4．比对方法

依据以上确定的实验方法，拟定出作业指导书，发送到各参加比对的实验室，进行比对实验。

（1）仪器设备

主要设备　气质联用仪 Agilent7890A-5975C。

其他设备　高速离心机、涡旋振荡器。

（2）仪器设备试剂及处理

①正己烷，分析纯，经重蒸纯化，并在 GC/MS 上检测烃类合格。

②二氯甲烷，分析纯，经重蒸纯化，并在 GC/MS 上检测烃类合格。

③硅胶 100 目，180℃下活化 20 h，稍冷后装入密封瓶，置于干燥器中备用。

④无水硫酸钠，在 450℃马弗炉中活化 4 h。

（3）样品处理

①准确称取油样 0.1 g，加入 5 mL 正己烷，涡旋 30 s 溶解，定容至 8 mL，加入 1.0 g 无水硫酸钠，混匀，3 000 r/min，5 min 离心分离。

②准确移取上述油样 1.00 mL 于离心管中，再移取 3 mL 二氯甲烷，移取 2 mL 正己烷，加入 1.0 g 硅胶。

③以 3 000 r/min 的转速，在离心机中离心 5 min，取上层清液，直接上机分析得到 GC/MS-SIM 油样谱图（每个样品须做两次平行测定）。

（4）气相色谱质谱条件

气相色谱条件 色谱柱：HP-5MS 30 m，0.25 mm，0.25 μm；柱流量：1 mL/min；不分流进样；进样口温度：290℃；进样量：1 μL；进样方式：不分流进样；升温程序：在 60℃保持 2 min，以 6℃/min 的速度升高到 300℃，保持 16 min。

质谱条件 离子源温度：230℃；四极杆：150℃；质量范围：50～620；采集模式：全扫描/选择离子扫描。

提取离子 85、191、217、218；128、142、156 萘系列；166、180、194 芴系列；184、198、212 二苯并噻吩系列；178、192、206 菲系列；228、242、256 䓛系列。

（5）评价参数

①诊断比值

85——nC17/Pr、nC18/Ph、Pr/Ph。

②饱和烃生物标记物

191——Ts/Tm、C29αβ/C30αβ；

218——C27 甾αββ/（C27～C29）甾αββ、C28 甾αββ/（C27～C29）甾αββ、C29 甾αββ/（C27～C29）甾αββ。

③芳烃生物标记物

142 萘系列——2-甲基-萘/1-甲基-萘；

166、180 芴系列——芴/1-甲基-芴；

198 二苯并噻吩系列——4-甲基-二苯并噻吩/3-甲基-二苯并噻吩；

4-甲基-二苯并噻吩/1-甲基-二苯并噻吩；

192 菲系列——2-甲基-菲/1-甲基-菲；

242 䓛系列——2-甲基-䓛/6-甲基-䓛。

（6）结果报告

原始记录表、质量色谱图（及电子版），诊断比值有效位数保留至小数点后 3 位。

四、比对结果分析

1. 参加比对的实验室

深圳市计量质量检测研究院，简称：深圳。

大连—国家海洋环境监测中心，简称：大连。

中国海事局烟台溢油应急技术中心，简称：烟台。

2. 比对结果分析

（1）实验数据有效性评价依据

为了保证测试数据的准确性，需对实验室内平行测定数据有效性进行评价。评价依据：CEN/TR 15522-2 重复性限：

$$r_{95\%} = 2.8 \times \bar{x} \times 5\% = 14\% \bar{x}$$

平行测定两次，为两次测定结果的平均值。当两次测定结果之差即极差小于重复性限时，数据有效；当极差大于重复性限时，数据无效。

3 家实验数据比对一致性用再现性评价：

$$r_{95\%} = 2.8 \times \bar{x} \times 5\% = 14\% \bar{x}$$

为 3 家实验室测试结果的平均值，3 个结果中最大与最小结果之差为极差。当极差小于再现性限时，数据有效；当极差大于再现性限时，数据无效。

（2）比对中存在的问题

在整个比对试验过程中，先后进行了 6 批数据的报告工作。前 5 批数据结果中存在的问题及其解决方案，主要有：

第一，最初确定的油样浓度太低，使得特征化合物响应小，不能准确得到诊断比值。

第二，色谱图分离效果较差，这可能是色谱柱柱效较低所致，更换色谱柱类型后，分离效果良好。

第三，由于 3 家实验室谱图积分方法不同，引起数据结果差异。对评价不满意的数据重新积分后，所得数据全部一致，最终获得满意结果。

（3）比对结果分析

对最终获得的满意结果（第 6 批数据）的谱图和诊断比值的一致性，分述如下。

①谱图的一致性

图 3-52 分别给出 3 家实验室、两种油各特征离子的碎片色谱图。可以看出，3 家实验室各特征离子谱图基本一致，个别地方稍有差异，如原油中 Tm 谱图（深圳）中分离效果稍差，二苯并噻吩谱图（大连）中分离不好，在原油和燃料油中，䓛谱图（烟台）中也分离不好。总的来看，3 家实验室具有较好的复现性。

②诊断比值的一致性

将 3 家实验室提供的平行测定数据进行有效性评价，首先确定实验室内部平行测定数据是否有效，对于有效的数据再进行实验室间的一致性评定。如果某组数据在实验室内评定无效，则该组数据不能用于实验室间的评定。实验室数据评定见表 3-32～表 3-34。

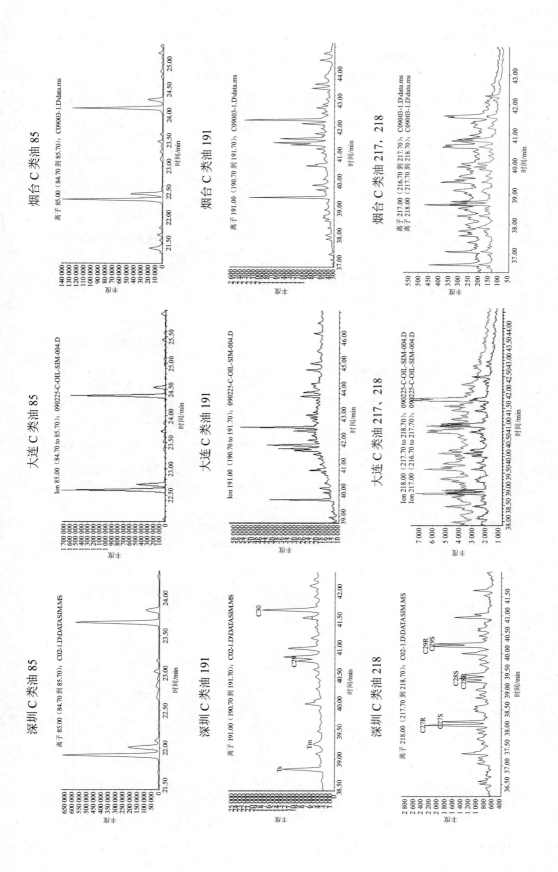

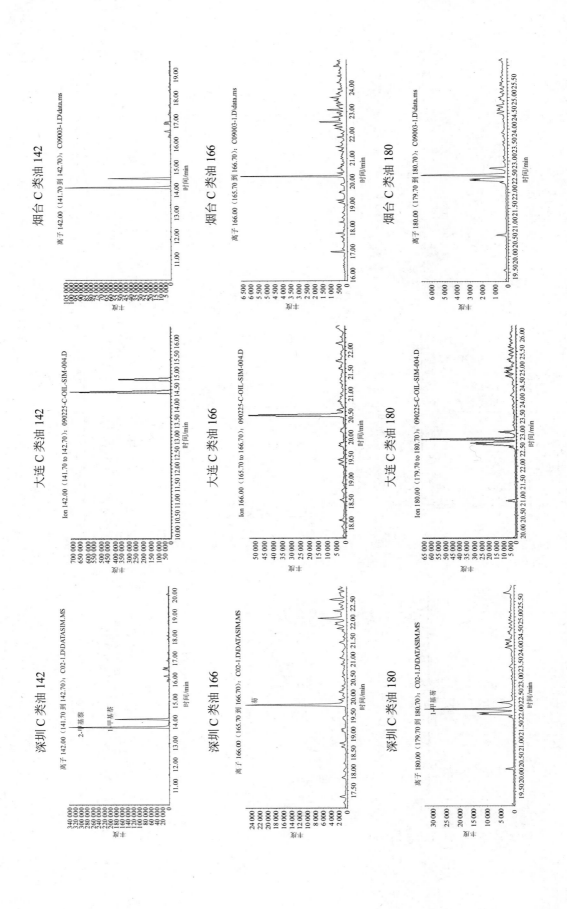

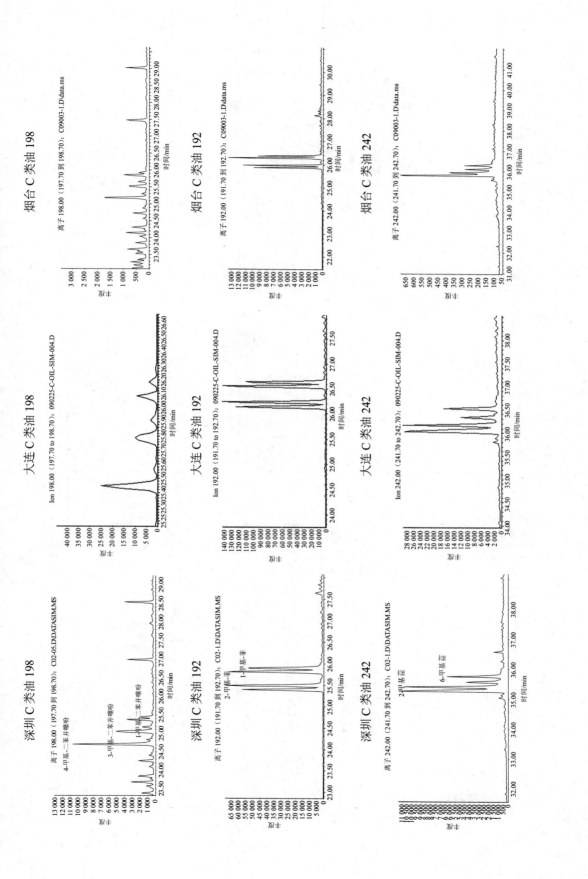

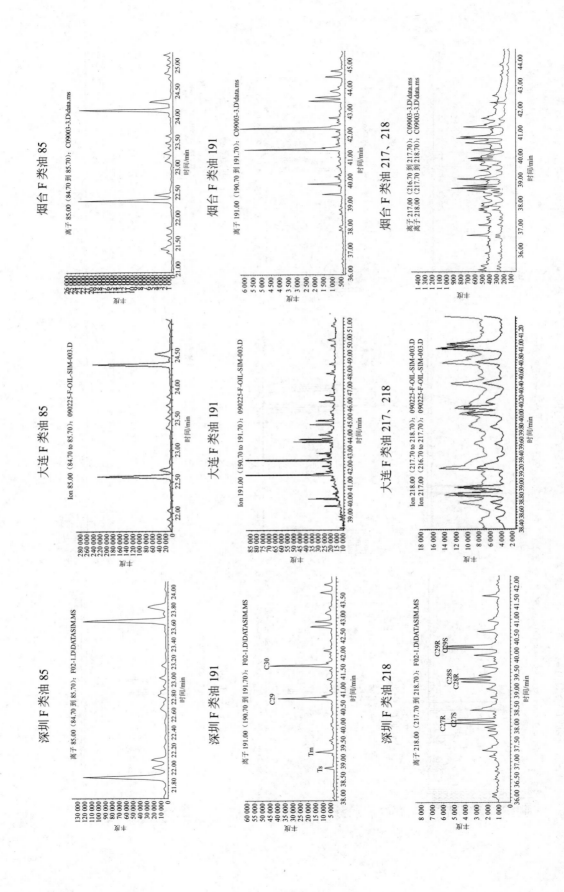

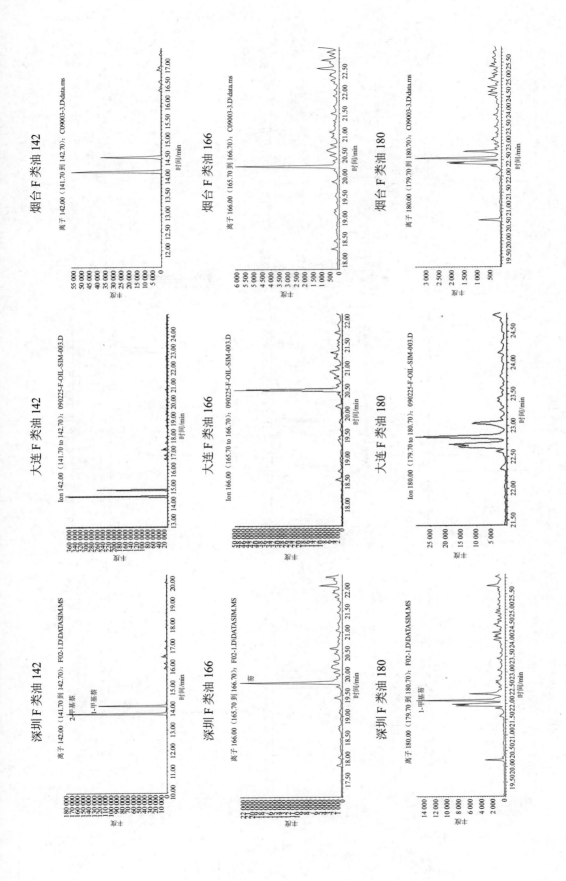

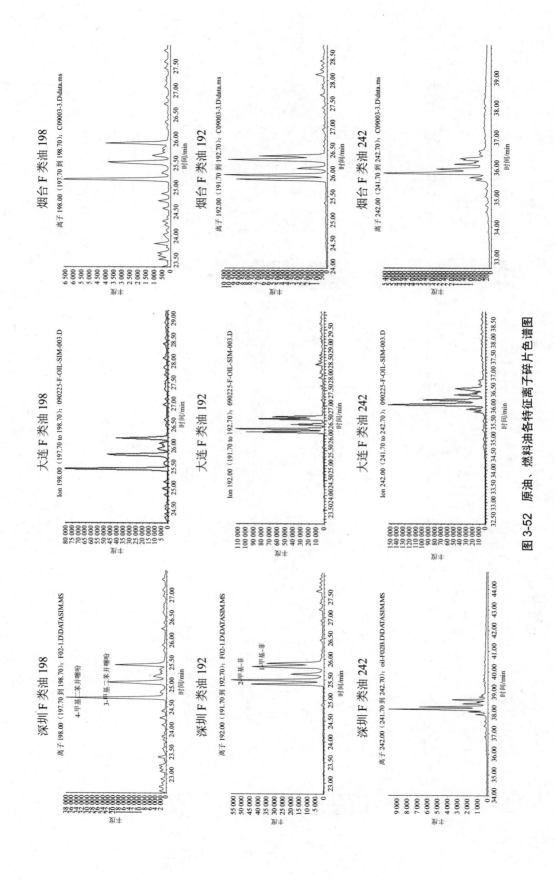

图 3-52 原油、燃料油各特征离子碎片色谱图

表 3-32　实验室内（深圳）原油和燃料油诊断比值的有效性评价

选择离子	诊断指标	原油（C 类油）					
		平行 1	平行 2	平均值	极差	重复性限	评定
85	nC17/Pr	2.586	2.618	2.602	0.032	0.364	Y
	nC18/Ph	5.046	5.028	5.037	0.018	0.705	Y
	Pr/Ph	2.200	2.193	2.196	0.007	0.307	Y
191	Ts/Tm	4.436	3.896	4.166	0.540	0.583	Y
	C29αβ/C30αβ	0.379	0.373	0.376	0.006	0.053	Y
218	C27 甾αββ/（C27～C29）甾αββ	0.377	0.379	0.378	0.002	0.053	Y
	C28 甾αββ/（C27～C29）甾αββ	0.221	0.209	0.215	0.012	0.030	Y
	C29 甾αββ/（C27～C29）甾αββ	0.401	0.411	0.406	0.010	0.057	Y
142	2-甲基萘/1-甲基萘	1.880	1.870	1.875	0.010	0.263	Y
166、180	芴/1-甲基芴	0.867	0.854	0.860	0.013	0.120	Y
198	4-甲基二苯并噻吩/3-甲基二苯并噻吩	1.620	1.653	1.636	0.033	0.229	Y
	4-甲基二苯并噻吩/1-甲基二苯并噻吩	7.270	7.272	7.271	0.002	1.018	Y
192	2-甲基菲/1-甲基菲	1.179	1.188	1.184	0.009	0.166	Y
242	2-甲基䓛/6-甲基䓛	2.072	2.038	2.055	0.034	0.288	Y

选择离子	诊断指标	燃料油（F 类油）					
		平行 1	平行 2	平均值	极差	重复性限	评定
85	nC17/Pr	4.095	4.139	4.117	0.044	0.576	Y
	nC18/Ph	3.287	3.287	3.287	0	0.460	Y
	Pr/Ph	0.833	0.830	0.832	0.003	0.116	Y
191	Ts/Tm	0.552	0.559	0.556	0.007	0.078	Y
	C29αβ/C30αβ	0.826	0.833	0.830	0.007	0.116	Y
218	C27 甾αββ/（C27～C29）甾αββ	0.319	0.320	0.320	0.001	0.045	Y
	C28 甾αββ/（C27～C29）甾αββ	0.298	0.296	0.297	0.002	0.042	Y
	C29 甾αββ/（C27～C29）甾αββ	0.384	0.383	0.384	0.001	0.054	Y
142	2-甲基萘/1-甲基萘	1.524	1.510	1.517	0.014	0.212	Y
166、180	芴/1-甲基芴	1.650	1.657	1.654	0.007	0.232	Y
198	4-甲基二苯并噻吩/3-甲基二苯并噻吩	1.231	1.233	1.232	0.002	0.172	Y
	4-甲基二苯并噻吩/1-甲基二苯并噻吩	1.802	1.827	1.814	0.025	0.254	Y
192	2-甲基菲/1-甲基菲	1.557	1.574	1.566	0.017	0.219	Y
242	2-甲基䓛/6-甲基䓛	4.095	4.139	4.117	0.044	0.576	Y

依据判定原则，以上数据全部有效，数据有效率 100%。

表 3-33　实验室内（大连）原油和燃料油诊断比值的有效性评价

选择离子	诊断指标	原油（C 类油）					
		平行 1	平行 2	平均值	极差	重复性限	评定
85	nC17/Pr	2.988	2.980	2.984	0.008	0.418	Y
	nC18/Ph	6.291	6.276	6.284	0.015	0.880	Y
	Pr/Ph	2.372	2.304	2.338	0.068	0.327	Y
191	Ts/Tm	4.494	4.264	4.379	0.230	0.613	Y
	C29αβ/C30αβ	0.354	0.353	0.354	0.001	0.049	Y
218	C27 甾αββ/（C27～C29）甾αββ	0.345	0.342	0.344	0.003	0.048	Y
	C28 甾αββ/（C27～C29）甾αββ	0.248	0.220	0.234	0.028	0.033	Y
	C29 甾αββ/（C27～C29）甾αββ	0.407	0.438	0.423	0.031	0.059	Y
142	2-甲基萘/1-甲基萘	1.976	1.977	1.977	0.001	0.277	Y
166、180	芴/1-甲基芴	0.849	0.846	0.848	0.003	0.119	Y
198	4-甲基二苯并噻吩/3-甲基二苯并噻吩	1.731	1.729	1.730	0.002	0.242	Y
	4-甲基二苯并噻吩/1-甲基二苯并噻吩	6.882	6.924	6.903	0.042	0.966	Y
192	2-甲基菲/1-甲基菲	1.281	1.238	1.260	0.043	0.176	Y
242	2-甲基䓛/6-甲基䓛	1.722	1.726	1.724	0.004	0.241	Y
选择离子	诊断指标	燃料油（F 类油）					
		平行 1	平行 2	平均值	极差	重复性限	评定
85	nC17/Pr	0.650	0.671	0.661	0.021	0.092	Y
	nC18/Ph	0.562	0.538	0.550	0.024	0.077	Y
	Pr/Ph	0.728	0.777	0.753	0.049	0.105	Y
191	Ts/Tm	0.298	0.290	0.294	0.008	0.041	Y
	C29αβ/C30αβ	0.254	0.259	0.257	0.005	0.036	Y
218	C27 甾αββ/（C27～C29）甾αββ	0.449	0.451	0.450	0.002	0.063	Y
	C28 甾αββ/（C27～C29）甾αββ	1.577	1.577	1.577	0.000	0.221	Y
	C29 甾αββ/（C27～C29）甾αββ	1.580	1.598	1.589	0.018	0.222	Y
142	2-甲基萘/1-甲基萘	1.204	1.198	1.201	0.006	0.168	Y
166、180	芴/1-甲基芴	1.935	1.933	1.934	0.002	0.271	Y
198	4-甲基二苯并噻吩/3-甲基二苯并噻吩	1.623	1.603	1.613	0.020	0.226	Y
	4-甲基二苯并噻吩/1-甲基二苯并噻吩	1.893	1.895	1.894	0.002	0.265	Y
192	2-甲基菲/1-甲基菲	0.650	0.671	0.661	0.021	0.092	Y
242	2-甲基䓛/6-甲基䓛	0.562	0.538	0.550	0.024	0.077	Y

依据判定原则，以上数据全部有效，数据有效率 100%。

表 3-34　实验室内（烟台）原油和燃料油诊断比值的有效性评价

选择离子	诊断指标	原油（C 类油）					
		平行 1	平行 2	平均值	极差	重复性限	评定
85	nC17/Pr	2.530	2.548	2.539	0.018	0.355	Y
	nC18/Ph	4.964	5.012	4.988	0.048	0.698	Y
	Pr/Ph	2.216	2.148	2.182	0.068	0.305	Y
191	Ts/Tm	4.797	4.447	4.622	0.350	0.647	Y
	C29αβ/C30αβ	0.388	0.389	0.388	0.001	0.054	Y
218	C27 甾αββ/（C27～C29）甾αββ	0.423	0.414	0.418	0.009	0.059	Y
	C28 甾αββ/（C27～C29）甾αββ	0.195	0.216	0.206	0.021	0.029	Y
	C29 甾αββ/（C27～C29）甾αββ	0.382	0.370	0.376	0.012	0.053	Y
142	2-甲基萘/1-甲基萘	1.770	1.819	1.794	0.049	0.251	Y
166、180	芴/1-甲基芴	0.927	0.851	0.889	0.076	0.124	Y
198	4-甲基二苯并噻吩/3-甲基二苯并噻吩	1.924	1.805	1.864	0.119	0.261	Y
	4-甲基二苯并噻吩/1-甲基二苯并噻吩	6.996	6.641	6.818	0.355	0.955	Y
192	2-甲基菲/1-甲基菲	1.246	1.249	1.248	0.003	0.175	Y
242	2-甲基䓛/6-甲基䓛	1.788	1.738	1.763	0.050	0.247	Y

选择离子	诊断指标	燃料油（F 类油）					
		平行 1	平行 2	平均值	极差	重复性限	评定
85	nC17/Pr	4.676	4.449	4.562	0.227	0.639	Y
	nC18/Ph	3.340	3.388	3.364	0.048	0.471	Y
	Pr/Ph	0.648	0.705	0.677	0.057	0.095	Y
191	Ts/Tm	0.562	0.585	0.574	0.023	0.080	Y
	C29αβ/C30αβ	0.923	0.931	0.927	0.008	0.130	Y
218	C27 甾αββ/（C27～C29）甾αββ	0.355	0.355	0.355	0.000	0.050	Y
	C28 甾αββ/（C27～C29）甾αββ	0.271	0.266	0.268	0.005	0.038	Y
	C29 甾αββ/（C27～C29）甾αββ	0.374	0.379	0.377	0.005	0.053	Y
142	2-甲基萘/1-甲基萘	1.483	1.531	1.507	0.048	0.211	Y
166、180	芴/1-甲基芴	1.714	1.752	1.733	0.038	0.243	Y
198	4-甲基二苯并噻吩/3-甲基二苯并噻吩	1.396	1.345	1.370	0.051	0.192	Y
	4-甲基二苯并噻吩/1-甲基二苯并噻吩	1.804	1.883	1.843	0.079	0.258	Y
192	2-甲基菲/1-甲基菲	1.567	1.642	1.604	0.075	0.225	Y
242	2-甲基䓛/6-甲基䓛	2.020	2.037	2.028	0.017	0.284	Y

依据判定原则，以上数据中全部有效。总计 14 组数据，数据有效率 100%。

3 家实验室全部有效数据用于实验室之间的评定，见表 3-35。从表中看到，3 家实验室对两种油品测定的各特征比值所存在的差异均在有效性范围之内，由此可以得出特诊断比值具有一致性。

表 3-35　3 家实验室原油和燃料油诊断比值比对评定

选择离子	诊断指标	原油（C 类油）						
		烟台	大连	深圳	平均值	极差	重复性限	评定
85	$nC17/Pr$	2.539	2.984	2.602	2.708	0.445	0.758	Y
	$nC18/Ph$	4.988	6.284	5.037	5.436	1.296	1.522	Y
	Pr/Ph	2.182	2.338	2.196	2.239	0.156	0.627	Y
191	Ts/Tm	4.622	4.379	4.166	4.389	0.456	1.229	Y
	C29αβ/C30αβ	0.388	0.354	0.376	0.373	0.034	0.104	Y
218	C27 甾αββ/（C27～C29）甾αββ	0.418	0.344	0.378	0.380	0.074	0.106	Y
	C28 甾αββ/（C27～C29）甾αββ	0.206	0.234	0.215	0.218	0.028	0.061	Y
	C29 甾αββ/（C27～C29）甾αββ	0.376	0.423	0.406	0.402	0.047	0.114	Y
142	2-甲基萘/1-甲基萘	1.794	1.977	1.875	1.882	0.183	0.527	Y
166、180	芴/1-甲基芴	0.889	0.848	0.860	0.866	0.041	0.242	Y
198	4-甲基二苯并噻吩/3-甲基二苯并噻吩	1.864	1.730	1.636	1.743	0.228	0.488	Y
	4-甲基二苯并噻吩/1-甲基二苯并噻吩	6.818	6.903	7.271	6.997	0.453	1.959	Y
192	2-甲基菲/1-甲基菲	1.248	1.260	1.184	1.231	0.076	0.345	Y
242	2-甲基䓛/6-甲基䓛	1.763	1.724	2.055	1.847	0.331	0.517	Y
选择离子	诊断指标	燃料油（F 类油）						
		烟台	大连	深圳	平均值	极差	重复性限	评定
85	$nC17/Pr$	4.562	5.073	4.117	4.584	0.956	1.284	Y
	$nC18/Ph$	3.364	3.631	3.287	3.427	0.344	0.960	Y
	Pr/Ph	0.677	0.661	0.832	0.723	0.171	0.203	Y
191	Ts/Tm	0.574	0.550	0.556	0.560	0.024	0.157	Y
	C29αβ/C30αβ	0.927	0.753	0.830	0.837	0.174	0.234	Y
218	C27 甾αββ/（C27～C29）甾αββ	0.355	0.294	0.320	0.323	0.061	0.090	Y
	C28 甾αββ/（C27～C29）甾αββ	0.268	0.257	0.297	0.274	0.040	0.077	Y
	C29 甾αββ/（C27～C29）甾αββ	0.377	0.450	0.384	0.404	0.073	0.113	Y
142	2-甲基萘/1-甲基萘	1.507	1.577	1.517	1.534	0.070	0.429	Y
166、180	芴/1-甲基芴	1.733	1.589	1.654	1.659	0.144	0.464	Y
198	4-甲基二苯并噻吩/3-甲基二苯并噻吩	1.370	1.201	1.232	1.268	0.169	0.355	Y
	4-甲基二苯并噻吩/1-甲基二苯并噻吩	1.843	1.934	1.814	1.864	0.120	0.522	Y
192	2-甲基菲/1-甲基菲	1.604	1.613	1.566	1.594	0.047	0.446	Y
242	2-甲基䓛/6-甲基䓛	2.028	1.894	1.724	1.882	0.304	0.527	Y

结论：3 家实验室提供的各组特征比值均在有效性范围之内，由此可以得出燃料油样品特征比值具有一致性。

3. 比对结论

经过多批次实验室比对试验，不断完善鉴别方法，最终得到满意的比对结果。不同实验室之间采用相同的方法对同一油样进行鉴别，可以得到一致的结果。采用涡旋-离心法处理油样，毛细管 GC-MS-SIM 测定油样中生物标志物的诊断比值，可以鉴别油种，为快速溢油鉴别提供了技术支持。

五、结语

1．主要成果

通过比对验证，测试了 400 多组样品，处理数据量超过 1 万个，不断完善了快速溢油鉴别的 GC-MS 测试方法，不同实验室之间通过测试技术规范控制，得到了相同的鉴别结论。

2．方法特点

测试方法的前处理简单、方便、快速，特征化合物分离度好，准确性高，具有良好的重复性和复现性。与现行国家标准技术规范相比，检测时间大大缩短，检测效率高，检测结果准确。

3．需关注的一些问题

在溢油鉴别中，应密切关注仪器状态、色谱柱的选择/分离、色谱程序、积分参数等因素的变化对溢油样品诊断比值的影响。

第四章　复杂油品鉴别技术研究

第一节　风化油品鉴别技术研究

一、背景介绍

1．研究目的

主要任务是利用一套海上溢油风化模拟系统，在比较真实的自然气候条件下，对不同油种在不同的季节进行风化模拟实验。通过检测模拟风化过程各阶段中油品组成的变化，探讨溢油风化规律，为溢油鉴别诊断指标的选取提供风化样品。

2．研究背景

风化是指溢油样品溢散到海面后，其组分和性质随着时间变化而变化的过程。引起这些变化的主要过程是溢油样品的蒸发、光化学氧化、溶解、乳化、颗粒物质的吸附沉降以及微生物降解等，这些过程统称为溢油的风化过程。

通过对国内外现有的鉴别方法的分析可以看出，目前国内外溢油鉴别方法基本上保持了一致，即主要采用气相色谱法和气相色谱/质谱法联用的方法。在目前的海面溢油鉴别中，仅仅提及应考虑风化的影响，应进行风化检查。在鉴别中选择既能表征溢油固有特征，又受风化和分析误差影响较小的组分（或称指标）作为溢油谱图指纹的数据处理信息点，可以准确地判别溢油的来源。同时，研究风化过程中低碳组分受风化而丢失的变化规律，可作为判定风化程度的依据之一。

3．研究思路和方案

选择具有代表性的成品油（燃料油、柴油）和原油（中国南海原油、中东阿曼原油）以及代表性的季节（冬季、夏季）分别开展模拟实验。单次模拟实验周期为 30 d，在 30 d 实验期间的不同风化时间内，对油品和水质定期采集样品，进行 GC-MS 分析，用各特征化合物指标（正构烷烃、多环芳烃以及甾、萜类生物标志化合物等）对不同阶段溢油的组成变化特征进行表征，从而揭示风化作用对溢油组成的影响，初步确定快速溢油鉴别的特征指标及其有效方法。

二、风化模拟实验

1．实验装置

风化模拟实验是利用一套海上溢油风化模拟系统完成的。该系统主要由溢油池、水流模拟装置、程序控制系统和监视系统组成。溢油池安置于室外，自然条件和气候条件真实；

池中安装两块平行的拨水板，并设置侧面推进器，使海水形成平流、局部环流或湍流，相对真实地模拟海洋中海水的流动状态，在自然的海洋性气候条件下，对典型溢油样品进行风化试验，可更为真实地模拟海面溢油的风化条件。通过检测所得到的模拟风化过程各阶段中油品组成，分析风化过程中油品组成的变化，可进一步探索溢油风化过程中油品组成的变化规律。

风化池：以镀锌钢管材料搭建池体的外框架，以耐海水锈蚀的双层氯丁橡胶材料制成的胶囊作为池体，池体为长方体形状，尺寸为 5 000 mm×3 000 mm×1 200 mm。

水流模拟装置：由两块平行的带有圆孔的长方形 PVC 板、侧面推进器及控制装置组成，控制装置在计算机程序控制系统控制下运动，带动溢油池内的水流产生不同方向的流动，模拟海浪的大小及海水的运动，并通过监视设备对实验时水面和水下状态进行监测，同时每天定时记录风速、气温和湿度。

2．试验油样、环境条件及相关信息

试验油样的理化参数及以试验时的环境条件见表4-1。

表 4-1　油样、环境条件及相关信息

油　名	燃料油（180#重质）	柴　油	中国南海原油	中东阿曼原油
投入量/kg	31.35	32.22	35.45	38.90
密度/（kg/m³）	988	826	844	856
平均油膜厚度/mm	2.1	2.6	2.8	3.0
实验时间	2008.12.5—2009.1.5		2009.7.7—2009.8.7	
环境条件	冬季气候条件：平均气温 18℃，平均相对湿度 49%，平均风速 2.5 m/s，海水取自盐田港海		夏季气候条件：平均气温 34℃，平均相对湿度 65%，平均风速 1.2 m/s，海水取自盐田港海域	
取样时间间隔	8 h、24 h（1 d）、48 h（2 d）、72 h（3 d）、96 h（4 d）、120 h（5 d）、144 h（6 d）、168 h（7 d）、240 h（10 d）、360 h（15 d）、480 h（20 d）、600 h（25 d）、720 h（30 d）			

3．试验样品处理及试验条件

从池中多点取出油样，放入广口瓶中混合均匀。

（1）样品处理

准确称取油样 0.1 g，加入 5 mL 正己烷，涡旋 30 s 溶解，定容至 8 mL，加入 1 g 无水硫酸钠，混匀，在 3 000 r/min 转速下离心分离 5 min。准确移取上述油样 1.00 mL 于离心管中，再移取 3 mL 二氯甲烷和 2 mL 正己烷，加入 1.0 g 硅胶，以 3 000 r/min 的转速离心5 min，取上层清液供 GC/MS 上机使用。

（2）气相色谱-质谱条件

气相色谱-质谱联用仪 Agilent7890C-5975C；

色谱柱：HP-5MS 30 m，0.25 mm，0.25 μm；柱流量：1 mL/min；

——进样方式：不分流；

——进样口温度：290℃；

——接口温度：280℃；

——离子源温度：230℃；

——色谱程序：60℃，保持 2 min，以 6℃/min 的速度升到 300℃，保持 16 min；

——质量范围：50～620；采集模式：全扫描/选择离子扫描；

——提取离子：85；191；217、218；128、142、156 萘系列；166、180、194 芴系列；184、198、212 二苯并噻吩系列；178、192、206 菲系列和 228、242、256 䓛系列。

三、4 种典型油品组成比较

原油及其炼制品是组成和成分复杂的混合物，主要由饱和烃、芳烃、胶质和沥青质组成，其中，烃是原油中最丰富的化合物，占总量的 50%～80%。Jokuty 等通过对几十种油的分析发现，68%的原油中饱和烃含量超过 50%，其次是芳烃，有部分原油的芳烃含量可能达到 50%，胶质一般小于 10%，沥青质含量更少。在风化研究中，不可能对所有信息进行分析比较，只是从所获得的数据中提取最能代表原油特征的信息加以利用，而原油中许多信息的不稳定性也要求在利用这些数据时要有所选择，本实验主要对典型油品的烃类物质（饱和烃、芳烃）等特征化合物进行 GC-MS 分析，对气相色谱指纹图进行比较，从直观上分析其组成的差异，旨在快速鉴别溢油。

1. 正构烷烃及异戊二烯类的组成差异

正构烷烃是原油和原油炼制产品中普遍存在的组分，研究其分布以及风化规律，对确定溢油鉴别指标具有重要作用。提取特征离子 85，得到正构烷烃谱图 4-1。

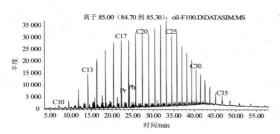
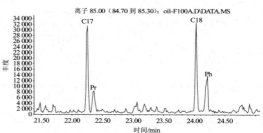

燃料油

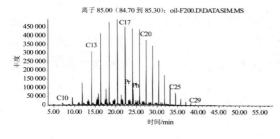
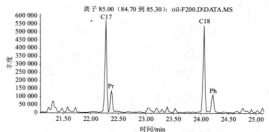

柴 油

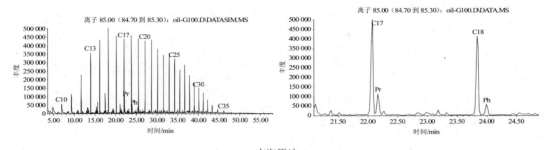

南海原油

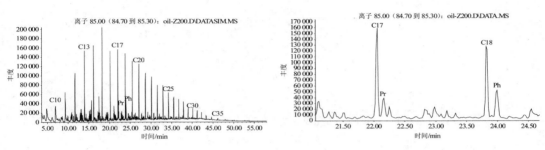

阿曼原油

图 4-1　正构烷烃色谱图（特征离子 *m/z*，85）

首先，从碳数分布上看，燃料油的正构烷烃组分碳数分布由低沸点的 *n*-C10 到高沸点的 *n*-C38；柴油烷烃分布在 *n*-C10～*n*-C29 之间；两种不同区域的原油具有相同的碳数分布的是 *n*-C10～*n*-C35。可由碳数分布区分柴油、原油、燃料油等油种。

其次，从组分含量上看，燃料油具有明显 *n*-C24 主峰；柴油的主峰为 *n*-C16；这两种油的主要区别在于 *n*-C17 以后各组分峰高下降趋势不同。

再次，4 种油品中姥鲛烷和植烷物质均比较丰富，并能与 *n*-C17 和 *n*-C18 完全分离，可以用于定量分析。其中燃料油、柴油和阿曼原油中，Ph 与 Pr 含量基本相同，略有差异，柴油中 Pr 比 Ph 略大，而燃料油和阿曼原油则是 Ph 比 Pr 稍大；南海原油中 Pr 与 Ph 的含量差异明显。

2. 甾烷、萜烷组成差异

采用 SIM 方式对油品中的甾烷、萜烷进行分析，萜烷类选取特征离子 191、甾烷类选取特征离子 217 和 218 检测，由谱图 4-2 可以看出，柴油产品几乎不含有胆甾烷，Ts 和 Tm 含量也很低。燃料油和两种原油 3 种油品中这两类物质含量相对较高，这 3 种油的区别在于，Ts 与 Tm 的相对含量不一样，南海原油中 Ts 比 Tm 含量高，而燃料油与阿曼原油则是 Tm 比 Ts 含量高。另外，燃料油与南海原油中含有奥利烷和莫烷，但柴油和阿曼原油几乎没有。

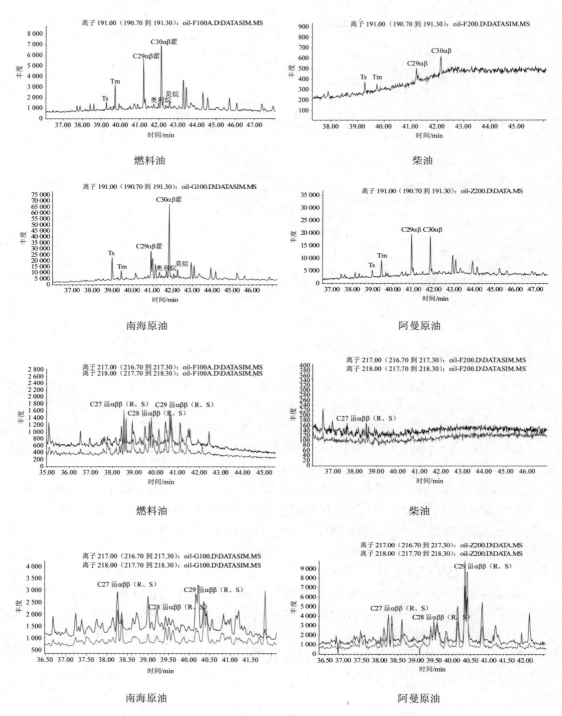

图 4-2 油品甾萜烷离子色谱图（*m/z*191，217+218）

3．多环芳烃组成差异

对于多环芳烃分析，选取了萘、菲、二苯并噻吩、芴和䓛及其烷基化（C1，C2）系列，采用 SIM 方式，选用各种多环芳烃特征离子进行检测，图 4-3～图 4-7 给出了 4 种油品中各类多环芳烃的选择离子色谱图，分析油品中各系列多环芳烃的组成与相对量。

萘及其烷基化系列　从萘系物组分看到，4 种油品中其含量均较丰富，只是燃料油中的含量与其余 3 种油比较，含量相对较低；南海原油中二甲基萘比阿曼原油中的含量高。

菲及其烷基化系列　仅从菲、甲基菲和二甲基菲看，燃料油中二甲基菲比其余 3 种油含量高；值得注意的是，燃料油中含有 2-甲基蒽，相对较高含量的 2-甲基蒽是重质燃料油中很重要的一个指标[①]，可以用于区别燃料油和原油等油品。

苯并噻吩及其烷基化系列　苯并噻吩及其烷基化系列中，燃料油和阿曼原油中含量较高，南海原油很低，柴油不含苯并噻吩系列化合物。

芴及其烷基化系列　芴及其烷基化系列化合物在柴油中的含量比另外 3 种油品含量低，且组分受到其他化合物干扰。

蒽及其烷基化系列　该类物质在 4 种油中均含有，但与其他系列的多环芳烃比较，含量均较低。在南海原油和燃料油中相对多一些，其次是阿曼原油，柴油中含量最低。

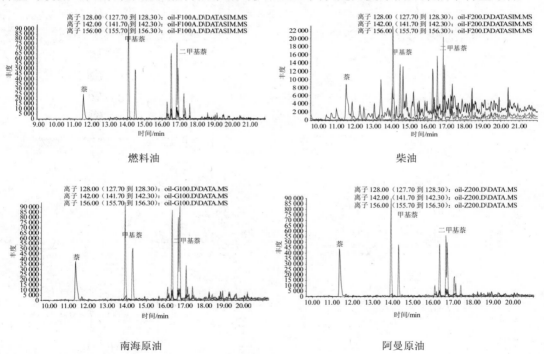

图 4-3　萘及烷基化系列多离子色谱图（*m/z*，128、142、156）

---

① 刘星，王震，马新东，等. 原油与重质燃料油中多环芳烃分布特征及主成分分析[M]//中国科协海峡两岸青年科学家学术活动月——海上污染防治及应急技术研讨会论文集. 北京：中国环境科学出版社，2009.

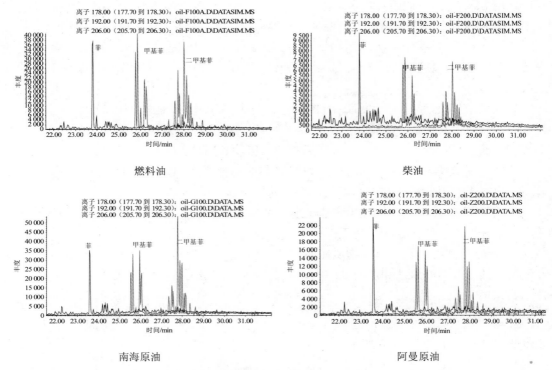

图 4-4　菲及烷基化系列多离子色谱图（*m/z*，178、192、206）

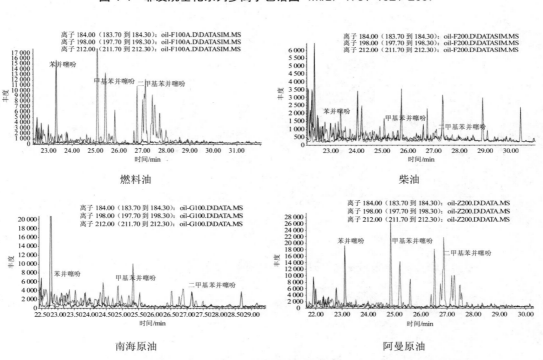

图 4-5　二苯并噻吩及烷基化系列多离子色谱图（*m/z*，184、198、212）

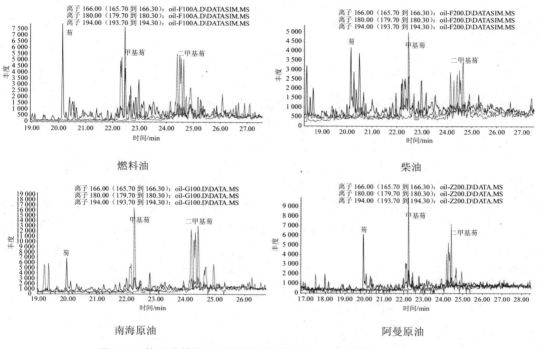

图 4-6 芴及烷基化系列多离子色谱图（*m/z*，166、180、194）

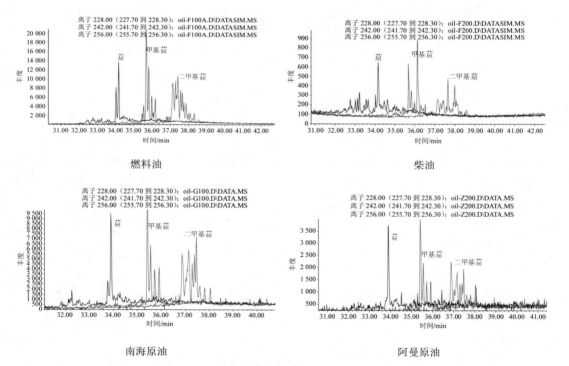

图 4-7 菲及烷基化系列多离子色谱图（*m/z*，228、242、256）

综合以上分析可知，不同油种在正构烷烃分布、生物标记物和多环芳烃含量方面均存在较大差异，利用这些信息，在溢油油种鉴别中可以直观快速地筛查出差异较大的油种，为快速溢油鉴别提供有效的证据。

四、风化过程中油品组成变化

风化是溢油后油品和空气、水以及有机物接触后所发生的物理和化学变化过程，主要包括蒸发、溶解、分散、光化学氧化、乳化、生物降解、吸附和沉降等过程。

1. 风化过程中正构烷烃的变化

本实验中，从获得正构烷烃的分布上，以各正构烷烃峰面积与 n-C25 的相对峰面积的比值来考察各组分随风化时间的变化。溢油风化率为原始油样中各组分含量减去各风化时间点相应各组分含量再除以原始油样中各组分含量。图 4-8 给出了 4 种油品正构烷烃在整个模拟风化实验过程中 n-C10～n-C24 随风化时间变化的总体特征，图 4-9 是各风化时间段上各组分风化的具体情况。

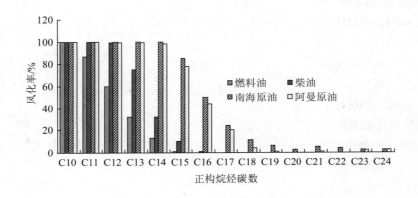

图 4-8　4 种油中正构烷烃风化率的变化

在整个风化过程中，4 个样品中正构烷烃风化趋势基本一致，在 n-C18 之前，随着风化时间的增加，风化率随着碳数的增加而下降。这种风化作用在燃料油和柴油中体现在 n-C10～n-C14 之间，n-C18 以后基本无风化；对于原油则从 n-C10～n-C18 之间均有风化现象，表明风化作用对原油的影响显著。另外，燃料油与柴油是在冬季进行的风化实验，期间平均气温 18℃，而南海原油和阿曼原油在夏季进行，期间平均气温 34℃，这种气温的差异也对风化趋势带来影响。

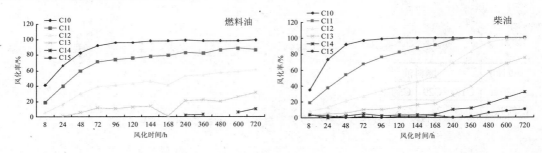

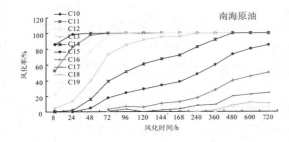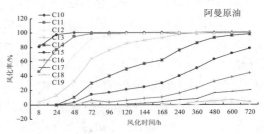

图 4-9　正构烷烃不同风化时间段的风化趋势

从图 4-9 中可以可出，n-C10～n-C18 在不同油中，不同的风化时间里变化的情况：

第一，n-C10，在两个原油中，在最初 24 h 已全部风化掉；燃料油和柴油在 24 h 内风化 66%～73%，直到 72 h 才风化掉。

第二，n-C11，在两个原油中，48 h 内基本风化掉；燃料油和柴油在 48 h 分别风化 60% 和 50%，柴油在 10 h 左右才风化掉。

第三，n-C12～n-C14，原油中分别在 4 d、10 d 和 20 d 风化掉，柴油风化最慢，n-C12 在 25 d 基本风化掉。

第四，n-C15～n-C19，燃料油与柴油 n-C15 以后组分基本无变化，而原油直到 n-C18 也有少量的风化损失。

总之，两种不同区域原油风化趋势基本一致，燃料油和柴油风化略有差异，随着碳数的增加，各组分风化损失逐渐减小。由于风化过程中低沸点组分的损失，使油的组成发生变化，这种变化在燃料油和柴油中主要发生在 n-C15 以下，原油发生在 n-C18 以下，尤其是 n-C13 以下组成的损失显著。因此，在溢油鉴别时，对于 n-C18 以下组分应考虑风化带来的影响。

在整个风化过程中 n-C18 以后组分基本无风化损失，这部分正构烷烃是否可以用于海上溢油的鉴别，依据 CEN/TR15522-2：2006 Oil spill identification -Waterborne petroleum and petroleum products-Part 2：Analytical methodology and interpretation of results，在整个风化过程中，如果特征化合物比值的相对偏差不超过 5%，则认为该指标受风化作用的影响较小且能被准确测定，可用于溢油源的鉴定；超过 10%，则认为该指标明显受风化作用的影响，不适用于溢油源的鉴定；如果在 5%～10%，表明风化对该类指标有一定的影响，溢油鉴别中供参考。表 4-2 给出了正构烷烃 n-C18～n-C33 在风化实验中的相对标准偏差。对于燃料和两种原油，在 n-C30 以前其 RSD 基本上均小于 5%，说明不受风化影响，这些正构烷烃比值可以用于溢油鉴别，n-C30 以后组分由于其含量较低，比值较小，引起测定误差偏大；柴油中 n-C27 以前的正构烷烃组分，同样不受风化影响。

表 4-2　4 种油中 n-C18～n-C33 在风化过程中相对标准偏差的变化

风化时间	燃料油		柴油		南海原油		阿曼原油	
0～720 h	C18～C29	C30 以后	C18～C27	C28 以后	C18～C29	C30 以后	C18～C30	C31 以后
RSD/%	5～2	8	3～1	9	5～1	7～14	5～1	7～10

注：RSD 为在风化过程中比值变化的相对标准偏差。

2. 风化过程中各特征化合物的变化

目前用于表征溢油组成特征化合物有类异戊二烯烃。类异戊二烯烃中最常见、含量较高的有姥鲛烷（2,6,10,14-四甲基十五烷，Pr）和植烷（2,6,10,14-四甲基十六烷，Ph）。这些物质普遍存在于各类油品中，用于衡量风化程度及溢油的鉴别。本次实验中考查比值 n-C17/Pr、n-C18/Ph 和 Pr/Ph。

甾萜类化合物也是原油中普遍存在的组分。甾萜类生标化合物抗风化作用的能力较强，基于甾萜类生标化合物的参数常被用于溢油来源的判识以及风化程度的衡量。本次实验研究了 Ts/Tm（三降藿烷）、C29αβ藿烷/C30αβ藿烷、C23 三环萜/C24 三环萜、∑三环萜/C30αβ藿烷以及 C27 甾αββ/（C27～C29）甾αββ甾烷、C28 甾αββ/（C27～C29）甾αββ和 C29 甾αββ/（C27～C29）甾αββ比值等指标，表4-3 中列出这几组特征化合物比值变化的相对偏差。

第一，4 种油品中，特征比值 n-C17/Pr、n-C18/Ph 和 Pr/Ph 随着风化程度的增加，比值变化相对较小，不受风化影响，这些指标可以用于溢油鉴别。

第二，对于燃料油 C29αβ藿烷/C30αβ藿烷、C27～C29 甾αββ/（C27～C29）甾αββ比值相对偏差较小，可以用于溢油鉴别。由于 Ts 和三环萜相对含量较低，造成 Ts/Tm 和三环萜比值偏差较大，这些指标不适用于溢油鉴别。

第三，柴油几乎不含有甾烷，Ts 和 Tm 含量也很低，因此，这类比值不适用于柴油类溢油的鉴别。

第四，原油样品，对于阿曼原油所考查的全部甾萜烷比值均不受风化影响；南海原油中除三环萜含量较低引起比值变化较大外，其余的比值也不受风化影响，具有很强的抗风化能力，可以作为溢油鉴别指标。

综合起来，用于溢油鉴别特征化合物比值的确定，除了特征化合物本身的稳定性外，还与其在油样中的含量、与其他物质的分离情况、是否准确定量等因素有关。因此，在实际鉴别中应选择那些相对含量较高、含量接近、可以完全分离的特征化合物比值作为溢油鉴别指标。

表4-3　4 种油特征化合物比值变化

特征化合物	整个风化过程中特征比值变化的相对偏差 RSD/%			
	燃料油	柴油	南海原油	阿曼原油
n-C17/Pr	2.40	1.49	4.54	6.07
n-C18/Ph	4.39	1.53	4.04	4.42
Pr/Ph	3.94	1.25	4.48	4.84
Ts/Tm	7.11	28.1	3.19	3.24
C29αβ藿烷/C30αβ藿烷	2.92	28.0	4.81	2.54
C23 三环萜/C24 三环萜	3.48	4.28	8.16	4.15
∑三环萜/C30αβ藿烷	—	—	6.76	2.75
C27 甾αββ/（C27～C29）甾αββ	3.56	—	2.59	1.57
C28 甾αββ/（C27～C29）甾αββ	2.60	—	6.23	2.15
C29 甾αββ/（C27～C29）甾αββ	4.29	—	3.10	0.79

3. 风化过程中多环芳烃化合物的变化

多环芳烃包括萘、菲、二苯并噻吩、芴和蒽系列及烷基化系列化合物，由于多环芳烃在各类油品中含量较高，分离效果好，且烷基取代多环芳烃较未取代多环芳烃更能抵御风化作用，在溢油组成研究及溢油鉴别中受到普通关注。本次实验分别考查了各种多环芳烃、甲基和二甲基系列化合物的组成变化情况。将原油中各多环芳烃的峰面积与不易风化的 $C30\alpha\beta$ 藿烷峰面积作比值进行比较（其中柴油因其 $C30\alpha\beta$ 藿烷峰太小，在多环芳烃中用 n-$C27$ 代替 $C30\alpha\beta$ 藿烷）。表 4-4 分别列出多环芳烃各系列化合物的风化率。

表 4-4　4 种油品中多环芳烃各系列化合物的风化率

芳香烃化合物	燃料油			柴油		
	0 d	30 d	风化率/%	0 d	30 d	风化率/%
萘/C30αβ藿烷	8.10	1.16	86	0.96	0.00	100
1-甲基萘/C30αβ藿烷	9.97	5.77	42	0.86	0.02	98
二甲基萘/C30αβ藿烷	45.90	38.20	17	3.02	1.07	65
菲/C30αβ藿烷	5.98	5.86	2	0.34	0.40	—
甲基菲/C30αβ藿烷	6.05	6.10	—	0.26	0.28	—
二甲基菲/C30αβ藿烷	27.60	28.10	—	11.50	9.48	18
二苯并噻吩/C30αβ藿烷	2.49	2.37	5	—	—	—
甲基苯并噻吩/C30αβ藿烷	2.87	2.84	1	—	—	—
二甲基苯并噻吩/C30αβ藿烷	13.10	13.20	—	—	—	—
芴/C30αβ藿烷	1.21	1.10	9	0.15	0.04	73
1-甲基芴/C30αβ藿烷	1.23	1.17	5	0.15	0.01	93
二甲基芴/C30αβ藿烷	5.42	5.46	—	0.67	0.21	69
蒽/C30αβ藿烷	2.46	2.50	—	0.02	0.02	0
2-甲基蒽/C30αβ藿烷	2.39	2.48	—	0.01	0.01	0
二甲基蒽/C30αβ藿烷	14.60	14.70	—	0.10	0.02	80
芳香烃化合物	南海原油			阿曼原油		
	0 d	30 d	风化率/%	0 d	30 d	风化率/%
萘/C30αβ藿烷	1.32	0.10	92	5.04	0.29	94
1-甲基萘/C30αβ藿烷	1.07	0.02	98	6.54	0.06	99
二甲基萘/C30αβ藿烷	7.21	0.02	100	16.7	0.12	99
菲/C30αβ藿烷	0.62	0.27	56	1.38	0.88	36
甲基菲/C30αβ藿烷	0.47	0.36	23	0.95	0.81	15
二甲基菲/C30αβ藿烷	3.01	3.12	—	5.01	4.98	1
二苯并噻吩/C30αβ藿烷	0.55	0.24	56	0.66	0.35	47
甲基苯并噻吩/C30αβ藿烷	0.09	0.06	33	1.54	1.21	21
二甲基苯并噻吩/C30αβ藿烷	0.49	0.45	8	5.78	5.4	7
芴/C30αβ藿烷	0.11	0.01	91	0.42	0.07	83
1-甲基芴/C30αβ藿烷	0.28	0.11	61	0.62	0.31	50
二甲基芴/C30αβ藿烷	1.18	0.77	35	1.82	1.42	22
蒽/C30αβ藿烷	0.18	0.14	22	0.07	0.07	0
2-甲基蒽/C30αβ藿烷	0.12	0.10	17	0.04	0.04	0
二甲基蒽/C30αβ藿烷	0.75	0.75	0	0.92	0.88	4

（1）萘及其烷基化系列风化情况

从表4-4中看出，萘、甲基萘和二甲基萘受风化影响均很大，两种原油中该3类化合物基本全部风化，在柴油中萘和甲基萘全部风化，二甲基萘部分风化，风化率也达到了65%，只有燃料油中的二甲基萘风化率为17%，与萘和甲基萘相比，具有一定的抗风化能力。从图4-10可以更清晰地看到，两种原油中萘在72 h就全部风化完，而燃料油和柴油中萘风化趋势较原油慢，柴油直到第15天（360 h）才基本风化完。由于严重的风化，这类物质不能用于溢油鉴别，表4-5中的RSD也证明了这一点。

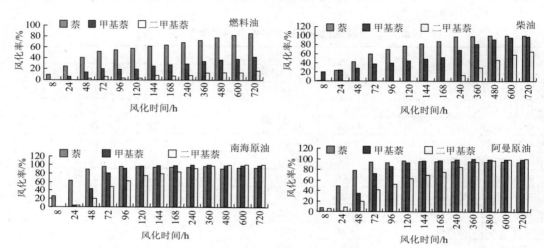

图4-10　4种油品中萘及烷基化合物风化趋势

表4-5　4种油中多环芳烃各系列化合物的变化

特征化合物	整个风化过程中特征比值变化的相对偏差 RSD/%			
	燃料油	柴油	南海原油	阿曼原油
萘/C30αβ藿烷	56.7	111	150	149
1-甲基萘/C30αβ藿烷	17.5	64.0	147	139
二甲基萘/C30αβ藿烷	6.48	30.7	102	87.3
菲/C30αβ藿烷	1.68	4.7	22.9	14.4
甲基菲/C30αβ藿烷	2.03	3.8	10.1	6.73
二甲基菲/C30αβ藿烷	1.38	10.3	5.12	3.42
二苯并噻吩/C30αβ藿烷	1.94	—	25.6	20.2
甲基苯并噻吩/C30αβ藿烷	1.56	—	11.6	7.99
二甲基苯并噻吩/C30αβ藿烷	1.47	—	8.40	3.51
芴/C30αβ藿烷	3.65	41.7	55.9	45.2
1-甲基芴/C30αβ藿烷	2.85	64.9	27.0	19.9
二甲基芴/C30αβ藿烷	2.17	44.3	14.7	8.67
䓛/C30αβ藿烷	2.53	18.7	8.90	12.5
2-甲基䓛/C30αβ藿烷	2.56	28.8	9.81	9.81
二甲基䓛/C30αβ藿烷	1.77	65.5	4.03	3.61

（2）菲及其烷基化系列风化情况

表 4-4 表现出菲系列有一定的抗风化能力，燃料油和柴油中菲及 C1-菲基本无风化，原油中菲和甲基菲有部分风化，而南海原油的风化程度 56%（C0-）、23%（C1-）大于阿曼原油 36%（C0-）、15%（C1-），两种原油中二甲基菲均无风化。从表 4-5 中的 RSD 能进一步确认，燃料油的 C0-、C1-、C2-菲和柴油中 C0-、C1-菲的 RSD 值均小于 5%，其比值可以用于溢油鉴别，至于柴油中 C2-菲偏差达到 10%，主要是因为该类物质含量偏低且分离受到干扰所致；两种原油中 C2-菲 RSD 也小于 5%，同样可以用于溢油鉴别。

（3）二苯并噻吩及其烷基化系列风化情况

上面提到，柴油中不含二苯并噻吩系列化合物，南海原油中含量很低，表 4-5 表现出南海原油的 RSD 为 8.4%～25.6%，因此，二苯并噻吩不适用于这两种油的鉴别；燃料油的二苯并噻吩及烷基化系列化合物基本无风化现象，表现出很强的抗风化能力；对于阿曼原油风化率分别是 47%（C0-）、21%（C1-）和 7%（C2-），二苯并噻吩部分风化，一甲基轻微风化，二甲基基本无风化，在溢油鉴别中可以作为参考指标。

（4）芴和蒽及其烷基化系列风化情况

这两类物质在柴油中含量较低，对风化情况考察带来较大影响，而在燃料油中芴系列、蒽系列的 6 类物质，其 RSD 均小于 5%，说明风化影响较小，有一定的抗风化能力；在两种原油中芴和蒽及其烷基化系列化合物表现出相同的风化趋势，风化率呈现出 C0＞C1＞C2 的趋势。该两类多环芳烃化合物是否用于溢油鉴别需根据含量、与其他化合物是否完全分离等情况而定。

总之，萘系列化合物（C0-、C1-、C2-）在所研究的 4 种油品中呈现出显著的风化现象，不能用于溢油的鉴别；菲系列化合物（C0-、C1-、C2-）可以用于燃料油和柴油，而在原油样品中 C0-、C1-菲均出现了不同程度的风化，只有 C2-菲可以用于原油的溢油鉴别；柴油中不含二苯并噻吩（C0-、C1-、C2-），这是与其他油品显著的区别；燃料油中二苯并噻吩（C0-、C1-、C2-）不受风化影响；原油中二苯并噻吩（C0-、C1-、C2-），却有不同程度的风化情况；芴和蒽在燃料油中特征性指标的相对标准偏差＜5%，表明它们不受风化作用的影响，在其余油种中有不同程度的风化。综上所述，在多环芳烃系列化合物中，只有菲及二苯并噻吩系列在风化过程中比值变化的相对标准偏差较小，可作为溢油源的有效鉴别指标。

4. 油品的风化图示

图 4-11 列出 4 种油样未经风化和风化 10 d 的正构烷烃选择离子谱图；图 4-12 为 4 种油品多环芳烃未经风化和风化 10 d 的时间分布模式。

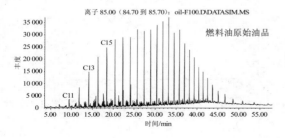

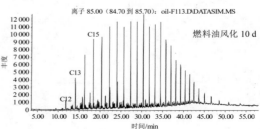

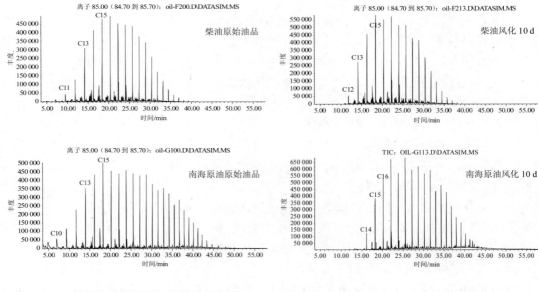

图 4-11 4种油品典型风化时间正构烷烃离子色谱图（*m/z* 85）

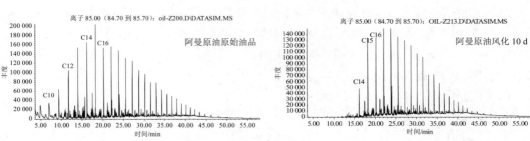

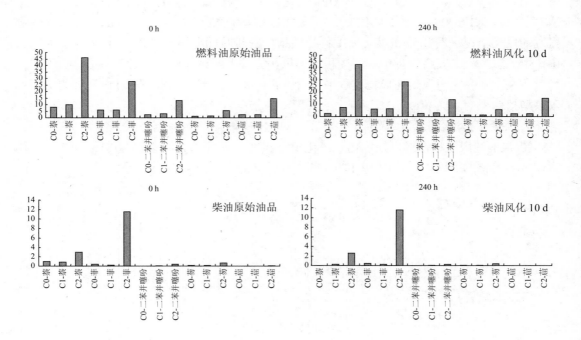

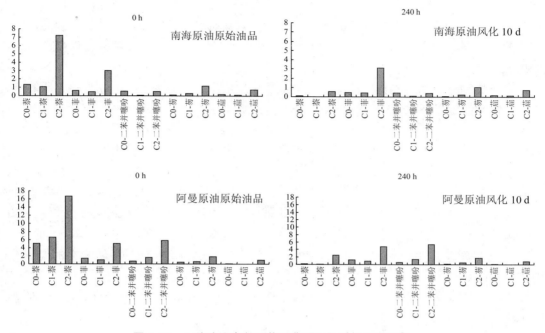

图 4-12　4 种油品中多环芳烃典型风化时间分布模式

五、结语

在海上溢油风化模拟系统装置中，对不同来源的 4 种油品进行了风化模拟实验，对原始油样的组成以及风化后各时间点上油品组成的风化情况进行了研究，确定了有效的溢油鉴别指标。

油品中正构烷烃组分，在两种不同区域原油中风化趋势基本一致，而在燃料油和柴油中风化程度略有差异，随着碳数的增加，各组分风化损失逐渐减小。从组分看，原油中 n-C10～n-C18 组分，尤其是 n-C13 以下组分的风化损失显著，而燃料油和柴油中的风化主要发生在 n-C15 以下。从风化速率看，原油中 n-C12 以下组分，风化损失主要发生在 48 h 以内，燃料油和柴油中 n-C10 组分 72 h 才风化完毕，原油中正构烷烃的风化速率大于燃料油和柴油，4 种油品中 n-C18 以上组分不受风化作用影响，可以用于溢油鉴别；油品中含有一定量的姥鲛烷、植烷以及甾萜烷等特征化合物，在整个风化过程中损失并不显著，同样可以用于溢油的鉴别；多环芳烃中萘及其烷基系列化合物风化现象严重，不适用于溢油鉴别，菲和二苯并噻吩在燃料油中表现出一定的抗风化能力，而在原油中有一些风化损失，芴和䓛系列化合物由于在油品中的含量较低，特征比值偏差较大，在溢油鉴别过程中应依据实际情况确定是否选用。

第二节　经溢油分散剂处理油品鉴别技术研究

海上溢油已成为当今海洋污染的主要原因之一，由此造成的海洋生态环境损害已成为全球性问题。在我国的溢油应急响应系统中，溢油分散剂的盲目使用易造成二次污染，溢油经溢油分散剂处理后，难以根据油品性质进行准确的溢油鉴别和损失评估。因此，经溢油分散剂处理后的复杂疑难溢油的判识技术，即成为准确地进行溢油鉴别和损失评估的关键技术之一。

有关生物标志化合物特征比值作为溢油鉴别主要指标的研究，已经取得了丰硕的研究成果。饱和链烷烃指纹信息 [主峰碳数、CPI、（C21+C22）/（C28+C29）、C21 前/C22 后、Pr/Ph、Pr/C17、Ph/C18 等]由于具有较好的生源指示意义，一直作为溢油鉴别的重要指标[①]。萜烷、甾烷类典型生物标志化合物具有较强的抗风化能力，在重度风化油种的鉴别工作中得到了广泛的应用[②]。多环芳烃及其烷基化系列生物标志化合物作为风化检查的主要工具，在溢油鉴别工作中亦起到越来越重要的作用[③]。但尚未见到经溢油分散剂处理的溢油生物标志物指纹鉴别所的国内外研究报道。一方面是由于溢油分散剂的种类与成分比较复杂，有些溢油分散剂成分中含有溢油鉴别所用的生物标志物，给溢油鉴别带来严重干扰；另一方面是由于喷洒溢油分散剂后，溢油的风化特性发生改变，导致原本具有生物标志意义的指标失去指示意义。

本研究通过溢油分散剂风化模拟实验，旨在筛选出经溢油分散剂处理的溢油品种判识的生物标志物指纹，为乳化溢油品种的判识提供技术支撑。

一、溢油分散剂简介

溢油分散剂俗称"消油剂"，它是用来减少溢油与水之间的界面张力，从而使油迅速乳化分散在水中的化学试剂。目前世界各国在处理各种水面溢油事故时，广泛应用溢油分散剂。在许多不能采用机械回收或有火灾危险的紧急情况下，及时地喷洒溢油分散剂，是消除水面石油污染和防止火灾的主要措施。

1. 溢油分散剂的组成

溢油分散剂主要由主剂和溶剂组成，其次还有一定数量的稳定剂和防腐剂。主剂为非离子型表面活性剂，20 世纪 70 年代前，主剂多数为醚型主剂，但其对鱼贝类水生物的毒

---

① Wang Z D，Fingas M F，Li K. Fractionation of a light crude oil and identification and quantitation of aliphatic，aromatic，and biomarker compounds by GC-FID and GC-MS [J]. Journal of chromatographic science, 1994（32）: 367-382；Wang Z D，Stout A. Oil spill environmental forensics[M]. Boston: Academic Press, 2007；王鑫平，孙培艳，周青，等. 原油饱和烃指纹的内标法分析[J]. 分析化学研究报告，2007（35）: 1121-1126.

② 徐恒振，周传光，马永安，等. 萜烷作为溢油指示物（或指标）的研究[J]. 交通环保，2001，22（6）: 1-6；徐恒振，周传光，马永安，等. 甾烷作为溢油指示物（或指标）的研究[J]. 海洋环境科学，2002，21（1）: 14-20；Wang Z D，Fingas M，David S. Oil spill identification[J]. Journal of chromatography A，1999（843）: 369-412.

③ Wang Z D，Fingas M F. Development of oil hydrocarbon fingerprinting and identification techniques[J]. Marine pollution bulletin，2003（47）: 423-452；Wang Z D，Fingas M，David S. Oil spill identification[J]. Journal of chromatography A，1999（843）: 369-412；倪张林，马启敏，程海鸥，等. 重质燃料油中主要芳烃在自然条件下的风化规律[J]. 油气田环境保护，2007，17（4）: 37-39；Ezra S，Feinstein S，Pelly I，et al. Weathering of fuel oil spill on the east mediterranean coast，Ashdod，Israel[J]. Organic geochemistry，2000（31）: 1733-1741；赵玉慧，孙培艳，王鑫平，等. 多环芳烃指纹用于渤海采油平台原油的鉴别[J]. 色谱，2008，26（1）: 46-49；Wang Z D，Fingas M，Lambert P，et al. Charaterization and identification of the detroit river mystery oil spill（2002）[J]. Journal of chromatography A，2004（1038）: 201-214；GB/T 21247—2007. 海面溢油鉴别系统规范[S]. 北京: 国家海洋局，2007；王传远，贺世杰，王敏，等. 海洋风化溢油鉴别中特殊芳烃标志物的应用[J]. 环境化学，2009，28（3）: 427-431.

害作用大，而且不易被生物所降解。后被以酯型主剂的溢油分散剂所代替，其乳化性能好，毒性小。溢油分散剂溶剂早期采用以芳香烃为主的石油系碳氢化合物，由于其进入水生物体内不能被分解，易通过食物链富集后进入人体而形成致癌因子，后被正构烷烃类所代替。目前所开发的一些溢油分散剂的表面活性剂均是从植物油、糖、甜菜等天然原料中提取，溶剂为某些合成剂，其毒性都非常低。

2. 溢油分散剂的消油机理及发展历史

溢油分散剂溶剂具有降低溢油黏度和表面张力的特性，能促使表面活性剂与溢油更好地接触。溢油分散剂表面活性剂分子中既有亲油基因，又有亲水基因，当表面活性剂与油混合时，它就排列在油—水界面上，在亲油基因的作用下，油—水之间的界面张力被削弱而有利于溢油乳化分散，形成微粒子。在乳化分散的微小油粒子表面又定向地分布着表面活性剂的亲水基因，可阻挡乳化油微粒的重新集合，使油的表面积大大增加，有利于油与水的充分接触与混合，使油易于被水中的生物降解，最终生成二氧化碳和其他水溶性物质，被水体所净化。

溢油分散剂从 20 世纪 60 年代开始例行使用，但在 20 世纪 70 年代和 80 年代期间，很多国家又开始抵制使用溢油分散剂处理海上溢油事故。这可追溯到 Torrev Canvon 号油轮溢油事故，当时使用了大量含高比例芳烃（＞60%）组分溶剂的溢油分散剂，受影响海域的海洋生物和底栖生物全部被毒死，生态环境修复至少要几十年之久。自这次溢油事故过后，许多科学家开始致力于低毒高效溢油分散剂的研制。此类溢油分散剂的表面活性剂大多数为非离子型聚氧乙烯山梨醇酯类化合物，溶剂则改换为几乎完全可生物降解的液蜡、正构烷烃和醇类。这又使溢油分散剂在溢油事故应急处理中得到广泛应用，特别是最近的 15 年时间里。溢油情报报告曾报道，在 149 个国家中，依靠溢油分散剂作为溢油主要处理手段的有 36 个，而将其作为次要手段的有 62 个。

3. 溢油分散剂的分类及特点

自 20 世纪 70 年代以来，溢油分散剂得到了迅速的发展，迄今世界上溢油分散剂产品已有几百种，可大体分为两类：普通型溢油分散剂（烃类溶剂溢油分散剂）和浓缩型溢油分散剂（非烃类溶剂溢油分散剂）。有关溢油分散剂的国家标准（GB 18188.1—2000）也将溢油分散剂分为常规型（也称普通型）和浓缩型。

普通型溢油分散剂的表面活性剂，早期产品为醚型，毒性大；现代产品为酯型，毒性小。普通型溢油分散剂的表面活性剂含量低，一般只有 10%～20%；普通型溢油分散剂的溶剂一般采用芳香烃含量低的烃类，普通型溢油分散剂的溶剂比例一般高达 80%～90%，因而普通型溢油分散剂溶解溢油能力强，处理高黏度油及风化油的效果好，使用时应直接喷洒，但喷洒后要搅拌。该类分散剂使用前不能用水稀释，使用比率（分散剂/油）以 1∶1～1∶3 为宜。

浓缩型溢油分散剂的表面活性剂多数是从天然油脂中提取的脂肪酸，从糖、玉米及甜菜中提取的梨醣醇，基本上是无毒的。浓缩型溢油分散剂的表面活性剂含量较高，一般为 40%～50%，因此能迅速地分散溢油。浓缩型溢油分散剂的溶剂为非碳氢化合物。相对于普通型溢油分散剂而言，浓缩型溢油分散剂的溶剂含量较低，均为 50%～60%。浓缩型溢油分散剂多为水溶性，分散溢油效率高，处理高黏度油效果差，使用时可直接喷洒，也可以与海水混合喷洒，但前者效果更好。该类分散剂喷洒后不需搅拌，使用比率（分散剂/油）以 1∶10～1∶30 为宜。

4．溢油分散剂的优点

溢油分散剂作为溢油事故应急反应体系中的辅助手段，其最大的优点是见效快。另外，狂风巨浪有助于溢油分散剂发挥作用，适用于恶劣天气，在短时间内处理大面积的溢油。IMO 海洋环境保护委员会制定的"分散剂应用指南"中指出，溢油分散剂的主要优点是：第一，从水的表面除去油，使油膜无法重新形成，从而不去黏附船舶、礁石和海上建筑物；第二，不形成"油包水"乳块；第三，若在适当场合下首选使用，可减少烃类扩散，减少爆炸和火灾危险，可使低分子量烃类从油的飞沫中溶解到水中，再随潮汐和水混合流动，经物理、化学、生物变化而消失。

5．溢油分散剂的缺点

溢油分散剂也有缺点，主要是：

第一，溢油分散剂并不能消灭油，而只是使油类变成"水包油"的微粒分散到水体中。

第二，使用溢油分散剂会造成海洋生态环境的二次污染。虽然目前所使用的溢油分散剂毒性很低，但它危害海洋生物的隐患总是存在的。

第三，溢油分散剂的作用对油有选择性。而且，溢油分散剂只对中低黏度油[20℃，$(1～999) \times 10^{-6} \, m^2/s$]有效，而对蜡质油、高黏度油和风化油几乎无效。当水温低于 15℃时，不能使用普通非低温型的溢油分散剂。可见溢油分散剂的应用存在较大的局限性。

第四，溢油分散剂利用率低下，仅施用量的 50%真正起到消油作用。失效原因很大程度上是由于溢油分散剂与油层间没有很好的混合。

第五，费用昂贵。一般认为，溢油分散剂的用量起码为溢油量的 20%以上，以 30%～40%为好，而有时在处理黏度小或薄油层时，耗量可达到溢油量的 100%。在实际处理大规模油膜时，采用如此高的溢油分散剂和溢油量的比值导致处理价格相当高。另外，溢油分散剂通常要采用特殊装置如船舶、飞机进行喷洒。飞机喷洒用于处理不规则的大片油膜，覆盖海面的油膜厚度不一，所喷的溢油分散剂不可能都与油膜相遇，造成溢油分散剂的大量浪费，增加了处理成本。

第六，溢油分散剂应用时操作复杂。操作人员必须有熟练的技术，未经训练的人员很难胜任工作。

第七，溢油分散剂的使用受时间和地点的限制。溢油入海后，通常经过 2 h 便形成所谓"巧克力奶油冻"，含水率达到 60%，溢油分散剂对其无能为力。因此，在处理海面溢油时，溢油分散剂的使用必须做到不误时机，抢在溢油发生后 2 h 内到位。另外，在浅水域因有影响生物之嫌，而限制了溢油分散剂的使用。沿海水域或港湾水交换不理想，风浪不够大，影响溢油分散剂作用的发挥。而事实证明大量的中、小溢油事故都发生在沿岸海域。

6．溢油分散剂的毒性

有关溢油分散剂的毒性一直令人担忧，即使对于目前低毒的溢油分散剂也如此。虽然溢油分散剂使用前均进行了毒性试验，包括有效性、毒性、生物降解性与生物毒性关系试验，但是究竟是否会引起海洋生物、海洋生态变化，如导致浮游生物死亡等问题，目前尚缺乏生态学知识，没有一致看法。一种研究方法是将溢油和分散油的生态毒性做比较。溢油对环境带来显著影响，往往是溢油浸入近岸环境或是潮间带引起的。加入溢油分散剂可以将油从水表面去除，阻止了溢油进一步影响海岸线及其敏感的生态环境，从而减弱溢油带来的环境影响。因此，该观点认为，将油分散后进入水体要比任其进入海岸线更理想一些。WardroD 等研究表明，一旦溢油进入海岸、岩石岸及盐沼岸，生态恢复需几年，而敏感生态地带（如红树林）的生态恢复则需几十年。也有研究表明：在许多场合，溢油分散剂比油本身对生物链产生的消极影响更大。如溢油分散剂会严重影响鱼类的味觉器官，从而影响其进食，对其迁徙、繁殖及防御行为也都有很大的影响。溢油分散剂还会影响贝类粘贴在生物上的能力，对植物的再生细胞造成不可复原的损害，形成植物亚致死结果，对栖息在经喷洒溢油分散剂的岩石上的贝类产生生物体剥蚀的影响。另一方面，毒性的强弱取决于浓度及暴露时间。著名生态学家 Wells 指出，几百 mg/L 的溢油分散剂在水体中几天之后，才可能造成急性或亚急性毒性。而溢油事故使用溢油分散剂后，其浓度常低于 10 mg/L，并且由于海水的混合、稀释作用，很快降低至＜1 mg/L。另外，由于新一代溢油分散剂产品的毒性较低，不会增加分散后油的毒性。也有一些学者认为，溢油经化学分散之后，会使更多的水生生物暴露在溶解或分散态的油中，增加了对水生生物的毒性。在决定是否采用溢油分散剂作为应急措施时，考虑的不应该只是溢油分散剂对水生生态的毒性，其他因素，如产品效力、分散油的毒性、优先保护物种或生态环境、敏感物种或生态环境潜在恢复能力等，都应该值得重视。

7. 各国对溢油分散剂的态度

溢油应急处理的目标受环境、社会、经济等因素的影响，对于是否采用溢油分散剂，由于世界各国的经济实力、社会环境以及所处的地理位置不同，所以溢油分散剂在不同国家的溢油应急体系中的地位不尽相同，它被限制使用的程度也有较大差别。

日本重视机械回收，只有在机械清除无效及任其自然消解会产生损害时才考虑使用溢油分散剂，处理厚度仅为 1 mm 以下的油膜，其沿海及养殖场一般禁用溢油分散剂。

美国、加拿大尽管经济实力雄厚，但对溢油分散剂的使用却非常保守，认为只有在因气候条件或溢油规模或溢油区域的原因，使用机械无法抑制溢油扩散或无法回收时，才选用溢油分散剂，并严格规定沿海水域禁止使用溢油分散剂。

欧洲许多国家禁止在沿海地区或水深不足 50 m 的水域使用溢油分散剂。荷兰对溢油分散剂使用的态度是只有在处理大面积油膜时才考虑使用溢油分散剂，只有在波高 1.5 m、机械不适用时才考虑溢油分散剂。法国认为，只要充分估计溢油分散剂的效能，并对其不足之处加以控制，合理掌握喷洒操作方法，溢油分散剂可在溢油清理中发挥一定作用。英国过去鉴于其海域经常波涛汹涌，难以使用回收机械，溢油应急一向以飞机喷洒溢油分散剂作为首选处理手段。但近 10 年时间里，英国也开始重视机械和其他措施，注意限制使用溢油分散剂。

中国至今尚未禁止溢油分散剂的使用。一旦海面发生溢油，首选处理措施为溢油分散剂，而且通常会加大溢油分散剂的使用量，造成海洋生态的恶性循环。之所以会出现这样的情况，主要由于管理条文中规定，在发生溢油时，如果使用溢油分散剂进行处理，可从轻发落，否则，重罚。因此，在发生井喷或油井试油时，石油开发部门就雇用当地渔船，安装简单的喷洒装置，向海中喷洒溢油分散剂，无论从剂量还是效果上均无从考察。

8. 溢油分散剂的合理使用与科学管理

随着中国海上石油的陆续勘探开发，近 20 年来，渤海、东海和南海都相继开采出石油。以渤海为例，截至 2003 年，渤海海上油田 11 个，生产油井 772 口；连同辽河油田和大港油田的油气勘探开发，渤海油田的石油产量将超过大庆油田。对于石油开发所带来的溢油事故，大多采用溢油分散剂处理溢油。而且，在几次大的沉船和溢油事故（"7·16"大连油品爆炸事故、青岛东方大使号溢油、黄岛油库爆炸、旅顺老铁山油船撞沉和塔斯曼海轮溢油）中大量使用化学溢油分散剂。海上石油勘探开发过程中出现跑冒滴漏时，作业者并未配备经过培训的专业人员负责溢油分散剂的喷洒工作，而是雇用渔船喷洒溢油分散剂，甚至直接向海里倾倒溢油分散剂，这是一种既不科学又不负责的做法，当在禁止之列。

由于海洋生物的多样性，而有关溢油分散剂及其乳状液的生物毒性试验还不够充分，特别是对生物链的直接和间接的潜在危害尚不够清楚，我国政府针对目前溢油分散剂的盲目使用以及权衡溢油分散剂对海洋生态环境破坏的情况，做出严格规定。《中华人民共和国海洋环境保护法》第七十条明确规定：船舶、码头、设施使用化学溢油分散剂应当事先按照有关规定报经有关部门批准或者核准。根据《中华人民共和国海洋环境保护法》等法律法规，中华人民共和国海事局制定了《消油剂产品检验发证管理办法》，按照该办法的规定，任何品牌的溢油分散剂都必须经交通运输部环境保护中心的质量检验。产品的各项指标达到交通部 JT 2013《溢油分散剂技术条件》的标准要求，这种溢油分散剂才能被列入许用目录，才能用于海面溢油应急处理中。

为了有效控制溢油分散剂的使用，应从技术上、行政上、法规上加强管理，以下几方面应该加以重视：

第一，根据国外经验，国家应当拨出部分资金，在有条件的研究部门建立一个国家级重点实验室，加强溢油应急处理措施方面的研究，建立一支溢油响应应急队伍，专门负责溢油机械回收、溢油分散剂喷洒和善后处理工作。

第二，主管机关执法管理人员应全面熟悉有关化学溢油分散剂的知识，对在任何环境条件下能否使用溢油分散剂以及实际用量等关键性问题做到心中有数，以便尽快对作业者的申请做出处理决定。

第三，加强对船公司、船舶、码头等单位从业人员的环境意识的培训、教育与提高，提高保护海洋环境的自觉性，减少滥用化学溢油分散剂的现象发生。

第四，鉴于尚存在盲目使用溢油分散剂的情况，有必要对溢油分散剂使用人员进行培训，使其了解溢油分散剂的性质及用法。

第五，在环境敏感区应尽量避免使用溢油分散剂，以免造成灾害性后果。

第六，对易挥发的轻质油尽可能不使用溢油分散剂，让油膜通过自然蒸发或风浪流的作用而自然消散。

第七，对溢油分散剂的使用实行有效监控，要求产、供、销的各方做好溢油分散剂流向记录。

9．溢油分散剂发展方向

加强高质量无毒溢油分散剂的研发，消除人们对溢油分散剂使用的疑虑。国外科学家正在设想研制一种能在生物体内产生净化除油作用的生物化学制剂，以便消除化学制剂对海洋生物的毒害。

低温溢油分散剂的研制与开发，在寒冷地区国家发展迅速，像加拿大、冰岛等国已开始用低温溢油分散剂处理海上溢油。中国北方海域一年中多半时间处于低温状况下，仅5—10月期间的水温高于15℃，低于此温度时，常规型溢油分散剂的乳化率急剧下降，甚至失去效果。因此，研制和生产低温溢油分散剂，已刻不容缓。对此管理部门和生产厂家都应给予重视，因为从中国国情和海上现场处理溢油的乳化效果综合考虑，只有低温溢油分散剂才适用于中国大多数海区。但我国在此领域的研究尚属空白。

溢油分散剂的毒性试验应该针对特定海域的生态系统来进行，以便当地主管机关审批、选用对本海域生态环境影响最小的溢油分散剂。

二、材料和方法

1．仪器与材料

Agilent 6 890 气相色谱串联 5 973 质谱（GC-MS），HP-5MS 石英毛细管色谱柱（30 m×0.25 mm×0.25 μm），磁力搅拌器，正己烷（色谱纯），二氯甲烷（色谱纯），层析硅胶（100～200目，放置在浅盘中用铝箔覆盖，在180℃下活化 20 h）。

2．模拟实验

溢油分散剂模拟实验：分别取产自越南的轻质原油 A1，产自韩国的重质燃料油 A2，产自中国大连的溢油分散剂（命名为 B1），产自中国青岛的溢油分散剂（命名为 B2）各15 mL，按照 A1B1、A1B2、A2B1、A2B2 的组合方式，注入事先加入定量海水的 4 个玻璃杯中（所选油样、溢油分散剂及其用量均符合 GB 18188.1～18 188.2—2000 的规定），并置于风速 3 m/s 的通风橱中，通过磁力搅拌器的搅拌和紫外灯光照射，模拟所选油样在溢油分散剂作用下的海洋风化过程。风化周期为 15 d，分别于第 3、6、9、12 和 15 天时，各取样一次。

3．样品前处理

将所取油、水、溢油分散剂的乳化混合物置于离心管中，于略高于 0℃的温度下充分冷却，然后以 3 000 r/min 的转速离心，使油水充分分离。称取 0.2 g 分离后的油样，溶于10 mL 正己烷中，用超声波混匀 15 min。在带有聚四氟乙烯活塞的玻璃层析柱（底部加硼硅玻璃棉）中，加入 3 g 活化硅胶（100～200目，在 180℃下活化 20 h），顶部放入 1 g 无水硫酸钠（在 650℃下烘 8 h），用 20 mL 正己烷润洗层析柱，弃掉流出液。待无水硫酸钠表面刚刚暴露空气之前，加入 200 μL 油溶液，以 15 mL 正己烷冲洗，洗出液为饱和烃（F_1），用 15 mL 二氯甲烷-正己烷的混合液（体积比为 1∶1）洗出芳香烃（F_2）。分别将洗出液旋转蒸发浓缩，近干，用正己烷定容 1.0 mL，毛细管 GC-MS 分析。

4．GC-MS 条件

载气为高纯氢气，流量为 1.0 mL/min。不分流进样，进样口温度为 290℃，接口温度为 280℃，离子源温度 230℃。升温程序为：在 50℃保持 2 min，以 6℃/min 的速度升到

300℃，保持 16 min。

5. 定性方法

正构烷烃、姥鲛烷、植烷定性：采用选择离子检测（SIM）方式，选取特征碎片离子（m/z 85）检测正构烷烃、姥鲛烷（Pr）和植烷（Ph），在谱图上具有明显的分布特征，可以根据谱图特征，结合质谱图中离子碎片信息和保留时间进行定性确认。

多环芳烃、烷基化多环芳烃和二苯并噻吩同系物定性：将样品组分与标准物质保留时间比较进行定性，对于没有标准物质的化合物，可通过计算保留指数定性。常用的多环芳烃质量色谱图及定性信息参考《海面溢油鉴别系统规范》（GB/T 21247—2007）。

甾烷、萜烷类生物标志化合物定性：通过文献中已经确定的甾烷、萜烷类生物标志化合物分布规律进行定性。常用的甾烷、萜烷类生物标志化合物质量色谱图及定性信息参考 GB/T 21247—2007。

三、结果与讨论

1. 溢油分散剂的成分分析

对所使用的溢油分散剂进行背景分析，可发现两种溢油分散剂主要成分差别较大。B1 主要含有 C15～C25 的正构烷烃组分以及异戊二烯类生物标志化合物 Pr、Ph，B2 主要含有 C23～C33 的正构烷烃组分。B1、B2 中饱和链烷烃的分布情况见图 4-13。B1、B2 均不含有甾烷、萜烷、多环芳烃及其烷基化系列生物标志化合物。

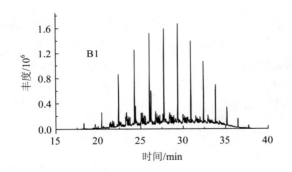 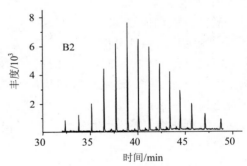

图 4-13　B1、B2 的 m/z 85 质量色谱图

鉴于以上分析结果，对经溢油分散剂处理的溢油样品进行分析时，不宜采用与正构烷烃、Pr、Ph 相关的溢油鉴别指标，容易受到溢油分散剂本身成分的干扰。

2. 生物标志化合物指纹筛选

对 A1B1、A1B2、A2B1 和 A2B2 组合方式的混合样品进行前处理和 GC-MS 分析，根据不同时间所得谱图进行比较，对相关比值进行筛选，拟筛选的生物标志化合物比值见表 4-6。表 4-7 列出了拟筛选的生物标志化合物比值。

表4-6 诊断比值及其定义

诊断比值	定 义
C23萜/C24萜	13β（H），14α（H）-C23三环萜烷/13β（H），14α（H）-C24三环萜烷
Ts/Tm	18α（H），21β（H）-22,29,30-三降藿烷/17α（H），21β（H）-22,29,30-三降藿烷
C29αβ藿/C30αβ藿	17α（H），21β（H）-30-降藿烷/17α（H），21β（H）-藿烷
C31αβ（S/（S+R））	22S-17α（H），21β（H）-升藿烷/（22S-17α（H），21β（H）-升藿烷+22R-17α（H），21β（H）-升藿烷）
C32αβ（S/（S+R））	22S-17α（H），21β（H）-二升藿烷/（22 s-17α（H），21β（H）-二升藿烷+22R-17α（H），21β（H）-二升藿烷）
C33αβ（S/（S+R））	22S-17α（H），21β（H）-三升藿烷/（22 s-17α（H），21β（H）-三升藿烷+22R-17α（H），21β（H）-三升藿烷）
C34αβ（S/（S+R））	22S-17α（H），21β（H）-四升藿烷/（22 s-17α（H），21β（H）-四升藿烷+22R-17α（H），21β（H）-四升藿烷）
C35αβ（S/（S+R））	22S-17α（H），21β（H）-五升藿烷/（22 s-17α（H），21β（H）-五升藿烷+22R-17α（H），21β（H）-五升藿烷）
C27甾αββ/（αββ+ααα）	（20R-αββ-胆甾烷+20S-αββ-胆甾烷）/（20R-αββ-胆甾烷+20S-αββ-胆甾烷+20R-ααα-胆甾烷+20S-ααα-胆甾烷）
C28甾αββ/（αββ+ααα）	（20R-αββ-24-甲基-胆甾烷+20S-αββ-24-甲基-胆甾烷）/（20R-αββ-24-甲基-胆甾烷+20S-αββ-24-甲基-胆甾烷+20R-ααα-24-甲基-胆甾烷+20S-ααα-24-甲基-胆甾烷）
C29甾αββ/（αββ+ααα）	（20R-αββ-24-乙基-胆甾烷+20S-αββ-24-乙基-胆甾烷）/（20R-αββ-24-乙基-胆甾烷+20S-αββ-24-乙基-胆甾烷+20R-ααα-24-乙基-胆甾烷+20S-ααα-24-乙基-胆甾烷）
C29甾ααα（S/（S+R））	20S-ααα-24-乙基-胆甾烷/（20S-ααα-24-乙基-胆甾烷+20R-ααα-24-乙基-胆甾烷）
C27甾αββ/（C27-C29）甾αββ	（20R-αββ-胆甾烷+20S-αββ-胆甾烷）/（20R-αββ-胆甾烷+20S-αββ-胆甾烷+20R-αββ-24-甲基-胆甾烷+20S-αββ-24-甲基-胆甾烷+20R-αββ-24-乙基-胆甾烷+20S-αββ-24-乙基—胆甾烷）
C28甾αββ/（C27-C29）甾αββ	（20R-αββ-24-甲基-胆甾烷+20S-αββ-24-甲基-胆甾烷）/（20R-αββ-胆甾烷+20S-αββ-胆甾烷+20R-αββ-24-甲基-胆甾烷+20S-αββ-24-甲基-胆甾烷+20R-αββ-24-乙基-胆甾烷+20S-αββ-24-乙基-胆甾烷）
C29甾αββ/（C27-C29）甾αββ	（20R-αββ-24-乙基-胆甾烷+20S-αββ-24-乙基-胆甾烷）/（20R-αββ-胆甾烷+20S-αββ-胆甾烷+20R-αββ-24-甲基-胆甾烷+20S-αββ-24-甲基-胆甾烷+20R-αββ-24-乙基-胆甾烷+20S-αββ-24-乙基-胆甾烷）
伽玛蜡烷/升藿烷	伽玛蜡烷/（22S-17α（H），21β（H）-30-升藿烷+22R-17α（H），21β（H）-30-升藿烷）
奥利烷/藿烷	18α（H）-奥利烷/17α（H），21β（H）-藿烷
∑三环萜烷/藿烷	∑三环萜烷/藿烷（注：可选用样品中浓度较高的几个三环萜烷）
C30重排藿烷/藿烷	C30重排藿烷/17α（H），21β（H）-藿烷
莫烷/藿烷	17β（H），21α（H）-莫烷/170α（H），21β（H）-藿烷
C2-D/C2-P	C2-二苯并噻吩/C2-菲
C3-D/C3-P	C3-二苯并噻吩/C3-菲
∑P/∑D	菲及其烷基化系列总和/二苯并噻吩及其烷基化系列总和
2-MP/1-MP	2-甲基菲/1-甲基菲
4-MD/1-MD	4-甲基二苯并噻吩/1-甲基二苯并噻吩

表 4-7 生物标志化合物指纹筛选数据

诊断指标	A1B1			A1B2			A2B1			A2B2		
	极差	重复性限	评定	极差	重复性限	评定	极差	重复性限	评定	极差	重复性限	评定
C23 萜/C24 萜	0.748	0.749	Y	0.308	0.680	Y	0.432	0.575	Y	0.173	0.491	Y
Ts/Tm	0.125	0.315	Y	0.231	0.336	Y	0.050	0.080	Y	0.038	0.080	Y
C29αβ藿/C30αβ藿	0.034	0.246	Y	0.148	0.248	Y	0.029	0.143	Y	0.033	0.143	Y
C31αβ（S/（S+R))	0.039	0.153	Y	0.015	0.156	Y	0.023	0.146	Y	0.022	0.146	Y
C32αβ（S/（S+R))	0.052	0.163	Y	0.109	0.144	Y	0.025	0.151	Y	0.024	0.151	Y
C33αβ（S/（S+R))	0.078	0.166	Y	0.057	0.163	Y	0.040	0.162	Y	0.050	0.158	Y
C34αβ（S/（S+R))	0.100	0.162	Y	0.065	0.160	Y	0.069	0.167	Y	0.110	0.167	Y
C35αβ（S/（S+R))	0.091	0.163	Y	0.029	0.180	Y	0.107	0.163	Y	0.043	0.154	Y
C27 甾αββ/（αββ+ααα)	0.078	0.191	Y	0.048	0.197	Y	0.022	0.106	Y	0.029	0.106	Y
C28 甾αββ/（αββ+ααα)	0.064	0.125	Y	0.031	0.121	Y	0.054	0.099	Y	0.041	0.097	Y
C29 甾αββ/（αββ+ααα)	0.036	0.155	Y	0.038	0.155	Y	0.013	0.087	Y	0.014	0.088	Y
C29 甾ααα（S/（S+R))	0.098	0.121	Y	0.018	0.142	Y	0.022	0.089	Y	0.027	0.090	Y
C27 甾αββ/（C27-C29)甾αββ	0.065	0.134	Y	0.059	0.139	Y	0.049	0.080	Y	0.033	0.081	Y
C28 甾αββ/（C27-C29)甾αββ	0.021	0.029	Y	0.021	0.030	Y	0.070	0.135	Y	0.057	0.131	Y
C29 甾αββ/（C27-C29)甾αββ	0.087	0.118	Y	0.061	0.110	Y	0.023	0.066	Y	0.041	0.068	Y
伽玛蜡烷/升藿烷	0.040	0.096	Y	0.019	0.100	Y	0.057	0.166	Y	0.059	0.166	Y
奥利烷/藿烷	0.008	0.015	Y	0.005	0.021	Y	0.006	0.011	Y	0.009	0.011	Y
Σ三环萜烷/藿烷	0.059	0.181	Y	0.034	0.173	Y	0.026	0.057	Y	0.031	0.046	Y
C30 重排藿烷/藿烷	0.006	0.010	Y	0.041	0.012	Y	0.008	0.011	Y	0.002	0.010	Y
莫烷/藿烷	0.018	0.034	Y	0.029	0.035	Y	0.016	0.064	Y	0.017	0.064	Y
C2-D/C2-P	0.750	0.659	N	0.767	0.611	N	0.144	0.135	N	0.143	0.134	N
C3-D/C3-P	0.440	0.307	N	0.598	0.267	N	0.060	0.056	N	0.068	0.054	N
ΣP/ΣD	0.429	0.204	N	0.363	0.201	N	1.103	1.036	N	1.256	1.011	N
2-MP/1-MP	0.479	0.321	N	0.443	0.300	N	0.846	0.324	N	0.440	0.428	N
4-MD/1-MD	0.711	0.548	N	1.167	0.456		2.457	0.765	N	2.639	0.765	N

为筛选生物标志化合物比值，引入极差和重复性限的概念。极差的定义为：一组测量值中最大值与最小值之差，又称全距或范围误差。

重复性限的计算公式为[1]：

$$r_{95\%} = 2.8 \times \bar{x} \times 10\% = 28\%\bar{x} \tag{4-1}$$

[1] GB/T 21247—2007. 海面溢油鉴别系统规范[S]. 北京：国家海洋局，2007.

当极差小于重复性限时，该比值可用于经溢油分散剂处理的溢油品种的鉴别分析，评定结果记为 Y；当极差大于重复性限时，该比值不可用于经溢油分散剂处理的溢油品种的鉴别分析，评定结果记为 N。

由表 4-7 可以看出，筛选后仍具有较好指示意义的生物标志化合物比值均为国标 GB/T 21247—2007 中建议的甾、萜烷类生物标志化合物特征比值，该系列比值既未受到溢油分散剂本身化学成分的干扰，亦未受到在溢油分散剂作用下风化作用的影响。筛选排除的生物标志化合物比值均为国标 GB/T 21247—2007 中建议的多环芳烃及其噻吩类特征比值。

多环芳烃及其噻吩类特征比值已被成功地作为溢油鉴别的主要指标。三环的芳烃，尤其是烷基化的菲类和二苯并噻吩，由于它们在油品中有较好的稳定性以及较高的含量，所以在溢油鉴别中被经常采用[①]。烷基化多环芳烃同系物的特征比值，例如 C2-D/C2-P、C3-D/C3-P 与 $\sum P/\sum D$ 已被成功地应用于海上溢油指纹鉴别和油品的风化检查中[②]。

Wang 等[③]的研究表明，在 5 类多环芳烃物质中，按照风化快慢的顺序依次为萘、芴、菲、二苯并噻吩和䓛系列；以往的研究表明，油品中多环芳烃的风化速度主要与组分的分子量、苯环个数有关，油品的种类不是决定的因素。而重质燃料油中的多环芳烃组分含量比较丰富，与其他油种相比，抗风化的能力相对较强。

在未喷洒溢油分散剂的模拟实验中，风化 15 d 内，多环芳烃同分异构体 C1-D（m/z=198）与 C1-P（m/z=192） 较前分布的组分更易风化，特征参数比值 C2-D/C2-P 明显下降，2-MP/1-MP、4-MD/1-MD、C3-D/C3-P 与 $\sum P/\sum D$ 仍然保持稳定；在喷洒溢油分散剂的模拟实验中，C2-D/C2-P、C3-D/C3-P、$\sum P/\sum D$、2-MP/1-MP、4-MD/1-MD 均未通过检验。以上比值随时间的变化趋势见图 4-14、图 4-15。

① Wang Z D，Stout A. Oil spill environmental forensics[M]. Boston：Academic Press，2007；Wang Z D，Fingas M F. Development of oil hydrocarbon fingerprinting and identification techniques[J]. Marine pollution bulletin，2003（47）：423-452.

② Wang Z D，Fingas M F. Development of oil hydrocarbon fingerprinting and identification techniques[J]. Marine pollution bulletin，2003（47）：423-452；Wang Z D，Fingas M，David S. Oil spill identification[J]. Journal of chromatography A，1999（843）：369-412；倪张林，马启敏，程海鸥，等. 重质燃料油中主要芳烃在自然条件下的风化规律[J]. 油气田环境保护，2007，17（4）：37-39；Ezra S，Feinstein S，Pelly I，et al. Weathering of fuel oil spill on the east mediterranean coast，Ashdod，Israel[J]. Organic geochemistry，2000（31）：1733-1741；赵玉慧，孙培艳，王鑫平，等. 多环芳烃指纹用于渤海采油平台原油的鉴别[J]. 色谱，2008，26（1）：46-49；Wang Z D，Fingas M，Lambert P，et al. Charaterization and identification of the detroit river mystery oil spill（2002）[J]. Journal of chromatography A，2004（1038）：201-214；GB/T 21247-2007. 海面溢油鉴别系统规范[S]. 北京：国家海洋局，2007；王传远，贺世杰，王敏，等. 海洋风化溢油鉴别中特殊芳烃标志物的应用[J]. 环境化学，2009，28（3）：427-431.

③ Wang Z D，Fingas M，David S. Oil spill identification[J]. Journal of chromatography A，1999（843）：369-412；Ezra S，Feinstein S，Pelly I，et al. Weathering of fuel oil spill on the east mediterranean coast，Ashdod，Israel[J]. Organic geochemistry，2000（31）：1733-1741；赵玉慧，孙培艳，王鑫平，等. 多环芳烃指纹用于渤海采油平台原油的鉴别[J]. 色谱，2008，26（1）：46-49；王传远，贺世杰，王敏，等. 海洋风化溢油鉴别中特殊芳烃标志物的应用[J]. 环境化学，2009，28（3）：427-431.

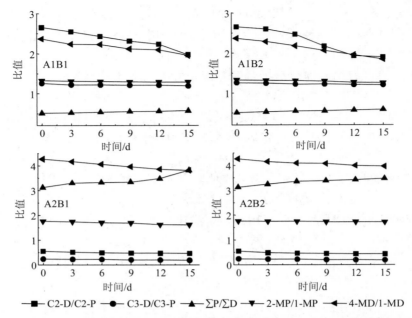

图4-14　未添加溢油分散剂的风化模拟实验中多环芳烃系列比值随时间变化趋势图

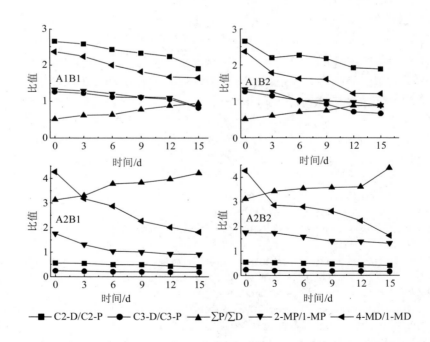

图4-15　添加溢油分散剂的风化模拟实验中多环芳烃系列比值随时间变化趋势图

3. 多环芳烃系列比值变异原因分析

溢油分散剂的作用主要体现在降解方面，通过降低溢油黏度和表面张力，使溢油乳化分散，有利于油与水的充分接触与混合。二苯并噻吩系列既是一种易物理降解的化合物，又是一种易生物降解的物质，风化过程中损失较快[①]。溢油分散剂的加入使得二苯并噻吩系列的降解速率大大提高，导致了在 15 d 风化周期内相关比值 C2-D/C2-P、C3-D/C3-P 的不断下降以及 $\sum P/\sum D$ 的不断上升。溢油分散剂破坏了 2-MP、1-MP 以及 4-MD、1-MD 风化速率的同步性，使得多环芳烃同分异构体 C1-D（m/z=198）与 C1-P（m/z=192）较前分布的组分风化更为严重，进而导致 2-MP/1-MP、4-MD/1-MD 的不断下降。

四、结语

首先，在溢油经溢油分散剂处理后，以往经常选用的指纹信息[主峰碳数、CPI、（C21+C22）/（C28+C29）、C21 前/C22 后、Pr/Ph、Pr/C17、Ph/C18 等]，不能够客观反映溢油中饱和链烷烃的分布规律，溢油分散剂中相关组分给这些指标带来了干扰。

其次，溢油分散剂加剧了某些低环多环芳烃及其烷基化系列生物标志化合物的风化作用，使得与其相关的生物标志化合物比值失去油种指示意义。

再次，绝大部分甾烷、萜烷类生物标志化合物的抗风化能力较强，在喷洒溢油分散剂后其相关比值受影响较小，仍具有较好的油种指示意义。

第三节　混源油品鉴别技术研究

一、背景介绍

1. 研究背景

溢油源的鉴别在溢油事故的调查和处理中具有重要的实际意义。图 4-16 列出了从溢油源到溢油样品的整个溢油环节。其中石油及其炼制品是整个溢油过程的起始端元，动植物表面、水及沉积物中的溢油残余可看作是溢油过程的另一个端元，风化过程则是联系两者的桥梁。为了建立溢油样品和溢油源之间的关联，需要在获取这两个端元组分组成特征的同时，进一步了解风化作用可能对溢油组分的影响。

图 4-16　溢油过程的示意图

有机地球化学中有关油源对比的研究思路和方法被广泛用于溢油来源的鉴别。目前，GC 和 GC/MS 是应用最多的两种分析方法，其中色谱/质谱又因为可以从分子级水平提供更丰富的有关生标化合物方面的信息，近来在溢油研究中得到广泛应用。随着研究的深入，

① 赵玉慧，孙培艳，王鑫平，等. 多环芳烃指纹用于渤海采油平台原油的鉴别[J]. 色谱，2008，26（1）：46-49.

色谱/同位素比值质谱也将成为溢油源鉴别的一个重要工具[1]。

混源溢油识别技术的研究是目前溢油事故中较难解决的问题，它不仅涉及多源的混合，同时还要考虑风化作用的影响。本研究即围绕混源溢油识别技术的开发展开，拟通过特征性指标化合物的指纹和分子碳同位素组成对混源油进行鉴别并对不同来源的混合比例进行估算。

2．研究思路与研究方案

为了开展混源溢油的研究，需从以下几方面入手：第一，对溢油及其嫌疑油的组成特征进行快速和准确的测定，包括：发展快速、准确的样品前处理技术、高效灵敏的分析测试技术以及数据分析处理的模型和技术；第二，风化作用对溢油组成的影响；第三，建立适用于混源溢油鉴别的指标和混源比的定量计算模型。溢油样品通常和水、土壤介质接触，石油烃类的萃取是首先需要面临的问题。如何实现快速、无损失的萃取出石油烃类是以往研究考虑相对较少的方面。常规的液相萃取，费时、费溶剂且易损失轻组分。本研究拟通过采用新方法实现萃取、富集和进样的一体化，从而提高溢油源鉴别的快速和准确性。对于风化作用的影响，本研究拟通过实验室的风化模拟实验，揭示出可用于溢油源鉴别的可靠指标。在上述研究的基础上，提出可用于混源溢油鉴别的指标和方法，并通过人工配比混油样的风化模拟实验结果进行验证。

具体的研究方案如下：①选择溢油中常见的两类典型油品（如原油和燃料油）分别进行溢油的风化模拟实验，并采用有机地球化学的各种指标（可溶有机质总量、族组成含量、正构烷烃、多环芳烃以及甾萜类生物标志化合物等）对不同阶段溢油的组成变化特征进行表征，从而揭示出溢油过程中风化作用可能对溢油组成特征的影响；②通过不同样品前处理方法的对比，探索一个适用于溢油源鉴别的快速有效的样品前处理方法；③通过人工配比的方法，制备一系列已知混合比的混源油样进行溢油模拟实验，利用有机地球化学的各种指标求取溢油样品中的混源比，与已知的混源比进行对比，探索一套适用于溢油混源快速鉴别的有效方法和指标。

二、短期风化作用对溢油组成的影响

溢油的风化作用是指溢油发生后油品与空气、水以及生物接触后所发生的各种物理和化学变化，主要包括：物理风化（如蒸发、乳化、扩散、溶解、吸附和沉降）、化学风化（光降解）和生物风化（主要是微生物降解）等。风化作用可能改变原油及其制品的组成，其对溢油化学组成的影响包括两个方面，一方面是改变溢油中某些组分的绝对含量，如风化程度的增加将造成沉积物中总抽提物和总烃、总抽提物中正构烷烃和烷基取代多环芳烃含量的降低[2]；另一方面是改变溢油中不同组分之间的相对含量，如诊断指标的比值发生变化。对于以追查溢油事故责任人为主的溢油源鉴别来说，往往溢油发生的时间

① Li Y，Xiong Y Q，Yang W Y. Compound-specific stable carbon isotopic composition of petroleum hydrocarbons as a tool for tracing the source of oil spill[J]. Marine Pollution Bulletin，2009（58）：114-117.

② Wang Z D，Fingas M. Differentiation of the source of spilled oil and monitoring of the oil weathering process using gas chromatography-mass spectrometry[J]. Journal of Chromatography A，1995（712）：321-343；Wang Z D，Fingas M，Page D S. Oil spill identification[J]. Journal of Chromatography A，1999（843）：369-411.

较短，生物降解作用不是主要因素，因此本研究主要涉及的是以溶解和蒸发为主的物理风化作用。

1. 风化模拟实验

本研究采用一个实验室内的溢油模拟实验，拟通过对原始油样以及溢油发生不同时间后残余油的组成进行定量测定，从分子级水平揭示短期风化作用可能对溢油组成的影响，为溢油源鉴别中诊断指标的选择提供实验依据。

模拟实验所用样品一个为取自南海海上钻井平台的原油样（Oil-1），另一个为深圳市计量质量检测研究院提供的燃料油（Oil-2）。对于一个样品的完整风化模拟实验如下：首先，将一定量的样品（约 40 mg）分别滴在盛于 250 mL 烧杯中的蒸馏水（100 mL）的表面，油样迅速散开在水面上形成一层油膜；然后置于窗台上分别放置 0.1 h、1 h、2 h、5 h、24 h、48 h 和 72 h；到达设定的风化时间后，用 CH_2Cl_2 将水中残余油萃取出。另外一个空白实验和一个未加入水中的原始油样被平行分析。两个样品的风化模拟实验完成后，得到的所有萃取物和原油样品都采用过量 n-C_6H_{14} 沉淀沥青质，脱除沥青质后的组分使用硅胶—氧化铝柱（10 cm×1 cm）进行族组分分离，n-C_6H_{14} 冲洗饱和烃，n-C_6H_{14}/CH_2Cl_2（体积比为 3：2）冲洗芳烃，甲醇冲洗非烃。各族组分分别恒重，定量。然后对得到的饱和烃和芳烃组成进行色谱、色谱/质谱测定。对经尿素络合纯化得到的正构烷烃组分进行 GC-IRMS 测定。

色谱测定采用 Hewlett-Packard 6890 色谱仪，HP-5 毛细管柱（50 m×0.32 mm×0.25 µm），升温程序为：70℃恒温 5 min，以 3℃/min 升至 290℃，再恒定 40 min。正、异构烷烃组分的定量采用氘代正二十烷作为内标，根据色谱峰面积积分得到。各个正、异构烷烃组分相对内标的相对响应因子被假定为 1.0。

色谱/质谱分析在 Finnigan Plateform Ⅱ 质谱仪上完成，前端连接 Hewlett-Packard 6890 色谱，HP-5 毛细管柱（50 m×0.32 mm×0.25 µm），升温程序为：70℃恒温 5 min，以 3℃/min 升至 290℃，再恒定 40 min。多环芳烃和甾萜类化合物分别采用它们的特征离子检测，通过萘、芑、菲、苯并蒽以及 $C27\alpha\alpha\alpha$ 胆甾烷（20R）等标样获取的相对响应因子来进行定量。

色谱同位素值质谱（GC-IRMS）分析采用 VG Isoprime 仪器，HP-5 毛细管柱（50 m×0.32 mm×0.25 µm），升温程序为：70℃恒温 5 min，以 3℃/min 升至 290℃，再恒定 40 min。燃烧炉温度为 880℃。一个来自印第安纳大学的混合标样（包括 C12～C32 之间的 10 个正构烷烃化合物）每天被用来检验仪器的状态以及分析准确性。所有的 $\delta^{13}C$ 值都是 2 次以上测定结果的平均值。

2. 短期风化作用对溢油化学组成的影响

（1）总体组成特征

以往溢油组成变化的监测结果表明，溢油发生后的最初几天，风化主要以蒸发和溶解作用为主，对于中质和轻质原油风化损失可达初始体积的 40%～70%；对于重质或残油，损失量仅有 5%～10%[①]。表 4-8 给出了此次风化模拟实验过程中溢油以及各族组成

---

① Wang Z D，Fingas M，Page D S. Oil spill identification[J]. Journal of Chromatography A，1999（843）：369-411.

（饱和烃、芳烃、非烃和沥青质）的残余率（RP）随风化时间的变化特征。溢油和各族组分的残余率为一定溢油时间后水中残余的各组分量除以溢油发生最初的原油量。用下式计算：

$$RP(\%) = (m_i / m_o)/C_o \times 100$$

式中：m_i 为溢油后残余水中的原油或各族组成量，mg；m_o 为相应模拟实验所用的初始原油质量，mg；C_o 则为初始原油样品中可溶有机质量，mg/mg。

表4-8　风化模拟实验中原油及其族组分的残余率随风化时间的变化

样品	风化时间	残余油/%	饱和烃/%	芳烃/%	非烃/%	沥青质/%
Oil-1	Oil-1	100	67.3	15.0	13.1	4.7
	0.1 h	87.8	61.3	14.6	8.4	3.5
	1 h	79.0	53.7	12.6	7.6	5.1
	2 h	76.2	52.9	11.9	7.0	4.3
	5 h	77.8	51.1	12.4	9.0	5.3
	24 h	73.3	47.2	12.4	9.0	4.7
	48 h	66.6	43.4	11.8	6.4	5.0
	72 h	69.3	42.8	14.6	7.6	4.3
Oil-2	Oil-2	100	47.5	32.9	11.6	8.0
	0.1 h	101	49.2	29.7	13.2	8.9
	1 h	99.2	53.9	27.4	11.1	6.8
	2 h	99.8	54.3	26.0	11.9	7.6
	5 h	99.5	53.9	25.1	11.8	8.6
	24 h	96.0	51.6	23.4	12.9	8.1
	48 h	95.0	51.8	22.1	12.9	8.1
	72 h	92.0	53.3	19.5	12.6	6.6

从表4-8可看出，原油（Oil-1）的风化损失主要发生在最初的24 h，损失量约为最初原油量的27%，接下来的2 d时间，仅损失了6%左右。从原油的族组成来看，以饱和烃的损失为主，由最初原油中约占67%的量减少到最后只有43%左右的剩余，损失了24%，并且其中80%以上损失是发生在最初的24 h；其他3个组分的变化则不明显。溢出油0.1 h的样品和最初原油中饱和烃、非烃的含量差异可能是由于存在一定的溶解作用所产生的。

表4-8中的数据表明，燃料油（Oil-2）的风化损失较小，72 h后的损失量约为最初油量的8%。从族组成来看，只有芳烃组分呈现出明显减少的趋势，推测可能以溶解损失为主。其他3个组分的变化则不明显。

（2）分子标志物组成特征

溢油源的鉴别中对溢油样品和可疑油源进行比对主要有3种方法，一种是来自美国试验与材料协会（ASTM）的油指纹图比对法，它是通过提取离子色谱图的叠加和视觉上的比对来对溢油和可疑油源进行对比的；另一种是北欧测试合作组织（Nordtest）的诊断比值法，它是通过大量诊断比值来进行溢油源判定的；第三种方法是采用多元统计方法对各种分析结果进行数据处理，对溢油源进行鉴别。

原油炼制使得部分炼制产品中缺少生物标志物，风化过程会造成油品中轻组分的损失，严重的生物降解作用可能改变生物标记化合物的比值，使得采用常规的色谱、色谱/质谱技术进行溢油源的油指纹对比变得相对困难。

诊断指标法利用能够表征来源特征的诊断指标比值来对溢油源进行定量判识。有效的诊断指标能够表征不同来源原油的特征，这种成因差异不受石油炼制的影响，对石油产品仍然适用。因此，寻找准确、有效的诊断指标是进行溢油源鉴别的关键。在溢油源鉴定中，未受风化作用影响和能被准确测定是有效指标选择的两个重要标准[①]。诊断指标主要包括正构烷烃、多环芳烃和具有特定来源的生物标记化合物[如 18α（H）-奥利烷指示白垩纪以后的陆源高等植物输入；25-降藿烷的出现表明原油遭受了严重的生物降解作用；丰富的伽马蜡烷可反映高咸水的水体沉积环境；β-胡萝卜烷和γ-胡萝卜烷反映了缺氧的沉积环境；C_{30} 甾烷是海相有机质输入非常特征的标志；杜松烷是高等植物树脂输入的标志物等]，是目前溢油源鉴定的主要方法，如 Quebec[②]和 Detroil River[③]的溢油源判识。

①正构烷烃和类异戊二烯烷烃

正构烷烃和类异戊二烯烷烃是原油和油制品中普遍存在的组分，被证明是未风化原油中有用的指标化合物[④]。图 4-17 和表 4-9 给出了风化模拟实验过程中两个油样中各个正构烷烃组分的残余量。正构烷烃的定量数据显示出对于原油样品，C_{18} 之前随着风化时间的增加，正构烷烃含量明显降低，表明风化作用对原油中低分子量正构烷烃存在明显的影响；燃料油中风化作用的影响并不显著，这可能与油样的原始组成相关，重质燃料油在其加工生产过程中轻组分已经被分离。两个油样的结果都显示经过 72 h 的风化降解，C 数大于 18 的烷烃损失相对较小，这是和中等降解程度时＞C_{20} 正构烷烃保存较好的野外观察结果相一致[⑤]，因此，正构烷烃的分布形态中 C 数大于 18 的部分可以用于遭受短期风化作用的海上溢油的溢油源鉴定。

① Stout S A，Uhler A D，McCarthy K J. A strategy and methodology for defensibly correlating spilled oil to source candidates[J]. Environmental Forensics，2001（2）：87-98.

② Wang Z D，Fingas M，Sigouin L. Characterization and identification of a "mystery" oil spill from Quebec（1999）[J]. Journal of Chromatography A，2001（909）：155-169.

③ Wang Z D，Fingas M，Lambert P G，Zeng C. Characterization and identification of the Detroit River mystery oil spill（2002）[J]. Journal of Chromatography A，2004（1038）：201-214.

④ Peters K E，Moldowan J M. The biomarker guide: interpreting molecular fossils in petroleum and ancient sediments[M]. Engelwood Cliffs: Prentice Hall，1993.

⑤ Ezra S，Feinstein S，Pelly I. Weathering of fuel oil spill on the east Mediterranean coast，Ashdod，Israel[J]. Organic Geochemistry，2000（31）：1733-1741.

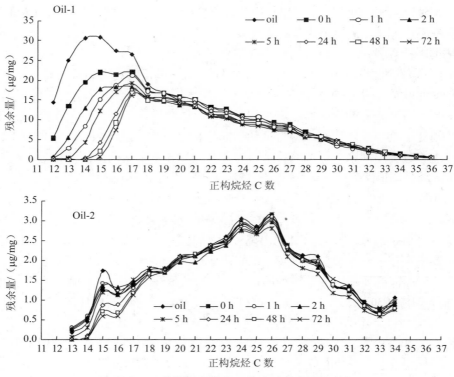

图 4-17　风化模拟实验中正构烷烃残余量的变化

表 4-9　风化模拟实验过程中 2 个油样中各个正构烷烃组分的残余量

样品	风化时间	含量/（μg/mg）																	ΣC18~C34
		C18	C19	C20	C21	C22	C23	C24	C25	C26	C27	C28	C29	C30	C31	C32	C33	C34	
Oil-1	原始油样	13.8	12.2	10.8	9.8	8.12	7.56	6.47	6.40	5.40	5.10	4.39	3.58	2.72	2.41	1.74	1.23	0.64	102.4
	0.1 h	12.7	12.1	11.4	10.9	9.44	9.11	8.02	7.61	6.71	6.33	5.02	4.13	3.23	2.27	2.02	1.38	0.88	113.3
	1 h	12.5	12.1	11.3	10.9	9.25	8.94	7.78	7.68	6.31	5.72	4.08	3.58	2.48	2.01	1.32	1.01	0.89	107.8
	2 h	11.0	10.5	9.9	9.59	8.29	7.99	7.05	7.10	6.09	5.75	4.48	4.22	3.25	2.45	1.61	1.36	1.04	101.8
	5 h	11.5	10.8	10.3	9.52	7.78	7.44	6.46	6.29	5.72	5.42	3.99	3.77	2.99	2.29	1.58	1.13	0.77	97.8
	24 h	11.2	11.3	10.8	10.4	8.78	8.55	7.48	7.11	6.23	6.08	4.56	4.31	3.40	2.54	1.75	1.25	0.77	106.6
	48 h	11.0	10.7	10.5	9.73	8.26	7.80	6.76	6.56	5.83	5.50	4.34	4.08	3.09	2.77	1.84	1.26	0.79	100.8
	72 h	11.3	11.2	10.4	9.59	8.02	7.36	6.32	5.98	5.25	5.08	4.11	3.60	3.06	2.35	1.70	0.98	0.82	97.2
	平均值	11.9	11.4	10.7	10.1	8.49	8.09	7.04	6.84	5.94	5.62	4.37	3.91	3.03	2.38	1.70	1.20	0.82	103.4
	SD	1.0	0.67	0.51	0.59	0.60	0.69	0.65	0.63	0.49	0.44	0.33	0.31	0.30	0.22	0.21	0.15	0.12	5.1
Oil-2	原始油样	1.76	1.80	2.12	2.15	2.39	2.60	3.05	2.86	3.16	2.39	2.12	2.09	1.36	1.36	0.92	0.71	1.07	33.9
	0.1 h	1.67	1.71	2.07	2.10	2.37	2.51	2.95	2.81	3.09	2.37	2.05	1.93	1.39	1.29	0.95	0.77	0.93	33.0
	1 h	1.71	1.71	2.02	2.10	2.31	2.44	2.85	2.72	3.01	2.30	2.01	1.88	1.38	1.25	0.85	0.65	0.94	32.1
	2 h	1.71	1.69	1.96	1.96	2.23	2.37	2.77	2.70	2.97	2.25	2.00	1.82	1.40	1.23	0.86	0.67	0.90	31.5
	5 h	1.80	1.79	2.08	2.11	2.28	2.44	2.74	2.66	2.81	2.09	1.80	1.66	1.18	1.08	0.74	0.60	0.76	30.6
	24 h	1.70	1.76	2.05	2.12	2.35	2.56	2.92	2.78	3.08	2.31	1.99	1.98	1.36	1.24	0.83	0.64	0.78	32.4
	48 h	1.67	1.72	2.07	2.17	2.37	2.49	2.92	2.77	3.09	2.34	2.02	1.90	1.38	1.25	0.86	0.65	0.79	32.5
	72 h	1.59	1.72	2.09	2.11	2.37	2.51	2.91	2.79	3.16	2.39	2.09	1.90	1.53	1.33	0.93	0.81	0.97	33.2
	平均值	1.70	1.74	2.06	2.10	2.33	2.49	2.89	2.76	3.05	2.30	2.01	1.89	1.37	1.25	0.87	0.69	0.89	32.4
	SD	0.06	0.04	0.05	0.06	0.06	0.07	0.10	0.07	0.12	0.10	0.10	0.12	0.09	0.08	0.07	0.07	0.11	0.96

　　表 4-10 列出了此次溢油模拟实验过程中一些指标或比值的测定结果。本书中使用各个指标的相对标准偏差（RSD）来衡量风化作用对这些诊断指标的影响。如果某个诊断指标的相对标准偏差<5%，则认为该指标受风化作用的影响较小且能被准确测定，可用于溢油源的鉴定；介于 5%～10%，表明风化作用存在一定的影响，使用中可作为辅助指标加以利用；相对标准偏差>10%，则认为该指标明显受风化作用的影响，不适用于溢油源的鉴定。

　　表 4-10 中的数据表明原油样除 Pr/n-C17 变化相对较小外，Ph/n-C18、Pr/Ph、n-C18/n-C30 和∑nC11-nC21/∑nC22～nC33 比值随着风化降解程度的增加，均发生了明显的变化，表明这些比值不适合于原油的溢油源鉴别。对于燃料油，除了 n-C18/n-C30 比值变化较大外，另外几个烷烃类比值变化都相对较小，表明对于这类油品，这些指标可用于溢油源的鉴别。

表 4-10a　原油样品风化模拟实验中一些指标的测定结果

参数比值	oil	0/h	1/h	2/h	5/h	24/h	48/h	72/h	平均	SD	RSD/%
Pr/n-C17	0.47	0.45	0.44	0.46	0.47	0.46	0.45	0.44	0.46	0.01	2.25
Ph/n-C18	0.24	0.18	0.18	0.19	0.23	0.20	0.21	0.21	0.20	0.02	10.51
Pr/Ph	2.16	2.89	2.84	2.74	2.30	2.34	2.21	2.09	2.45	0.32	13.24
n-C18/n-C30	5.05	3.93	5.02	3.39	3.85	3.30	3.55	3.70	3.97	0.69	17.30
∑C11～C21/∑C22～C33	2.27	1.43	1.16	1.18	1.08	0.78	0.76	0.78	1.18	0.50	42.45
MNR	1.51	1.40	1.35	1.29	1.36	1.41	—	—	1.39	0.07	5.39
DMNR-1	2.18	2.11	1.91	2.02	1.39	1.39	1.80	2.25	1.88	0.34	17.85
DMNR-2	1.71	2.02	1.96	1.94	1.69	1.91	1.27	2.04	1.82	0.26	14.10
TMNR-1	1.02	1.13	1.12	1.11	1.14	1.07	1.43	0.71	1.09	0.20	18.08
TMNR-2	0.48	0.40	0.41	0.40	0.44	0.76	1.04	0.94	0.61	0.26	43.52
TMNR-3	2.37	2.61	2.47	2.44	2.50	2.01	2.01	1.60	2.25	0.34	15.29
TeMNR	0.56	0.57	0.56	0.58	0.56	0.47	0.47	0.46	0.53	0.05	9.87
MPR	1.15	1.23	1.25	1.22	1.22	1.10	1.11	1.16	1.18	0.06	4.93
MPI-1	0.68	0.66	0.69	0.67	0.70	0.81	0.84	0.94	0.75	0.10	13.59
MPI-2	0.72	0.69	0.72	0.70	0.74	0.86	0.87	0.97	0.78	0.10	13.19
MDR	0.95	1.20	1.20	1.25	1.18	0.84	0.75	0.71	1.01	0.23	22.35
MTR	1.70	3.17	3.08	3.43	3.19	1.53	1.97	1.74	2.48	0.81	32.52
PAI	1.90	1.71	1.83	1.71	1.92	3.24	3.45	4.56	2.54	1.07	42.26
DMPI	0.81	0.70	0.69	0.64	0.74	1.11	1.40	1.47	0.94	0.34	35.62
C27βα重排甾烷 20S/（20S+20R）	0.55	0.58	0.58	0.63	0.59	0.59	0.56	0.61	0.58	0.02	4.11
C29 甾烷 20S/（20S+20R）	0.79	0.79	0.82	0.77	0.81	0.80	0.78	0.74	0.79	0.02	3.13
C29 甾烷αββ/（αββ+ααα）	0.42	0.46	0.45	0.43	0.45	0.44	0.49	0.48	0.45	0.02	4.91
%[C27/（C27～C29）ααα 20R 甾烷]	26.0	21.4	27.0	21.7	22.7	23.3	21.5	20.6	23.0	2.31	10.0
%[C28/（C27～C29）ααα20R 甾烷]	41.5	51.5	52.6	52.4	51.2	51.1	46.4	42.1	48.6	4.60	9.47
%[C29/（C27～C29）ααα20R 甾烷]	32.4	27.2	20.4	25.9	26.1	25.6	32.1	37.2	28.4	5.26	18.55
Ts/（Ts+Tm）	0.72	0.74	0.72	0.73	0.72	0.73	0.71	0.69	0.72	0.02	2.28
C30 重排藿烷/C29Ts 藿烷	0.47	0.48	0.47	0.42	0.47	0.46	0.48	0.47	0.47	0.02	4.05
C30βα 莫烷/C30αβ藿烷	0.09	0.09	0.08	0.08	0.09	0.09	0.10	0.09	0.09	0.01	6.22
C29αβ/C30αβ藿烷	0.50	0.53	0.55	0.55	0.51	0.53	0.43	0.43	0.50	0.05	9.74
18α（H）-奥利烷/C30αβ藿烷	0.09	0.13	0.13	0.12	0.11	0.13	0.13	0.11	0.12	0.01	11.07
C29Ts/（C29Ts+C29αβ 藿烷）	0.45	0.43	0.43	0.44	0.43	0.44	0.45	0.45	0.44	0.01	1.96
C31 藿烷 22S/（22S+22R）	0.58	0.58	0.61	0.60	0.61	0.60	0.58	0.60	0.59	0.02	2.76
C32 藿烷 22S/（22S+22R）	0.61	0.57	0.60	0.58	0.61	0.60	0.60	0.60	0.59	0.02	2.90

表 4-10b　燃料油样品风化模拟实验中一些指标的测定结果

参数比值	oil	0/h	1/h	2/h	5/h	24/h	48/h	72/h	平均	SD	RSD/%
Pr/n-C17	0.78	0.79	0.78	0.80	0.79	0.77	0.77	0.75	0.78	0.02	2.13
Ph/n-C18	0.70	0.71	0.71	0.70	0.70	0.70	0.69	0.70	0.70	0.01	1.06
Pr/Ph	0.90	0.90	0.92	0.98	0.95	0.85	0.79	0.77	0.88	0.08	8.53
n-C18/n-C30	1.24	1.15	1.32	1.32	1.38	1.00	0.87	0.71	1.12	0.24	21.37
∑C11～C20/∑C21～C36	0.49	0.47	0.51	0.51	0.53	0.43	0.41	0.38	0.47	0.05	10.89
MNR	1.15	1.35	5.18	5.18	2.98				3.17	1.97	62.12
DMNR-1	1.28	1.40	2.34	1.98	1.76	1.31	0.89		1.57	0.49	31.34
DMNR-2	1.38	1.55	0.55	0.11	0.35	0.15	0.26		0.62	0.60	95.90
TMNR-1	0.84	0.86	3.10	12.0	4.38	7.56	15.4	5.09	6.15	5.23	84.97
TMNR-2	0.55	0.57	0.86	1.48	1.16	1.65	2.77		1.29	0.78	60.20
TMNR-3	1.95	2.01	3.76	5.71	3.33	5.06	3.42		3.60	1.41	39.17
TeMNR	0.57	0.54	0.52	0.54	0.53	0.48	0.44	0.30	0.49	0.09	17.76
MPR	1.29	1.19	1.27	1.20	1.26	1.21	1.29	1.25	1.25	0.04	3.20
MPI-1	7.67	7.53	7.73	7.80	7.97	7.89	8.58	8.94	8.01	0.49	6.10
MPI-2	0.85	0.83	0.87	0.86	0.88	0.89	0.98	1.02	0.90	0.07	7.41
MDR	0.37	0.35	0.91	0.94	0.96	0.83	0.82	0.84	0.75	0.25	33.00
MTR	0.59	0.53	1.31	1.38	1.32	1.19	1.13	1.19	1.08	0.33	30.73
PAI	1.86	1.94	1.95	2.04	2.07	2.15	2.46	2.70	2.15	0.29	13.47
DMPI	0.95	0.97	0.97	1.05	1.02	1.07	1.14	1.16	1.04	0.08	7.56
C27βα重排甾烷 20S/（20S+20R）	0.61	0.61	0.60	0.60	0.63	0.61	0.65	0.64	0.62	0.02	2.99
C29 甾烷 20S/（20S+20R）	0.58	0.59	0.57	0.61	0.59	0.61	0.60	0.57	0.59	0.02	2.70
C29 甾烷αββ/（αββ+ααα）	0.53	0.48	0.58	0.58	0.59	0.59	0.53	0.46	0.54	0.05	9.03
%[C27/（C27～C29）ααα20R 甾烷]	0.36	0.39	0.34	0.36	0.35	0.33	0.46	0.43	0.38	0.05	12.21
%[C28/（C27～C29）ααα20R 甾烷]	0.37	0.39	0.35	0.35	0.33	0.35	0.30	0.33	0.35	0.03	7.54
%[C29/（C27～C29）ααα20R 甾烷]	0.27	0.22	0.31	0.30	0.32	0.32	0.24	0.24	0.28	0.04	14.80
Ts/（Ts+Tm）	0.45	0.44	0.45	0.43	0.43	0.47	0.45	0.43	0.44	0.01	2.96
C30 重排藿烷/C29Ts 藿烷	0.14	0.53	0.53	0.51	1.28	0.51	0.65	0.73	0.61	0.32	52.73
C30βα莫烷/C30αβ藿烷	3.05	4.32	4.04	5.65	4.33	4.33	2.55	3.20	3.93	0.97	24.77
C29αβ/C30αβ藿烷	5.98	10.6	17.0	17.0	26.8	7.63	11.5	11.4	13.49	6.64	49.22
18α（H）-奥利烷/C30αβ藿烷	11.5	16.0	26.6	26.0	37.0	12.3	17.2	17.2	20.49	8.70	42.47
C29Ts/（C29Ts+C29αβ藿烷）	0.27	0.32	0.30	0.33	0.30	0.37	0.24	0.26	0.30	0.04	13.90
C31 藿烷 22S/（22S+22R）	0.53	0.57	0.51	0.53	0.54	0.51	0.60	0.61	0.55	0.04	6.88
C30αβ藿烷/C29ααα20R 甾烷	0.59	0.38	0.21	0.23	0.15	0.51	0.36	0.33	0.34	0.15	43.52

注：MNR=2-MN/1-MN；DMNR-1=（2,6-DMN+2,7-DMN）/（1,5-DMN+1,4-DMN+2,3-DMN）；DMNR-2=（1,3-DMN+1,6-DMN）/（1,5-DMN+1,4-DMN+2,3-DMN）；TMNR-1=2,3,6-TMN/（1,4,6-TMN+1,3,5-TMN）；TMNR-2=1,2,5-TMN/1,3,6-TMN；TMNR-3=（1,3,6-TMN+1,3,7-TMN）/（1,4,6-TMN+1,3,5-TMN）；TeMNR=1,3,6,7-TeMN/（1,3,6,7-TeMN+1,2,5,6-TeMN+1,2,3,5-TeMN）；MPR=2-MP/1-MP；MPI-1=1.5（3-MP+2-MP）/（P+9-MP+1-MP），MPI-2=3（2-MP）/（P+9-MP+1-MP）；MDR=∑MP/∑DMP，MTR=∑MP/∑TMP；PAI=（1-+2-+3-+9-MP）/P；DMPI=4（2,6-+2,7-+3,5-+3,6-DMP+1-+2-+9-EP）/（P+1,3-+1,6-+1,7-+2,5-+2,9-+2,10-+3,9-+3,10-DMP）；MN—甲基萘；DMN—二甲基萘；TMN—三甲基萘；TeMN—四甲基萘；P—菲；MP—甲基菲；DMP—二甲基菲

②多环芳烃（PAH）

溢油讨论中涉及的多环芳烃主要包括：萘、芴、菲、二苯并噻吩、䓛（chrysene）以

及它们的烷基取代化合物，并且烷基取代多环芳烃系列被认为更适用于溢油鉴别[①]。一方面因为它们在原油中的含量较高，另一方面烷基取代多环芳烃较未取代多环芳烃更能抵御风化作用。表 4-10 中的数据显示大部分芳烃特征性指标的相对标准偏差＞10%，表明它们明显受风化作用的影响，并不适合作为溢油源的诊断指标。只有 MPR 等个别指数相对标准偏差较小，可作为溢油源的有效鉴别指标。

③甾萜类生标化合物

甾萜类化合物是原油中普遍存在的组分，由于甾萜类生标化合物抗风化作用的能力较强，基于此甾萜类生标的参数常被用于溢油来源的判识以及风化程度的衡量。徐恒振等长达 1 年的风化模拟实验结果表明，甾萜类化合物受风化作用的影响很小[②]。尽管甾萜类化合物抗风化降解能力较强，但由于甾萜类化合物的含量普遍较低，且往往存在多种组分共溢出的现象，因此给诊断指标的选择以及准确测定带来了一定的困难。

本研究中用来表征风化作用对原油组成影响的甾萜类特征性指标如表 4-9 所示，对于原油样品，C27βα重排甾烷 20S/（20S+20R）、C29 甾烷αββ/（αββ+ααα）、C29ααα甾烷 20S/（20S+20R）、Ts/（Ts+Tm）、C30 重排藿烷/C29Ts 藿烷、C29Ts/（C29Ts+C29αβ藿烷）、C31 藿烷 22S/（22S+22R）和 C32 藿烷 22S/（22S+22R）相对标准偏差较小，可作为诊断指标用于溢油源的鉴定。对于燃料油样品，只有 C27βα重排甾烷 20S/（20S+20R）、C29 甾烷αββ/（αββ+ααα）和 Ts/（Ts+Tm）相对标准偏差较小，可作为诊断指标用于溢油源的鉴定。该样品中由于 C27～C29 规则甾烷存在复杂的共溢出严重影响这类化合物的定量，不适用于作为这类原油的诊断指标进行溢油源的比对。18α（H）-奥利烷是一个具有特殊生源意义的生标化合物，由于 18α（H）-奥利烷和 C30αβ藿烷含量相差较大，如原油样品中 18α（H）-奥利烷含量过低，燃料油中 C30αβ藿烷含量过低，造成 18α（H）-奥利烷/C30αβ藿烷比值的相对标准偏差较大，实际应用中应加以考虑，可以根据 18α（H）-奥利烷的相对含量作为溢油源鉴别的辅助指标。综合来看，尽管甾萜类化合物在风化降解过程中较稳定，但它们的准确测定才是制约其在溢油源鉴别中能否有效应用的关键因素。相对含量较低和共溢出的存在是影响甾萜类生标化合物准确定量的两个主要因素，在实际应用中可作为甾萜类诊断指标优劣的评价准则。

3. GC-IRMS 技术在溢油源鉴别中的应用

色谱同位素比值质谱（GC-IRMS）是一个判识有机质来源[③]和进行油源对比[④]的有用工

① Shai E，Shimon F，Ithamar P. Weathering of fuel oil spill on the east Mediterranean coast，Ashdod，Israel[J]. Organic Geochemistry，2000（31）：1733-1741；Thedor C S，Jacqueline M，Don V A. Hrdrocarbon characterization and weathering of oiled intertidal sediments along the Saudi Arabian cost two years after the Gulf War oil spill[J]. Environment International，1998（24）：43-60.

② 徐恒振，周传光，马永安. 萜烷作为溢油指示物（或指标）的研究[J]. 交通环保，2001（22）：15-20；徐恒振，周传光，马永安. 甾烷作为溢油指示物（或指标）的研究[J]. 海洋环境科学，2002（21）：14-20.

③ Freeman K H，Hayes J M，Trendel J M. Evidence from carbon isotope measurements from diverse origins of sedimentary hydrocarbons[J]. Nature，1990（343）：254-256；Hayes J M，Freeman K H，Popp B N. Compound-specific isotopic analyses: a novel tool for reconstruction of ancient biochemical processes[J]. Organic Geochemistry，1990（16）：1115-1128.

④ Bjorøy M，Hall K，Moe R P. Stable carbon isotope variations of n-alkanes in Central Graben oils[J]. Organic Geochemistry，1994（22）：355-381；Bjorøy M，Hall K，Gillyon P. Carbon isotope variations in n-alkanes and isoprenoids of whole oils[J]. Chemical Geology，1991（93）：13-20.

具。同样，溢油和沉积物中单体烃的稳定碳同位素组成也能为追踪溢油源提供有用的证据[1]。探索 GC-IRMS 技术在溢油源鉴别中的应用，需要弄清风化过程中各种物理化学作用和生物化学作用对溢油中目标化合物分子碳同位素是否会产生显著的分馏作用。3 个独立的风化实验结果表明，蒸发、水洗和生物降解作用对单体烃碳同位素组成没有显著的影响[2]。

以上的研究表明，未风化的油样和风化的残油中化学组成之间存在显著的差异，影响到溢油与嫌疑油之间的比对。为了探讨同位素组成在溢油源鉴别中应用的可行性，上述风化模拟实验过程中不同时间段的正构烷烃单体碳同位素组成被测定。

如图 4-18 和表 4-11 所示，单体正构烷烃δ^{13}C 的标准偏差（SD）介于 0.09‰～0.56‰，且绝大部分都小于 0.3‰，在同位素测定的分析误差范围内，表明同位素组成在本研究的正构烷烃分布区域（C15～C30）没有明显的变化。另外，两个油样呈现明显不同的同位素分布模式。因此，尽管风化作用造成低碳数正构烷烃明显损失，但并未导致其同位素组成的改变，同位素组成分布可用于溢油源鉴别，特别是对于那些以 C10～C20 正构烷烃为主的或生标化合物含量较低的溢油。

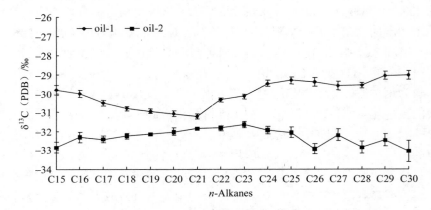

图 4-18　正构烷烃碳同位素分布图

4. 结语

首先，原油的风化损失主要发生在最初的 24 h，且以饱和烃组分的损失为主；重质燃料油的风化损失不明显，主要以芳烃组分的损失为主。正构烷烃的分布形态中碳数大于 18 的部分基本不受短期风化作用的影响，可用于海上溢油事故的溢油源鉴定。

其次，大多数的多环芳烃指标都明显受风化作用的影响，不适用于溢油源的鉴定，甲基菲异构体遭受风化降解的速率相近，甲基菲指数可用于溢油源判别；相对含量相差较大

① Mansuy L，Philp R P，Allen J. Source identification of oil spills based on the isotopic composition of individual components in weathered oil samples[J]. Environmental Science & Technology, 1997（31）：3417-3425；Mazeas L, Budzinski H. Stable carbon isotopic study（12C/13C）of the fate of petrogenic PAHs（methyphenanthrenes）during an in-situ oil spill simulation experiment[J]. Organic Geochemistry，2002（33）：1253-1258.

② Mansuy L，Philp R P，Allen J. Source identification of oil spills based on the isotopic composition of individual components in weathered oil samples[J]. Environmental Science & Technology, 1997（31）：3417-3425.

以及共溢出的存在是影响甾萜类生标化合物准确定量的两个主要因素，在实际应用中可作为甾萜类诊断指标选择和评价的标准。

再次，尽管风化作用过程中低分子量的正构烷烃发生明显的损失，但其单体同位素组成没有明显的影响，因此，正构烷烃单体化合物碳同位素的分布曲线特别适用于正烷烃主要分布在 C10～C20 范围和生物标志物含量较低的油制品的溢油源对比。

表 4-11　风化过程两个油样中正构烷烃的δ^{13}C 值　　单位（PDB）：‰

（下表各数值列为 δ^{13}C 值）

样品	风化时间	C15	C16	C17	C18	C19	C20	C21	C22	C23	C24	C25	C26	C27	C28	C29	C30
Oil-1	原始油样	−29.9	−29.8	−30.6	−30.7	−31.0	−31.1	−31.1	−30.3	−29.9	−29.2	−28.9	−29.0	−29.4	−29.6	−29.0	−29.1
	0.1 h	−30.1	−30.3	−30.7	−31.0	−31.0	−31.2	−31.0	−30.5	−30.3	−29.6	−29.6	−29.5	−29.7	−29.9	−29.2	−29.3
	1 h	−29.9	−30.0	−30.7	−30.7	−31.2	−30.9	−31.1	−30.2	−29.9	−29.2	−29.4	−29.7	−29.5	−28.8	−29.0	−29.0
	2 h	−29.6	−30.0	−30.3	−30.7	−31.0	−30.9	−31.2	−30.2	−30.1	−29.8	−29.5	−29.7	−29.8	−29.5	−29.1	−29.3
	5 h	−29.9	−30.1	−30.5	−30.9	−30.9	−31.3	−31.3	−30.5	−30.2	−29.3	−29.2	−29.3	−29.4	−29.3	−28.8	−28.8
	24 h	−29.7	−30.1	−30.4	−30.8	−30.9	−31.1	−31.2	−30.2	−29.5	−29.3	−29.5	−29.6	−29.4	−28.9	−29.1	−29.1
	48 h	−29.6	−30.0	−30.5	−31.0	−30.8	−31.1	−31.3	−30.4	−30.4	−29.7	−29.6	−29.6	−29.6	−29.8	−29.3	−28.9
	72 h	—	−29.9	−30.4	−30.8	−30.7	−31.0	−31.3	−30.5	−30.3	−29.4	−29.3	−29.5	−29.5	−29.4	−28.8	−28.8
	平均值	−29.8	−30.0	−30.5	−30.8	−31.0	−31.1	−31.2	−30.4	−30.2	−29.5	−29.4	−29.6	−29.6	−29.1	−29.1	−29.0
	SD	0.18	0.15	0.12	0.10	0.14	0.14	0.10	0.13	0.17	0.20	0.24	0.22	0.15	0.20	0.23	0.19
Oil-2	原始油样	−32.5	−32.1	−32.4	−32.4	−32.0	−32.4	−32.0	−32.0	−31.7	−32.0	−32.2	−33.0	−32.3	−32.9	−32.4	−32.8
	0.1 h	−32.7	−32.2	−32.4	−32.3	−32.2	−32.0	−31.7	−31.7	−31.6	−32.0	−32.0	−33.0	−32.3	−32.6	−32.2	−32.8
	1 h	−32.9	−32.7	−32.6	−32.2	−32.2	−31.8	−32.0	−31.7	−31.6	−31.9	−31.8	−32.9	−31.9	−33.0	−32.9	−33.9
	2 h	−32.6	−32.0	−32.5	−32.1	−32.1	−32.0	−31.8	−31.8	−31.6	−32.0	−32.4	−33.3	−32.6	−33.4	−32.8	−33.6
	5 h	−32.7	−32.4	−32.6	−32.3	−32.2	−31.9	−31.9	−31.8	−31.8	−32.1	−32.2	−33.1	−32.2	−32.7	−32.1	−32.7
	24 h	—	−32.7	−32.3	−32.0	−32.2	−31.9	−31.8	−31.7	−31.4	−31.6	−31.6	−32.4	−31.6	−32.5	−32.1	−32.2
	48 h	−32.1	−32.0	−32.4	−32.3	−32.2	−32.0	−32.1	−32.1	−31.6	−32.0	−32.4	−33.3	−32.5	−33.0	−32.5	−33.0
	72 h	—	−32.3	−32.1	−32.1	−32.1	−31.9	−31.8	−31.7	−31.5	−31.7	−31.7	−32.6	−32.1	−32.9	−32.8	−33.5
	平均值	−32.6	−32.3	−32.4	−32.2	−32.1	−32.0	−31.8	−31.8	−31.6	−31.9	−32.0	−32.9	−32.2	−32.8	−32.5	−33.1
	SD	0.30	0.27	0.17	0.16	0.08	0.20	0.09	0.13	0.15	0.20	0.29	0.27	0.31	0.33	0.33	0.56

三、HF-LPME 技术在溢油样品前处理中的应用

1. HF-LPME 技术简介

原油及其炼制品组成的复杂性，加上风化作用对原油组成的改造作用，都大大地影响着溢油源鉴别的可靠性。近年来，各种分析测试技术、诊断指标和数据处理方法被发展和应用到这一领域中来。相对而言，仪器分析前的样品前处理是一个比较容易被忽视的关键环节。这个过程中要求操作简便、快速，且对分析物的影响较小。因此，本研究主要关注的是如何改进样品的前处理方法，从而达到在不影响分析物的前提下，尽可能地简化处理环节和缩短分析时间。

对于水中石油烃的萃取和富集，常规的液-液萃取法（LLE）不仅费时费力，而且溶剂的蒸发浓缩会导致组分，特别是低分子量的组分的损失。近来，液相微萃取（LPME）作

为另一种快速、简便、便宜且环境友好的样品前处理方法被发展起来[①]。单液滴微萃取（SDME）是 LPME 中最简单的一种操作方式，它是通过一滴悬挂在一支常规的微型进样针针头上的有机溶剂，置于待测样品溶液的顶空（HS-SDME）[②]或浸入样品溶液中（direct SDME）[③]进行萃取，萃取完成后直接注射进入色谱系统。然而，SDME 的缺点是悬滴的不稳定性，易受温度、转速和气泡等影响[④]。为了克服溶剂的不稳定性，中空纤维膜-液相微萃取技术（HF-LPME）被发展[⑤]。由于有机相得到中空纤维膜的保护，其稳定性得到大大的提高，高的搅拌速率可以减少平衡时间和萃取时间，因此可以取得较好的萃取效率和较高的灵敏度[⑥]。并且，中空纤维膜可以阻止复杂样品的介质对分析物的干扰[⑦]。中空纤维膜由于价格便宜，每分析一次都可以更换，不存在交叉污染。因此，对于溢油源鉴别，HF-LPME 是一个具有较强吸引力的样品前处理技术。

据了解，有关 HF-LPME 在溢油研究中的应用还未见报道。为了检验这一方法在溢油源鉴别中的可行性，与上一部分中相同的风化模拟实验并结合 HF-LPME 样品前处理技术被完成，萃取物经过 GC、GC-MS、GC-IRMS 测定，最后，将实验结果与常规的 LLE 所得结果进行了对比。

① Jeannot M A，Cantwell F F. Solvent microextraction into a single drop[J]. Analytical Chemistry，1996（68）：2236-2240；Jeannot M A，Cantwell F F. Mass transfer characteristics of solvent extraction into a single drop at the tip of a syringe needle[J]. Analytical chemistry，1997（69）：235-239；Psillakis E，Kalogerakis N. Application of solvent microextraction to the analysis of nitroaromatic explosives in water samples[J]. Journal of Chromatography A，2001（907）：211-219.

② Theis A L，Waldack A J，Hansen S M. Headspace solvent microextraction[J]. Analytical Chemistry，2001（73）：5651-5654.

③ He Y，Lee H K. Liquid-phase microextraction in a single drop of organic solvent by using a conventional microsyringe[J]. Analytical Chemistry，1991（69）：4634-4640；Wang Y，Kwok Y C，He Y. Application of dynamic liquid-phase microextraction to the analysis of chlorobenzenes in water by using a conventional microsyringe[J]. Analytical Chemistry，1998（70）：4610-4614.

④ Shen G，Lee H K. Hollow fiber-protected liquid-phase microextraction of Triazine Herbicides[J]. Analytical Chemistry，2002（74）：648-654；Zhao L，Lee H K. Liquid-phase microextraction combined with hollow fiber as a sample preparation technique prior to Gas Chromatography/Mass Spectrometry[J]. Analytical Chemistry，2002（74）：2486-2492；Yazdi A S，Es'haghi Z. Comparison of hollow fiber and single-drop liquid-phase microextraction techniques for HPLC determination of aniline derivatives in water[J]. Chromatographia，2006（63）：563-569；Pérez Pavǒn J L，Martín S H，Pinto，C G. Determination of trihalomethanes in water samples：A review[J]. Analytica Chimica Acta，2008（629）：6-23.

⑤ Pedersen-Bjergaard S，Rasmussen K E. Liquid-Liquid-Liquid microextraction for sample preparation of biological fluids prior to capillary electrophoresis[J]. Analytical Chemistry，1999（71）：2650-2656；Rasmussen K E，Pedersen-Bjergaard S，Krogh M. Development of a simple in-vial liquid-phase microextraction device for drug analysis compatible with capillary gas chromatography，capillary electrophoresis and high-performance liquid chromatography[J]. Journal of Chromatography A，2000（873）：3-11；Halvorsen T G，Pedersen-Bjergaard S，Rasmussen K E. Liquid-phase microextraction and capillary electrophoresis of citalopram，an antidepressant drug[J]. Journal of Chromatography A，2001（909）：87-93.

⑥ Basheer C，Balasubramanian R，Lee H K. Determination of organic micropollutants in rainwater using hollow fiber membrane/Liquid-phase microextraction combined with gas chromatography-mass spectrometry[J]. Journal of Chromatography A，2003（1016）：11-20；Psillakis E，Kalogerakis N. Hollow-fiber liquid-phase microextraction of phthalate eaters from water[J]. Journal of Chromatography A，2003（999）：145-153；Lai B W，Liu B M，Malik P K. Combination of liquid-phase hollow fiber membrane microextraction with gas chromatography-negative chemical ionization mass spectrometry for the determination of dichlorophenol isomers in water and urine[J]. Analytica Chimica Acta，2006（576）：61-66.

⑦ Shen G，Lee H K. Hollow fiber-protected liquid-phase microextraction of Triazine Herbicides[J]. Analytical Chemistry，2002（74）：648-654；Jager L，Andrews A R J. Development of a screening method for cocaine and cocaine metabolites in saliva using hollow fiber membrane solvent microextraction[J]. Analytica Chimica Acta，2002（458）：311-320；Jiang X，Lee H K. Solvent bar microextraction[J]. Analytical Chemistry，2004（76）：5591-5596.

2. HF-LPME 方法

将同一个来自南海海上钻井平台的 Oil-1 用于相同的风化模拟实验。为了便于进行 HF-LPME 操作，每个模拟实验都在一个 4 mL 带螺口的样品瓶中完成。大约 5 mg 油样被滴加到样品瓶中的水（约 3.5 mL）面上。样品瓶被敞盖置于窗台，分别经过 0.1 h、1 h、2 h、5 h、24 h、48 h 和 72 h 后密封保存。每个样品瓶中的残余油采用 HF-LPME 方法进行前处理，萃取物进行 GC、GC-MS 和 GC-IRMS 测定。原油样品直接用正己烷稀释，然后进行平行测定。

本研究使用的中空纤维膜为天津膜天膜科技有限公司生产的聚偏氟乙烯中空纤维膜，内径为 500 μm，膜厚 150 μm，孔径 0.2 μm。每段取 2 cm，每次萃取过程中吸引大约 4 μL 溶剂作为萃取相。

使用前，中空纤维膜被用二氯甲烷超声萃取 3 次，每次 5 min 以去除各种污染，然后移入通风柜干燥备用。HF-LPME 装置采用 Pedersen-Bjergaard and Rasmussen（1999）[①]的（见图 4-19）。一支 10 μL 微型进样针被用于导入接收相和固定纤维膜。首先将进样针穿过样品瓶盖，抽取 4 μL 正己烷，然后再抽取 3 μL 蒸馏水；将针尖套上浸满正己烷溶液的纤维膜，迅速转入水样中。拧紧样品盖后，进样针中的水被小心地注入纤维膜中，排去膜内的正己烷；然后继续下压针杆，将进样针中的正己烷注入纤维膜中作为接收相。上述过程完成后，将样品瓶置于磁力搅拌器上，开始萃取。室温下萃取 30 min 后，提起针杆，抽取正己烷萃取液，分别进行 GC、GC-MS 和 GC-IRMS 测定。

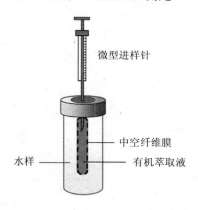

图 4-19 中空纤维膜-液相微萃取示意图

色谱测定采用 Finngan Trace 色谱仪，HP-5 毛细管柱（50 m×0.32 mm×0.25 μm），升温程序为：40℃恒温 5 min，以 5℃/min 升至 290℃，再恒定 40 min。正、异构烷烃组分的定量采用色谱峰面积积分得到。色谱/质谱、色谱同位素质谱测定同前所述。

3. HF-LPME 与常规 LLE 结果对比

表 4-12 列出了两个模拟实验样品系列中一些常用的诊断指标。HF-LPME 样品代表风

---

① Pedersen-Bjergaard S，Rasmussen K E. Liquid-Liquid-Liquid microextraction for sample preparation of biological fluids prior to capillary electrophoresis[J]. Analytical Chemistry，1999（71）：2650-2656.

化模拟实验后，采用 HF-LPME 方法进行样品前处理；相对应地，LLE 表示前面的常规液相萃取方法所得结果。

表 4-12 两种样品前处理方法得到的常见诊断指标的数据

方法	比值/参数	oil	0.1 h	1 h	2 h	5 h	24 h	48 h	72 h	平均	SD	RSD/%
HF-LPME	Pr/*n*-C17	0.26	0.26	0.26	0.26	0.26	0.26	0.26	0.26	0.26	0.00	0.97
LLE		0.47	0.45	0.44	0.46	0.47	0.46	0.45	0.44	0.46	0.01	2.25
HF-LPME	Ph/*n*-C18	0.10	0.10	0.11	0.10	0.10	0.10	0.10	0.10	0.10	0.00	2.77
LLE		0.24	0.18	0.18	0.19	0.23	0.20	0.21	0.21	0.20	0.02	10.5
HF-LPME	Ph/Pr	0.32	0.31	0.34	0.32	0.31	0.30	0.32	0.31	0.32	0.01	3.46
LLE		0.46	0.35	0.35	0.36	0.43	0.43	0.45	0.48	0.41	0.05	12.7
HF-LPME	DMNR	3.83	3.17	2.32	3.82	4.54	3.17	3.09	3.62	3.45	0.66	19.2
LLE		1.71	2.02	1.96	1.94	1.69	1.91	1.27	2.04	1.82	0.26	14.1
HF-LPME	TMNR	1.08	1.17	0.90	1.23	1.05	1.16	1.04	1.21	1.11	0.11	9.89
LLE		1.02	1.13	1.12	1.11	1.14	1.07	1.43	0.71	1.09	0.20	18.1
HF-LPME	TeMNR	0.59	0.58	0.59	0.57	0.53	0.59	0.61	0.57	0.58	0.02	4.24
LLE		0.56	0.57	0.56	0.58	0.56	0.47	0.47	0.46	0.53	0.05	9.87
HF-LPME	MPR	1.42	1.32	1.69	1.44	1.07	1.22	1.12	1.32	1.32	0.20	15.0
LLE		1.15	1.23	1.25	1.22	1.22	1.10	1.11	1.16	1.18	0.06	4.93
HF-LPME	MPI-1	0.85	0.79	0.78	0.82	0.69	0.78	0.69	0.80	0.78	0.06	7.45
LLE		0.68	0.66	0.69	0.67	0.70	0.81	0.84	0.94	0.75	0.10	13.6
HF-LPME	MPI-2	1.03	0.93	0.99	1.07	0.87	0.93	0.91	0.95	0.96	0.07	6.83
LLE		0.91	0.94	0.95	0.96	0.95	0.85	0.86	0.88	0.91	0.04	4.57
HF-LPME	PAI	2.50	2.48	2.23	2.18	2.10	2.49	1.96	2.48	2.30	0.21	9.29
LLE		1.90	1.71	1.83	1.71	1.92	3.24	3.45	4.56	2.54	1.07	42.3
HF-LPME	DMPI	0.95	0.93	0.80	0.95	0.93	0.92	0.81	0.93	0.90	0.06	7.00
LLE		0.81	0.70	0.69	0.64	0.74	1.11	1.40	1.47	0.94	0.34	35.6
HF-LPME	Ts/（Ts+Tm）	0.76	0.75	0.75	0.73	0.76	0.75	0.75	0.75	0.75	0.01	1.32
LLE		0.72	0.74	0.72	0.73	0.72	0.73	0.71	0.69	0.72	0.02	2.28
HF-LPME	Ts/C30αβ Hopane	0.42	0.41	0.41	0.42	0.43	0.41	0.40	0.39	0.41	0.01	3.07
LLE		0.76	0.81	0.94	0.96	0.79	0.87	0.47	0.42	0.75	0.20	26.9
HF-LPME	C30 rearranged Hopane/ C30αβ Hopane	0.19	0.21	0.20	0.19	0.20	0.20	0.20	0.21	0.20	0.01	4.11
LLE		0.19	0.20	0.20	0.19	0.18	0.19	0.17	0.17	0.19	0.01	7.59
HF-LPME	C30βα Moretane/ C30αβ Hopane	0.12	0.09	0.10	0.07	0.08	0.09	0.09	0.12	0.10	0.02	20.7
LLE		0.09	0.09	0.08	0.08	0.09	0.09	0.10	0.09	0.09	0.01	6.22
HF-LPME	C29αβ/C30αβ Hopane	0.41	0.43	0.42	0.41	0.41	0.41	0.42	0.42	0.42	0.01	1.81
LLE		0.50	0.53	0.55	0.55	0.51	0.53	0.43	0.43	0.50	0.05	9.74
HF-LPME	18α（H）-Oleanane/ C30αβ Hopane	0.11	0.11	0.10	0.11	0.11	0.11	0.11	0.10	0.11	0.01	5.21
LLE		0.09	0.13	0.13	0.12	0.11	0.13	0.13	0.11	0.12	0.01	11.1
HF-LPME	C29Ts/（C29Ts+ C29αβ Hopane）	0.44	0.42	0.44	0.46	0.44	0.44	0.43	0.43	0.44	0.01	2.68
LLE		0.45	0.43	0.43	0.44	0.43	0.44	0.45	0.45	0.44	0.01	1.96
HF-LPME	C31 Hopane （22S/22S+22R）	0.56	0.55	0.55	0.56	0.56	0.58	0.55	0.55	0.56	0.01	1.45
LLE		0.58	0.58	0.61	0.60	0.61	0.56	0.58	0.60	0.59	0.02	2.76
HF-LPME	C30 rearranged Hopane/C29Ts	0.59	0.67	0.60	0.55	0.61	0.62	0.62	0.68	0.62	0.04	7.28
LLE		0.47	0.48	0.48	0.42	0.47	0.46	0.48	0.47	0.47	0.02	4.05

注： DMNR=（1,3-DMN+1,6-DMN）/（1,5-DMN+1,4-DMN）；TMNR=2,3,6-TMN/（1,4,6-TMN+1,3,5-TMN）；TeMNR=1,3,6,7-TeMN/（1,3,6,7-TeMN+1,2,5,6-TeMN+1,2,3,5-TeMN）；MPR=2-MP/1-MP；MPI-1=1.5（3-MP+2-MP）/（P+9-MP+1-MP）；MPI-2=（3-MP+2-MP）/（9-MP+1-MP）；PAI=（1-+2-+3-+9-MP）/P；DMPI=4（2,6-+2,7-+3,5-+3,6-DMP+1-+2-+9-EP）/（P+1,3-+1,6-+1,7-+2,5-+2,9-+2,10-+3,9-+3,10-DMP）；DMN—dimethylnaphthalene；TMN—trimethylnaphthalene；TeMN—tetramethylnaphthalene；P—phenanthrene；MP—methylphenanthrene；EP—ethylphenanthrene；DMP—dimethylphenanthrene。

（1）正构烷烃和类异戊二烯烷烃

溢油的野外观察结果表明，＞C20 正构烷烃在中等降解程度中能够较好地保存；前面的模拟实验结果也表明，溢油经过 72 h 的风化后，＞C18 正构烷烃含量没有明显的改变。因此，在两个实验方法的对比中为了消除样品量、进样体积和仪器间的差异，采用 $Ci/C20$ 比值来反映正构烷烃的分布形式（图 4-20）。

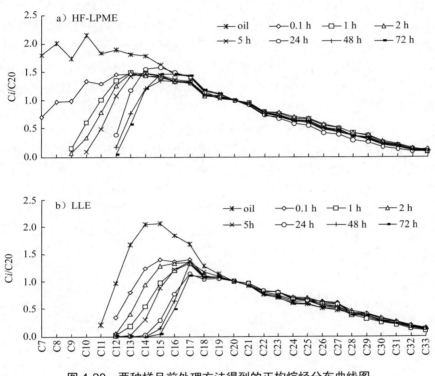

图 4-20　两种样品前处理方法得到的正构烷烃分布曲线图

如图 4-20a 所示，HF-LPME 处理的样品可以检测出的最低碳数正构烷烃是庚烷，随着溢油风化时间的增加，低分子量正构烷烃（$n<15$）的相对含量逐渐减少。24 h 后，＜C12 正构烷烃被完全损失。相对而言，＞C15 正构烷烃的分布即使在 72 h 之后也没有明显的变化。图 4-20b 显示了 LLE 处理的样品中正构烷烃的分布。如图所示，在轻微风化的样品中，＜C11 正构烷烃没有被检测到。对比表明，LLE 样品处理方法对＜C18 正构烷烃（特别的碳数低于 11）的分布具有明显的影响。对于＞C18 正构烷烃的分布，两种方法所得结果没有明显的差异。因此，基于正构烷烃的分布，HF-LPME 是溢油源研究中更合适的样品前处理方法，可以获取更多低分子量组分的信息。

诊断指标 Pr/n-C17，Ph/n-C18 和 Ph/Pr 也支持上面的结论。比如，对于 HF-LPME 处理的样品，上述指标都具有＜5%的相对标准偏差（表 4-12），表明它们都能用于溢油源的鉴别。但是对于 LLE 方法，只有 Pr/n-C17 比值（＜5%）是相对可靠的对比参数。由于低分子量烃类较高分子量同系物易挥发，因此，LLE 处理过程中较长的分析时间和蒸发浓缩可能是导致 Pr/n-C17、Ph/n-C18 和 Ph/Pr 比值偏高的主要原因。

（2）多环芳烃

在多环芳烃中，萘、菲及其烷基取代物被用来对比两种前处理方法。如图 4-21 所示，对于 HF-LPME 处理的样品，经过 72 h 风化后，仍然有少量的萘和 C1-萘被检测出，并且 C2、C3 和 C4 萘只有少量变化。然后对于 LLE 处理的样品，甚至是风化不到 1 h，萘已经被完全损失，C1-萘含量非常低。24 h 后，C1-、C2-萘已经被完全损失，C3-萘含量明显减少。同样，图 4-22 显示 HF-LPME 处理的样品中菲和 C1～C3 菲的相对含量在风化作用过程中没有明显的变化，但是对于 LLE 处理的样品，菲和 C1-菲随风化程度的增加，含量明显降低。因此，与烷烃分布取得的结论相似，采用 HF-LPME 方法由于减少了操作步骤和蒸发浓缩过程，可以得到轻芳烃组分的信息并且对高分子量部分没有明显的影响。

由于萘、菲及其烷基化合物容易被风化降解，加上其中多烷基取代的化合物色谱分离较差，使得它们的准确测定较困难。因此，基于多环芳烃的诊断指标具有相对较高的 RSD（相对标准偏差）（表 4-12），表明这些参数不适合于溢油源的鉴别。然后，除了 MPR 和 DMNR，来自 HF-LPME 样品的其他指标都具有小于 10% 的 RSD，表明经过 HF-LPME 方法获取的这些指标，可以作为溢油源鉴别的辅助指标。

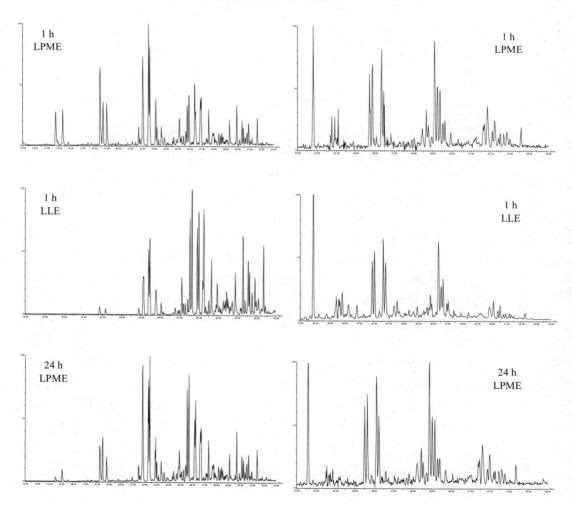

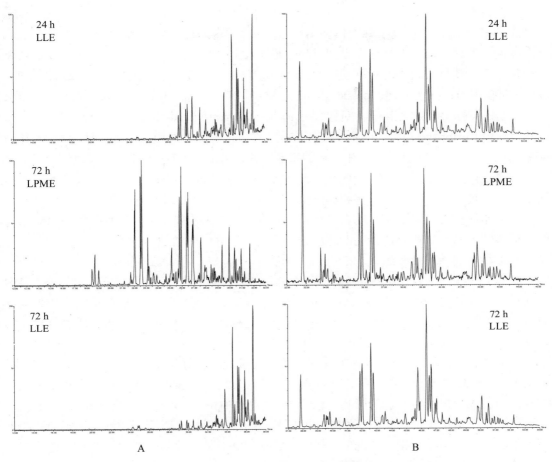

图 4-21　典型样品经两种前处理得到的萘、菲系列化合物的多离子色谱图

A—*m/z* 128+142+156+170+184；B—*m/z* 178+192+206+220

注：横坐标：时间（min），纵坐标：丰度

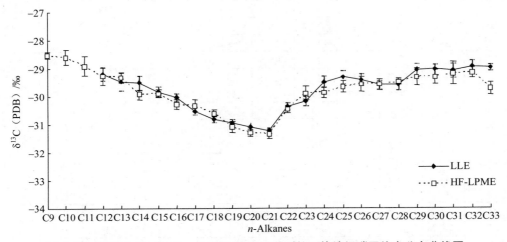

图 4-22　两种方法（LLE and HF-LPME）得到的正构烷烃碳同位素分布曲线图

（3）甾萜类生标化合物

表 4-12 给出了一些基于萜类生标化合物的常用诊断指标。因为这些生标化合物是抗风化降解的，由它们构成的指标在溢油风化过程中相对稳定。与所期望的一致，大多数萜类生标化合物参数具有较小的标准偏差和 RSD（表 4-12）。例如，HF-LPME 处理的样品中，除了 C30βαMoretane/C30αβHopane（RSD＞10%），其他指标（RSD＜10%）都可以作为溢油源鉴别的可靠或辅助指标。对比显示除了 C30 rearranged-Hopane/C30αβ Hopane 和 C29αβ/C30αβ Hopane，两个方法得到的生标参数具有相近的平均值，表明 HF-LPME 样品前处理方法对于萜类分布不会产生显著的影响。并且大部分 HF-LPME 所得比值的 RSD 小于 LLE 得到的，这也支持 HF-LPME 方法较 LLE 方法更稳定。HF-LPME 中较少的步骤和简单的操作过程产生较低的系统和偶然误差。

由于本研究所用样品甾烷的含量较低，且含有丰富的重排甾烷，导致那些与甾烷相关的生标参数不易准确测定，因些，这部分信息在本研究中未给予讨论。

（4）单体烃碳同位素组成

表 4-13 给出了经 HF-LPME 处理 n-C9～n-C33 正构烷烃 δ^{13}C 值的标准偏差，变化范围在 0.1‰～0.4‰，绝大部分都小于 0.3‰，介于分析误差范围内，并且所有正构烷烃碳同位素组成的 RSD 都小于 5%，表明短期风化作用对正构烷烃的单体碳同位素组成没有显著的影响。

如图 4-22 所示，两个前处理方法得到的正构烷烃组分具有相同的碳同位素分布曲线，表明 HF-LPME 处理过程中不存在同位素分馏并且未经进一步的纯化处理也未对正构烷烃的同位素组成测定产生明显的影响。由于少了溶剂浓缩的环节，使得 HF-LPME 方法可以测得更低分子量正构烷烃（如 n-C9～n-C11）的同位素组成，对于轻质油（如柴油）的来源鉴别而言，这将是特别有帮助的。因此，HF-LPME 是溢油源研究中一个有前途的前处理方法。

表 4-13　经 HF-LPME 处理得到的正构烷烃碳同位素组成

n-Alkanes	oil	0.1 h	1 h	2 h	5 h	24 h	48 h	72 h	Mean	SD	%RSD
C9	−28.6	−28.5	—	—	—	—	—	—	−28.5	0.1	0.4
C10	−29.0	−28.7	−28.6	−28.4	−28.2	—	—	—	−28.6	0.3	0.9
C11	−29.6	−29.1	−29.1	−28.5	−28.5	—	—	—	−28.9	0.3	1.2
C12	−29.6	−29.5	−29.3	−29.3	−29.5	−29.3	−29.0	−28.7	−29.3	0.3	1.1
C13	−29.6	−29.2	−29.3	−29.1	−29.4	−29.5	−29.4	−29.1	−29.3	0.2	0.6
C14	−30.2	−29.8	−29.9	−29.8	−29.7	−30.0	−30.2	−29.9	−29.9	0.2	0.6
C15	−30.1	−29.8	−29.9	−30.1	−29.7	−29.8	−29.8	−29.8	−29.9	0.1	0.5
C16	−30.4	−30.1	−30.1	−30.4	−30.6	−30.5	−30.2	−30.2	−30.3	0.2	0.6
C17	−30.7	−30.3	−30.2	−30.6	−30.3	−30.2	−30.3	−30.1	−30.3	0.2	0.7
C18	−30.5	−30.5	−30.6	−30.9	−30.6	−30.6	−30.6	−30.5	−30.6	0.1	0.4
C19	−31.0	−31.4	−31.3	−30.9	−31.1	−31.2	−30.7	−31.1	−31.1	0.2	0.7
C20	−31.1	−31.3	−31.1	−31.2	−31.5	−31.4	−31.2	−31.4	−31.3	0.1	0.4
C21	−31.2	−31.5	−31.4	−31.0	−31.4	−31.2	−31.6	−31.4	−31.3	0.2	0.6
C22	−30.6	−30.4	−30.6	−30.3	−30.5	−30.5	−30.5	−30.3	−30.4	0.1	0.4
C23	−30.4	−30.0	−29.6	−29.8	−29.7	−29.8	−30.0	−30.0	−29.9	0.2	0.8

n-Alkanes	oil	0.1 h	1 h	2 h	5 h	24 h	48 h	72 h	Mean	SD	%RSD
C24	−30.2	−29.8	−29.9	−29.5	−29.8	−29.9	−29.9	−29.9	−29.9	0.2	0.6
C25	−29.5	−29.6	−29.5	−30.0	−29.7	−29.7	−29.9	−29.4	−29.7	0.2	0.7
C26	−29.9	−29.2	−29.4	−29.5	−29.9	−29.4	−29.7	−29.4	−29.6	0.3	0.9
C27	−29.6	−29.3	−29.6	−29.5	−29.9	−29.6	−29.5	−29.5	−29.6	0.2	0.6
C28	−29.3	−29.6	−29.3	−29.5	−29.5	−29.5	−29.5	−29.6	−29.5	0.1	0.4
C29	−29.1	−29.0	−29.2	−29.2	−29.4	−29.6	−29.9	−29.0	−29.3	0.3	1.0
C30	−29.2	−29.2	−29.5	−29.0	−29.8	−29.2	−29.3	−29.4	−29.3	0.3	0.9
C31	−29.1	−28.8	−29.8	−29.7	−29.4	−28.9	−28.8	−29.0	−29.2	0.4	1.4
C32	—	—	−29.2	−29.4	−28.9	−29.0	−29.2	−29.2	−29.2	0.2	0.6
C33	—	—	—	—	−29.6	−29.6	−30.0	−29.6	−29.7	0.2	0.8

4．结语

首先，与常规的 LLE 样品前处理方法相比，HF-LPME 方法可以检测到更多有关低分子量组分的信息，如 C7～C11 正构烷烃、萘、菲和 n-C9～n-C11 正构烷烃的 $\delta^{13}C$ 值。

其次，对于相对高分子量组分（如>C18 正构烷烃、C1～C3 菲和藿烷等）的分布，LLE 和 HF-LPME 之间没有显著的差异。

再次，两种前处理方法得到的正构烷烃碳同位素分布曲线是相同的，表明 HF-LPME 方法对于正构烷烃碳同位素组成测定没有明显的同位素分馏。

最后，HF-LPME 作为一个简便、快速和廉价的样品前处理技术，可以用于溢油源的鉴别。

四、混源溢油鉴别

溢油和其他与石油相关的污染经常出现在各种水体（河流、湖泊、近海航道和地下水）和土壤中，给环境和人类健康带来巨大的威胁。化学指纹被广泛用于污染源的来源判识、污染物的迁移演化及对环境的影响评估[1]。然而，实际溢油样品有时存在多源混合的情况，它阻碍了溢出油和嫌疑油源的化学指纹比对，易导致错误的不相关关系[2]。混源油可以是来自同一艘船，混合发生在舱底或燃料混合，或者发生在溢出后与环境中的背景烃混合。偶尔，一个污染事故可能涉及两艘船，具有不同的责任方。这种情况下，溢油责任需要被仔细地区分和认定[3]。不仅不同原油和石油产品具有显著不同的化学组成，而且风化作用会改变溢出油的化学指纹，因此，对混源溢油中单一来源的鉴别及其贡献量的评估是溢油源研究中的一个重大挑战。

① Wang Z D，Fingas M，Page D S. Oil spill identification[J]. Journal of Chromatography A，1999（843）：369-411；Stout S A，Uhler A D，McCarthy K J. A strategy and methodology for defensibly correlating spilled oil to source candidates[J]. Environmental Forensics，2001（2）：87-98.

② Christensen J H，Tomasi G. Practical aspects of chemometrics for oil spill fingerprinting[J]. Journal of Chromatography A，2007（1169）：1-22；Douglas G S，Stout S A.，Uhler A D. Advantages of quantitative chemical fingerprinting in oil spill source identification[M]//Z D Wang，S A Stout. Oil Spill Environmental Forensics—Fingerprinting and Source Identification. Amsterdam：Elsevier，2007：257-292.

③ Kvenvolden K A，Hostettler F D，Carlson，P R. Ubiquitous tar balls with a California source signature on the shorelines of Prince William Sound，Alaska[J]. Environmental Science & Technology，1995（29）：2684-2694.

用于溢油源鉴别的诊断指标要求不受风化作用影响，且能被准确测定[①]。尽管甾萜类生物标志化合物因为能抵抗风化降解，常被用于溢油源的鉴别，然而它们并不适合于混源的定量。因为这些化合物存在共溢出以及在原油中含量较低，限制了它们的准确测定。并且采用原油中微量组分来重建混源油中不同来源的混入比例，这一方法的准确性也值得怀疑。另外，对于甾萜类生标化合物，昂贵的标样和费时的定量过程也限制了它们的应用，特别是对于一个突发的污染事故调查。正构烷烃是原油及其油制品中的主要组分，比较容易准确测定。前面的研究表明短期风化作用对＞C18 正构烷烃的分布和 C12～C33 正构烷烃的碳同位素组成没有显著的影响。因此，本研究中正构烷烃的分布和碳同位素组成被作为混源油判别以及不同来源混入比例定量的鉴别指标。

1. 混源溢油模拟实验

在这个研究中，拟通过人工混源溢油的模拟实验，结合石油烃类组分的定量测定，为寻找一个便捷、可行的混源溢油鉴别和定量的方法提供依据。取自南海海上钻井平台的原油样品（Oil-1）和深圳市计量质量检测研究院提供的重油样品（Oil-2）被用于混油风化模拟实验。风化模拟实验方法如前所述，风化时间设为 48 h。最后对所得风化样品进行色谱、色谱/质谱、色谱同位素质谱分析，仪器及仪器分析条件同前所述。

2. 正构烷烃的组成分布在混源溢油鉴别中的应用

表 4-9 和表 4-11 给出了两个端元油样中正构烷烃的绝对含量和碳同位素组成。表 4-14 和表 4-15 列出了 6 个人工混合油样中正构烷烃的相对含量和碳同位素组成。原油和燃料油的定量结果支持＞C18 正构烷烃的分布不受短期风化作用的影响。图 4-23 显示出两个端元油样具有明显不同的 C18～C34 正构烷烃分布。因此，可用于混源油的区分。6 个混源油的正构烷烃分布曲线介于两个端元油样之间，明显反映出混源的特征。

通过＞C18 正构烷烃的含量估算混源油中不同来源的混入比例。首先，根据两个端元油样中正构烷烃的绝对含量通过下式可以计算出二元混合油中正构烷烃的相对含量。

$$C_n = A_n x + B_n (1 - x) \tag{4-2}$$

式中：C_n 是计算得到的二元混合油中第 n 个化合物的绝对浓度；A_n 和 B_n 分别代表实测的两个端元油样中第 n 个化合物的绝对浓度；x 表示混源油中一个端元的混入比例；$1-x$ 则代表另一个端元的混入比例。

$$\mathrm{RC}_n (\%) = C_n / \sum C \times 100 \tag{4-3}$$

式中 RC_n（%）表示 C18～C34 正构烷烃系列中第 n 个组分的相对浓度。

通过假定混源油中一个端元油的混入比例 x，由此可以获得混源油中正构烷烃的分布曲线。将计算结果与实测结果（表 4-14）进行对比，通过最小二乘法可以拟合出各个混源油中端元油的混入比例。在这个研究中，为了减小分析误差，选择一个端元油样在不同风化阶段中各个正构烷烃绝对含量的平均值作为这个端元油样对应化合物的绝对含量。在实

① Stout S A，Uhler A D，McCarthy K J. A strategy and methodology for defensibly correlating spilled oil to source candidates[J]. Environmental Forensics，2001（2）：87-98.

际应用中，这个值可以通过对一个端元油样进行多次平行测定获得。拟合得到的比例列于表 4-14，与实际人工混合的比例非常一致。因此，在二元混源溢油源的定量研究中，一旦二个端元油样被确定后，可以通过测定这两个端元油样中正构烷烃（>C18）的绝对含量和混源油中正构烷烃的分布曲线对混源油中不同来源的混入比例进行估算。

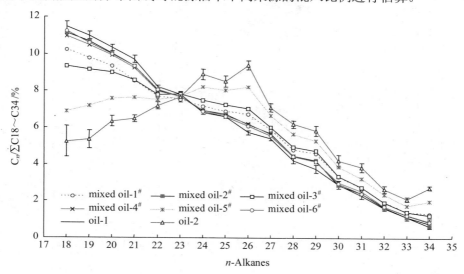

图 4-23　人工混源溢油及其端元油中正构烷烃的相对含量分布

表 4-14　人工混源油风化降解 48 h 后残余正构烷烃的相对含量　　　单位：%

混源油	混合比例/（%/oil-1）		$C_n/\sum$（C18~C34）															
	实际	估算	C18	C19	C20	C21	C22	C23	C24	C25	C26	C27	C28	C29	C30	C31	C32	C33	C34
1#	48.2	49	10.2	9.78	9.36	8.55	7.71	7.53	7.16	6.89	6.72	5.89	4.80	4.60	3.36	2.74	1.95	1.44	1.30
2#	81.6	80	11.2	10.7	10.0	9.34	8.03	7.71	6.93	6.72	6.18	5.70	4.47	4.23	2.91	2.44	1.66	1.16	0.65
3#	41.3	38	9.35	9.17	9.00	8.60	7.79	7.82	7.50	7.24	7.04	6.03	4.95	4.74	3.37	2.77	1.95	1.42	1.25
4#	73.2	73	11.0	10.5	9.92	9.26	7.99	7.70	6.93	6.68	6.20	5.67	4.49	4.17	3.04	2.57	1.75	1.28	0.91
5#	14.4	12	6.88	7.19	7.59	7.64	7.53	7.71	8.24	8.03	8.24	6.67	5.66	5.31	3.90	3.27	2.36	1.77	2.00
6#	78.3	80	11.2	10.6	10.0	9.35	8.06	7.70	6.87	6.61	6.11	5.58	4.44	4.18	2.98	2.45	1.74	1.25	0.87

表 4-15　人工混源油风化降解 48 h 后残余正构烷烃的 $\delta^{13}C$ 值　　　单位（PDB）：‰

混源油	混合比例/（%/oil-1）		$\delta^{13}C$ 值														
	实际	估算	C15	C16	C17	C18	C19	C20	C21	C22	C23	C24	C25	C26	C27	C28	C29	C30
1#	48.2	37	−30.6	−30.7	−31.0	−31.0	−31.6	−31.5	−31.6	−30.9	−30.8	−30.6	−30.4	−30.8	−30.5	−30.9	−30.5	−31.0
2#	81.6	81	−30.3	−30.6	−30.8	−31.3	−31.4	−31.4	−31.5	−30.7	−30.5	−29.9	−29.5	−29.6	−29.4	−29.5	−29.7	−29.7
3#	41.3	38	−30.9	−30.5	−31.0	−31.1	−31.7	−31.7	−31.5	−30.9	−30.7	−30.6	−30.4	−30.9	−30.4	−30.7	−30.8	−30.7
4#	73.2	49	−30.4	−30.9	−31.2	−31.6	−31.8	−31.7	−31.8	−31.0	−30.6	−30.7	−30.3	−30.6	−30.3	−30.3	−29.8	−30.4
5#	14.4	15	−32.3	−31.8	−32.0	−31.9	−31.9	−31.6	−31.7	−31.3	−31.1	−31.4	−31.1	−31.6	−30.8	−31.8	−31.5	−32.3
6#	78.3	58	−30.0	−30.5	−30.9	−31.4	−31.5	−31.7	−31.8	−30.9	−30.5	−30.3	−30.1	−30.2	−30.3	−30.1	−29.8	−30.5

3．正构烷烃碳同位素组成在混源溢油鉴别中的应用

相似地，两个端元油样具有明显不同的正构烷烃碳同位素分布曲线（图4-24）表明，单体烃碳同位素组成是混源油判别的一个有用工具。如图4-24所示，6个混源油样的正构烷烃碳同位素分布曲线分布于两个端元油样之间，表明它们也能用于混源油的判别。

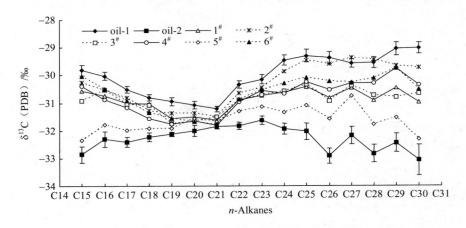

图4-24　人工混源溢油及其端元油中正构烷烃的碳同位素组成分布

上述同样的拟合方法也可用于正构烷烃碳同位素组成的处理。然而表4-15中给出的拟合结果表明个别样品存在较大的偏差。主要原因可能是由于单体烃碳同位素组成的在线分析具有相对较大的分析误差造成的。因为有机质中 ^{13}C 含量远较 ^{12}C 低，造成 $^{13}C/^{12}C$ 比值一个小的变化就会引起正构烷烃含量估计中一个较大的改变。尽管如此，同位素组成仍然可作为溢油源鉴别中的一个有用工具。

4．结语

为寻求可用于混源油判识及不同来源混入比定量的、简便的和可行的方法，进行了大量有益的探索。研究结果表明，＞C18正构烷烃的分布可用于混源油的判识及不同来源混入比例的估算，估算结果与实际混合比例非常一致。正构烷烃的碳同位素分布曲线可用于混源油的判识，但由于碳同位素组成在线分析过程中较大的分析误差造成它不适合于不同来源混合比例的准确估计。

第五章 溢油指纹库自动比对系统

第一节 油指纹库主要内容

油品的物理性质和化学组成信息如同人类指纹一样具有唯一性，称为"油指纹"。油指纹鉴别是目前溢油鉴别最成熟的技术，通过分析比较可疑溢油源和溢油样的各类油指纹信息，可为溢油事故处理提供非常重要的科学依据，对于溢油事故发生后肇事者的确定、应急反应对策的制定、溢油消除方法的选择及实施具有重要的指导意义。

一、用途

O-DNA 溢油指纹鉴别系统可作为溢油指纹库的管理软件，最重要的是其还可对溢油指纹实施快速简便的鉴别，为工作人员提供方便，节省时间，提高整个工作效率。O-DNA 溢油指纹鉴别系统主要应用于溢油鉴别、海洋环境监测等领域。

二、概述

O-DNA 溢油指纹鉴别系统的后台数据库采用 SQL Server 2000，以保证数据的安全、高效和稳定；前台采用 Microsoft Visual C++ 6.0 作为主要的开发工具，它可与 SQL Server 2000 数据库进行无缝衔接，实现计算机化的科学高效管理。

三、总体设计

O-DNA 溢油指纹鉴别系统是一个数据库开发应用程序，它由系统管理、数录模块、统计·查询模块、谱图分析模块、指纹鉴别模块和其他辅助模块等几部分组成。系统流程和数据关系见图 5-1 和图 5-2。

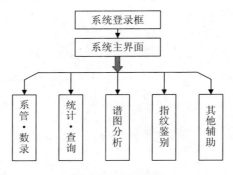

图 5-1 系统流程图

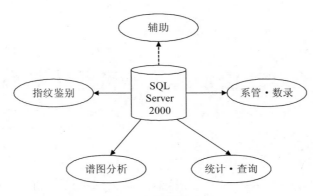

图 5-2　数据关系图

根据设计要求，数据库包括以下 10 个数据表，分别为：登录用户管理表、样品编号管理表、平台信息管理表、平台采样管理表、油井信息管理表、物理性质管理表、船舶信息管理表、船舶取样管理表、疑油信息管理表、谱图信息管理表。

管理表详细信息如下：

- 登录用户管理表

    用户名称，用户密码，用户权限
- 样品编号管理表

    样品编号，来源类型，指标个数，诊断指标，诊断比值
- 平台信息管理表

    平台名称，油井总数，平台位置，主要出油口，隶属公司，油水分离器数量
- 平台采样管理表

    油井名称，地质层次，钻井深度，钻井时间，日产量，含硫量，密度，含水量，黏度
- 油井信息管理表

    （原油样品来源情况）采样地点，地理坐标，所属公司；

    （采样实施单位情况）单位名称，采样人，现场负责人；

    天气情况，样品描述
- 物理性质管理表

    气味，颜色，密度，黏度，燃点，闪点
- 船舶信息管理表

    船舶名称，所属公司，出发地点，终到地点，装载油量，油品种类，其他说明
- 船舶取样管理表

    油样产地，取样地点，取样部位，取样日期，取样单位，取样人员，其他说明
- 疑油信息管理表

    可疑油样采样人员，采样地点，采样日期，简单描述
- 谱图信息管理表

    谱图编号，谱图类型，谱图名称，数据个数，时间数组，强度数组

第二节 油指纹库自动比对系统功能

一、登录界面

打开软件，弹出登录界面对话框（图 5-3），需要输入用户名及密码，用于对登录系统的用户进行安全性检查，以防止非法用户进入系统，只有合法的用户才可以登录系统，同时根据操作员的不同给予其相应的操作权限。

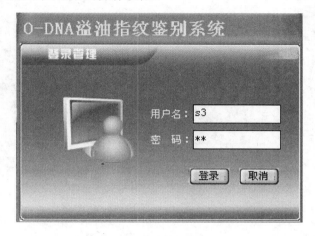

图 5-3　登录界面

附注　操作权限：分 4 个级别，即一般用户、中级用户、高级用户、管理用户。

一般用户权限：只限于应用统计查询模块的所有功能。

中级用户权限：只限于应用统计查询与谱图分析两模块的所有功能。

高级用户权限：只限于应用统计查询、谱图分析与指纹鉴别三模块的所有功能。

管理用户权限：可应用系统模块的所有功能，并且可以对用户进行管理与数据信息的修改，享有最高权限。

二、系统界面

系统显示主界面（图 5-4）由 5 个部分组成，分别是标题栏、菜单栏、工具栏、视图区、状态栏。快捷键，按 Esc 键可提示退出程序，按 F1 键可获得帮助文档，软件最小化实现托盘功能。

标题栏标示软件名称，即：O-DNA 溢油指纹鉴别系统。

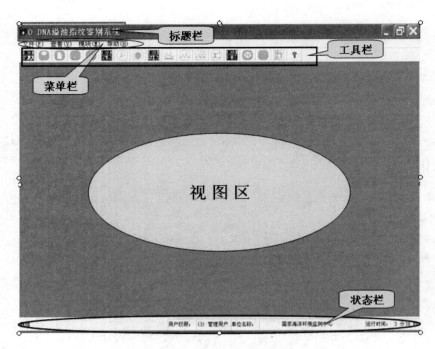

图 5-4　系统界面

三、菜单栏

菜单栏　在菜单栏上包括各种菜单，例如"文件"、"查看"等，每个菜单中包含指令。点击菜单相应指令，来完成用户所需功能。

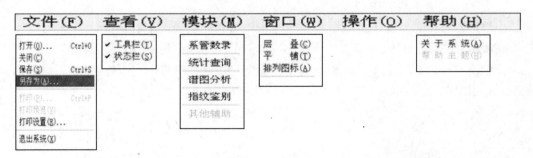

图 5-5　菜单栏界面

四、工具栏

介绍　通过工具栏图标，用户可以方便快捷地实现菜单栏下主要操作，具体包括：用户管理、新建样品、导入样品、修改样品、条件查询、信息统计、基线校正、谱峰检测、获取特征峰、数据正规化、选择诊断指标、执行鉴别等（图 5-6）。

图 5-6　工具栏界面

五、关于帮助

帮助界面介绍　用户电脑链接 Internet 网，通过点击"单位：国家海洋环境监测中心"，可进入其主页（图 5-7）。

图 5-7　关于帮助界面

视图区　各种功能模块的视图框，均显示在此区域，包括：系管·数录、统计查询、谱图分析、指纹鉴别、其他辅助等模块。

六、状态栏

状态栏（图 5-8）　显示基本提示，用户权限、单位名称及运行时间等辅助信息，为浏览提供方便。

图 5-8　状态栏界面

七、模块介绍

1．系管·数录模块

（1）功能介绍

系管·数录即系统管理与数据录入，该模块主要功能为用户管理及油指纹信息的录入、删除与修改等操作。

图 5-9　功能介绍界面

（2）用户信息

①用户（管理员）信息

管理员信息包括：用户名称、用户密码和用户权限。当添加新用户时，必须要进行用户名检测。如果数据库有此用户名，必须再次更改用户名，直到在数据库无该用户重名（图 5-10）。

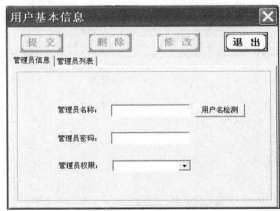

图 5-10　用户（管理员）信息界面

②用户（管理员）列表

管理员列表包括在数据库中所有的用户名称、用户密码和用户权限。在此状态下，可以修改、删除相应用户。双击列表框中对应用户名，视图切换到操作员信息框，进行修改（图 5-11）。

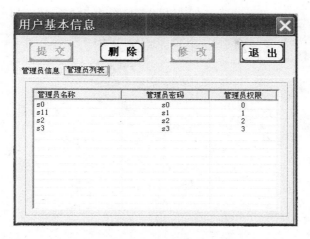

图 5-11 用户（管理员）列表界面

（3）新建样品（油样信息录入）

该对话框用于输入新的油指纹信息到指纹库中，其信息有 3 种来源：平台、船舶与疑样（图 5-12）。

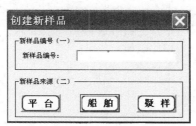

图 5-12 油样信息录入界面

下面将以图片的方式分别列出油种来源、平台、船舶和疑样的具体信息。

①平台信息框——平台基本信息（图 5-13）

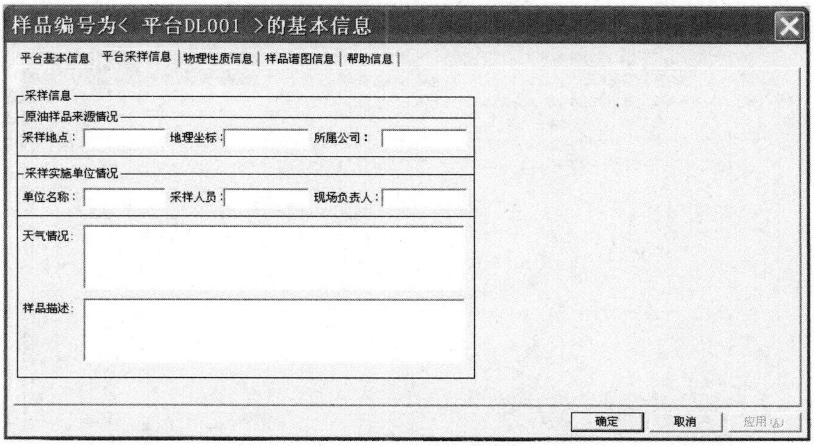

图 5-13 平台基本信息界面

②平台信息框——平台采样信息（图 5-14）

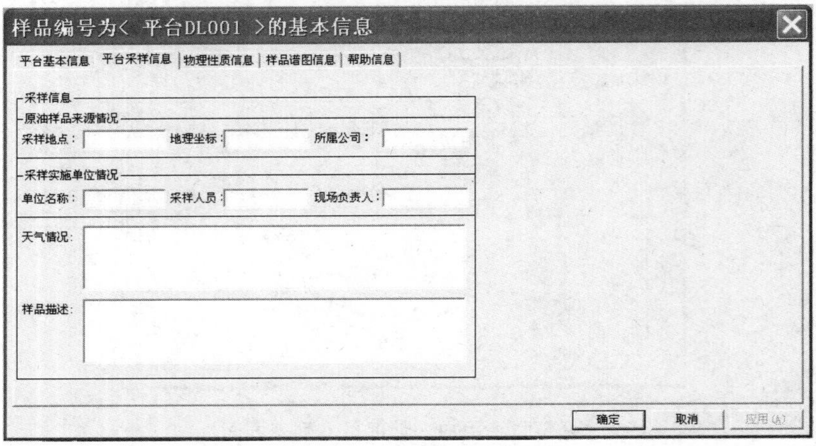

图 5-14　平台采样信息界面

③船舶信息框——船舶基本信息（图 5-15）

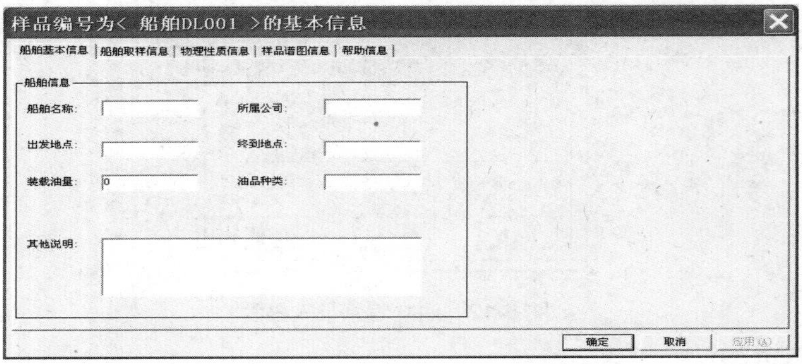

图 5-15　船舶基本信息界面

④船舶信息框——船舶取样信息（图 5-16）

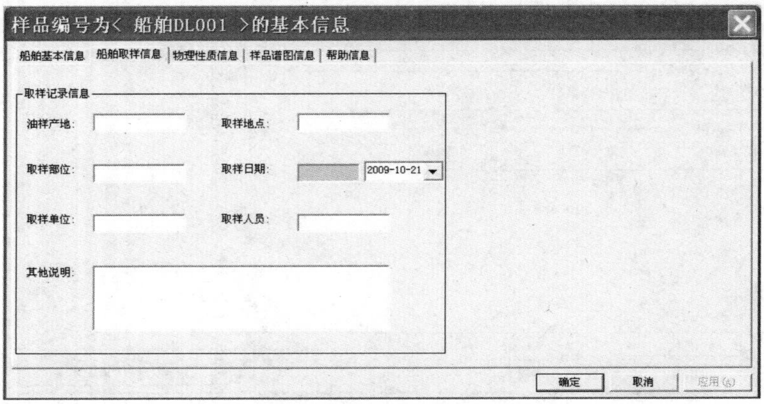

图 5-16　船舶取样信息界面

⑤疑油信息框——可疑油样信息（图 5-17）

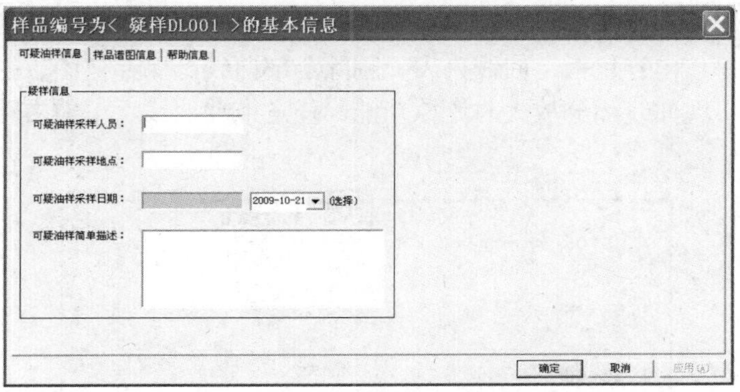

图 5-17　可疑油样信息界面

⑥物理性质信息（图 5-18）

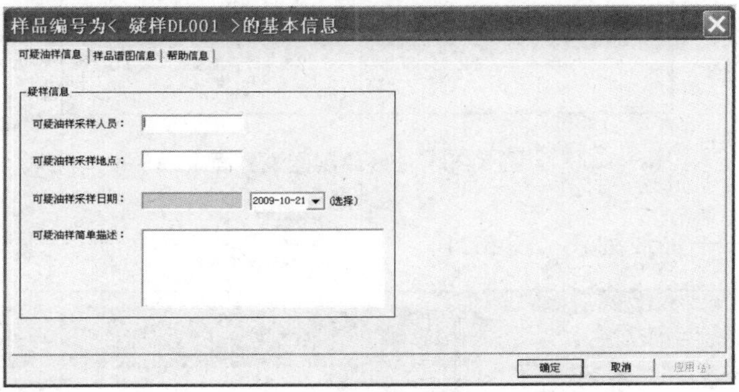

图 5-18　物理性质信息界面

⑦样品谱图信息（图 5-19）

在该界面录入油种的谱图信息与诊断比值信息，分别以 CSV 与 XLS 格式导入，如图 5-19 所示。

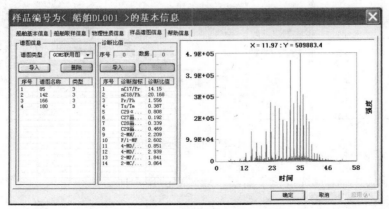

图 5-19　样品谱图信息界面

（4）曲线绘制图表（图 5-20）

在图表中可以绘制多条曲线，鼠标在图表中移动，可显示当前鼠标位置的纵横坐标；点击右键弹出菜单，内容包括：曲线列表、删除全部曲线、保存位图、打开文本数据、保存文本数据；可实现曲线部分放大与还原功能，任意拖动曲线上下左右移动，双击左键即还原。

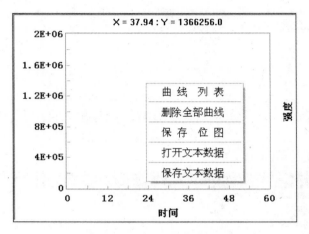

图 5-20　曲线绘制图表界面

①弹出菜单——曲线列表（图 5-21）

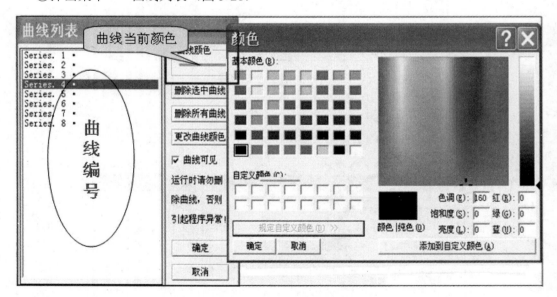

图 5-21　曲线列表界面

在曲线列表中，用户选中任一曲线，随时更改用户所需曲线颜色。

②弹出菜单——保存位图（图 5-22）

此功能可用来将当前图片保存成位图格式，方便用户日后需要。

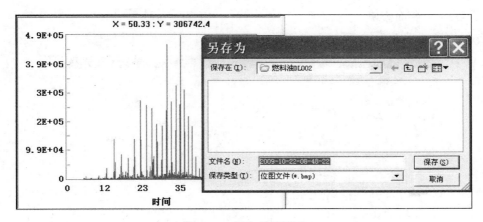

图 5-22　保存位图界面

（5）导入样品（图 5-23）

图 5-23　导入样品界面

在该界面可导入某样品的所有信息，包括 3 种来源，平台、船舶和疑样（后缀分别为 *.POINF、*.BOINF 和 *.SOINF）。

（6）修改样品（图 5-24）

在该界面可修改选择的油样。以选择样品编号或输入样品编号的方式选择油样，可对其进行修改、删除与导出等操作；导出与导入相对应。

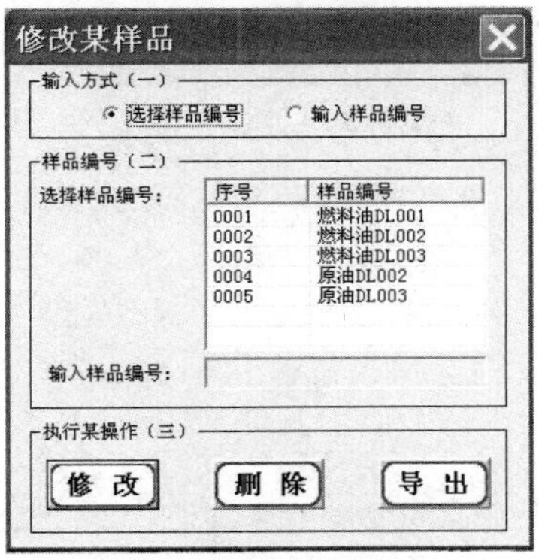

图 5-24　修改样品界面

2. 统计·查询模块

该模块主要功能为油指纹信息的查询与信息统计等操作（图 5-25）。

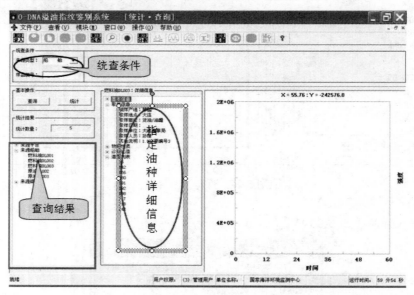

图 5-25 统计·查询模块界面

3. 谱图分析模块

（1）功能介绍

该模块主要功能为对指定某一油种的谱图进行相关分析操作，包括谱图校正、信号处理、谱峰检测、谱峰积分、获取特征峰等（图 5-26）。数据主要来自硬盘谱图数据和数据库谱图数据。

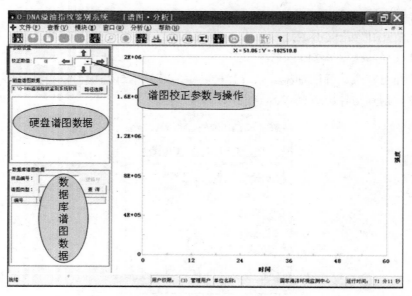

图 5-26 谱图分析模块界面

（2）谱图校正

谱图校正分为上下校正、左右校正、基线校正（常偏移量法与直线相减法）。

上下校正即将谱图上下抬高或降低某一数值。

左右校正即将谱图左右移动某一数值，空缺的数据用原来的数据填补。

基线校正——常偏移量法（Constant offset elimination，COE）即在选择的波段区域里所有的量测数据减去最小量测值，以消除基线偏移。

基线校正——直线相减法（Straight line subtraction，SLS）即在某一选中的波段内用最小二乘法拟合成直线，然后从谱图中减去该直线，以达到基线校正的目的。

（3）信号处理

信号处理分为数据标准化（标准差标准化、极差标准化与极差正规化）、中值滤波、卡尔曼滤波、五点二次平滑等。

①标准差标准化

$$x'_{ij} = \frac{x_{ij} - \overline{x}_j}{s_j} \quad i = 1, 2, \cdots, n; \ j = 1, 2, \cdots, p \qquad （5-1）$$

式中：$\overline{x}_j$——第 j 个变量的算术平均值；

s_j——第 j 个变量的标准差。

$$\overline{x}_j = \frac{1}{n}\sum_{i=1}^{n} x_{ij} \quad j = 1, 2, \cdots, p \qquad （5-2）$$

$$s_j = \sqrt{\frac{1}{n-1}\sum_{i=1}^{n}(x_{ij} - \overline{x}_j)^2} \quad j = 1, 2, \cdots, p \qquad （5-3）$$

经过变换后，各变量的权重相同，均值为 0，标准差为 1。

②极差标准化

第 j 个变量的极差通常定义如下：

$$R_j = \max_{1 \leqslant i \leqslant n}(x_{ij}) - \min_{1 \leqslant i \leqslant n}(x_{ij}) \qquad （5-4）$$

相应地，数据极差标准化公式为：

$$x'_{ij} = \frac{x_{ij} - \overline{x}_j}{R_j} \quad i = 1, 2, \cdots, n; \ j = 1, 2, \cdots, p \qquad （5-5）$$

这样，经过变换后的各变量均值为 0，极差为 1。

③极差正规化

相应变换公式为：

$$x'_{ij} = \frac{x_{ij} - \min_{1 \leqslant i \leqslant n}(x_{ij})}{R_j} \quad i = 1, 2, \cdots, n; \ j = 1, 2, \cdots, p \qquad （5-6）$$

经过极差正规化变换后，各变量的最小值为 0，极差为 1。

（4）谱峰检测

谱峰检测分为窗口谱峰检测与斜率谱峰检测。

（5）谱峰积分

谱峰积分分为梯形数值积分（图5-27）与辛普森数值积分（图5-28）。

①梯形法（Newton法）

对于一个由 n 个等距离离散点构成的谱峰，梯形法通过假设每两个相邻点之间其谱峰函数近似为一条直线（如图所示），因而将 n 个等距点 $(x_{i-1} - x_i = x_i - x_{i-1} = h)$ 划分为 $n{-}1$ 个小区间，每个小区间近似为一个梯形，而每个梯形的面积为

$$S_1 = \frac{h}{2}(y_1 + y_2)$$

$$S_2 = \frac{h}{2}(y_2 + y_3)$$

$$S_3 = \frac{h}{2}(y_3 + y_4)$$

$$\cdots\cdots$$

$$S_{n-1} = \frac{h}{2}(y_{n-1} + y_n)$$

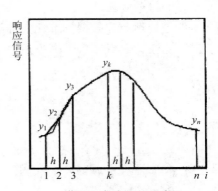

梯形法求峰面积示意图

将上面 $n{-}1$ 个小区间梯形面积相加，即可得到整个谱峰下总面积的近似值 S_T

$$S_T = \frac{h}{2}\left(y_1 + y_n + 2\sum_{i=2}^{n-1} y_i\right)$$

显然，在响应信号形状的1个或多个小区间不能近似为一条直线时，梯形法求积会产生较大误差，辛普森对此做了改进。

②辛普森抛物线法（Simpson法）

Simpson法假设每3个相邻响应值之间的信号形状可拟合成二次多项式曲线即抛物线（故又称抛物线法），进而求这抛物线所包围的面积，最后将各区间面积累加得到积分公式。结合 Simpson 规则，则可用于响应信号形状为抛物线（非线性）的任意多个区间的面积求解。因而，Simpson 方法在数值积分或求峰面积方面得到了广泛应用。

谱峰面积公式：

$$S_T = \sum S_i = \frac{h}{3}\left(y_1 + y_{N-3} + 4\sum_{i=1}^{(N-4)/2} y_{2i} + 2\sum_{i=1}^{(N-6)/2} y_{2i+1}\right) + S_f$$

（6）获取特征峰

利用获取谱峰的算法，由于算法的局限性不可避免地会漏选或多选一定数量的谱峰，可以通过设定某一些参数，剔除所不需要的谱峰，如谱峰个数、起始与终止值、峰阈值等。

图 5-27 特征谱峰界面

4．指纹鉴别模块

该模块主要功能为对某一可疑油种的特定信息进行模式识别，达到鉴别的目的（图 5-28）。

鉴别方法：相关系数、重复性限、聚类分析、t-检验、主成分分析等。

油种类型：与选定的油种、与 SQL-油种库、与当前油种库、与未知油种库等比对。

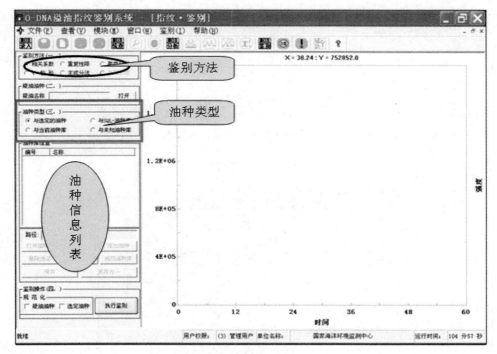

图 5-28 指纹鉴别模块界面

八、鉴别结果

本系统主要采用了图形轮廓法，以及特征比值法，比如相关系数、重复性限、聚类分析、t-检验、主成分分析等，图 5-29 至图 5-36 为各鉴别方法与其相对应的鉴别结果。

1. 相关系数

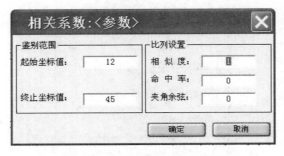

图 5-29 相关系数界面

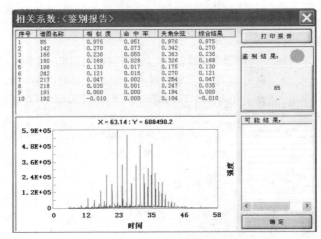

图 5-30 相关系数鉴别报告界面

2. 重复性限

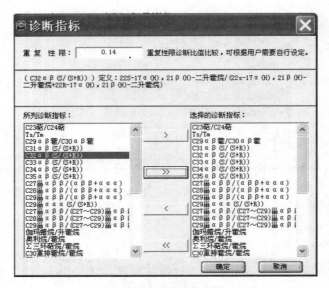

图 5-31 诊断指标界面

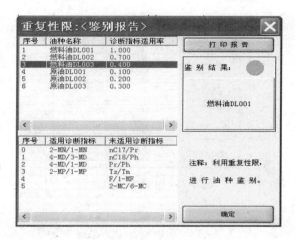

图 5-32 重复性限鉴别报告界面

3. 聚类分析

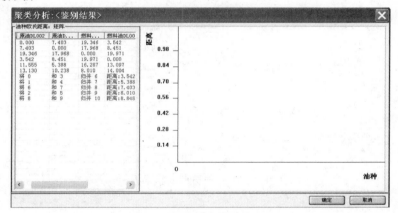

图 5-33 聚类分析界面

4. t-检验

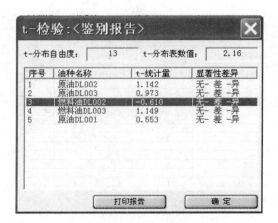

图 5-34 t-检验鉴别报告界面

5. 主成分分析

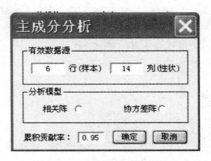

图 5-35　主成分分析界面

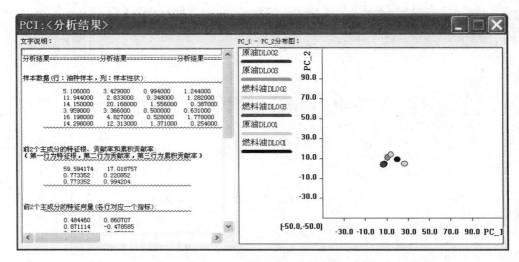

图 5-36　主成分分析结果界面

第六章 溢油鉴别方法现场验证实验

第一节 单一油品现场验证实验

为了检验"水上溢油事故应急处理技术"课题建立的荧光光谱法和 GC-MS 法在实际溢油污染事故中的应用效果，中国海事局烟台溢油应急技术中心、国家海洋环境监测中心（大连）、深圳市计量质量检测研究院 3 家协作单位开展了单一油种鉴别实验，为该鉴别方法在实际工作中的应用奠定基础。

一、样品描述

本次实验所用样品由溢油样品和嫌疑油样品组成，样品的编号、种类和发样单位如表 6-1 所示。

表 6-1 单一油种实验样品编号与种类

溢油样品		嫌疑油样品		发样单位
样品编号	样品种类	样品编号	样品种类	
单 A	原 油	单 1	燃料油	
单 B	燃料油	单 2	原 油	
单 C	机舱污油	单 3	燃料油	
		单 4	机舱污油	中国海事局烟台溢油应急技术中心
		单 5	原 油	
		单 6	机舱污油	
		单 7	燃料油	
		单 8	原 油	

二、分析结果

1. 烟台溢油应急技术中心分析结果

烟台溢油应急技术中心测定的溢油样品及嫌疑油样品的荧光谱图见图 6-1，三维荧光特征峰位置及荧光强度和荧光峰强度比值见表 6-2。

观察图 6-1 中各样品的谱图形状及指纹走向发现，单 A 与单 2、单 5 和单 8 比较相似；单 B 与单 1 和单 3 相似；单 C 与单 6 相似。比较主峰位置：所有油样的主峰均在230.0 nm/342.0～346.0 nm 处；单 C 与单 6 的第二特征峰一致，在 275.0 nm/328.0 nm 处，其他油样的第二特征峰在 260.0～265.0 nm/362.0～368.0 nm 处；单 A 与单 4、单 5、单 7 和单 8 第三特征峰在 275.0 nm/328.0～330.0 nm 处，单 C 与单 6 的第三特征峰在 255.0 nm/328.0～356.0 nm 处。比较荧光强度比值：单 A 与单 8 的 R_1 值和 R_2 值均接近；单 B 与单 1 和单 2 的 R_1 值接近；单 C 与单 6 的 R_1 值和 R_2 值均接近。荧光光谱法的初步判定结果为：单 A 与单 8 可能为同一来源；单 B 与单 1、单 3 可能为同一来源；单 C 与单 6 可能为同一来源。

通过分析上述样品的 GC-MS 谱图，认为单 A 与单 8 可能为同一来源；单 B 与单 3 可能为同一来源；单 C 与单 6 可能为同一来源。计算上述样品的特征比值，结果（表 6-3 和表 6-5）表明：单 A 与单 8 的所有诊断比值完全一致；单 B 与单 3 的所有诊断比值完全一致；单 C 与单 6 的所有诊断比值完全一致。

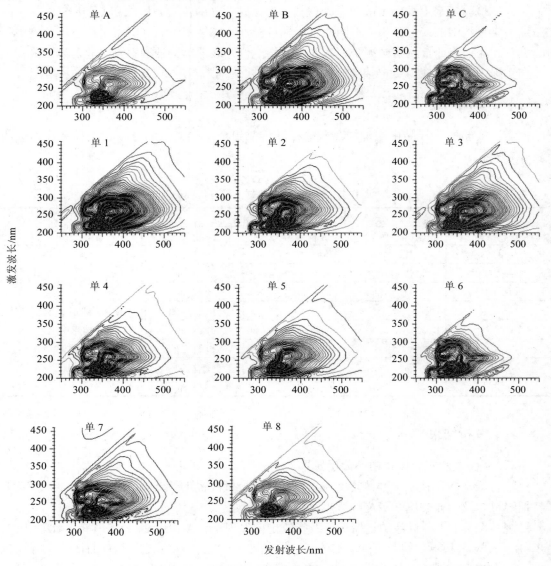

图 6-1　各油样三维荧光光谱图（烟台）

表6-2　样品三维荧光特征峰位置及荧光强度和荧光峰强度比值（烟台）

样品名称		荧光特征峰位置（*Ex/Em*）/nm				荧光特征峰强度 *F*				荧光特征峰强度比值 *R*			
		T_1	T_2	T_3	T_4	F_1	F_2	F_3	F_4	R_1	R_1均值	R_2	R_2均值
单 1	单 1-1	230.0/344.0	260.0/366.0			1 597	1 403			1.14	1.16		
	单 1-2	230.0/344.0	260.0/364.0			1 321	1 125			1.17			
单 2	单 2-1	230.0/344.0	260.0/362.0	215.0/294.0		1 588	982.3	246.4		1.62	1.67	6.44	6.46
	单 2-2	230.0/344.0	260.0/362.0	215.0/292.0		1 242	720.1	191.8		1.72		6.48	
单 3	单 3-1	230.0/344.0	260.0/366.0			1 298	1 105			1.17	1.15		
	单 3-2	230.0/344.0	265.0/368.0			1 408	1 243			1.13			
单 4	单 4-1	230.0/344.0	260.0/360.0	275.0/328.0		1 327	821.1	479.6		1.62	1.59	2.77	2.70
	单 4-2	230.0/344.0	260.0/360.0	275.0/328.0		1 947	1 252	740.6		1.56		2.63	
单 5	单 5-1	230.0/344.0	260.0/364.0	275.0/330.0		1 069	711.2	351.6		1.50	1.51	3.04	3.07
	单 5-2	230.0/346.0	260.0/364.0	275.0/330.0		909.1	599.5	293.9		1.52		3.09	
单 6	单 6-1	230.0/342.0	275.0/328.0	255.0/356.0		1 933	740.4	668.3		2.61	2.62	2.89	2.92
	单 6-2	230.0/340.0	275.0/328.0	255.0/354.0		1 669	633.4	567.8		2.63		2.94	
单 7	单 7-1	230.0/342.0	260.0/358.0	275.0/330.0		1 441	701.1	517.1		2.06	1.99	2.79	2.70
	单 7-2	230.0/340.0	260.0/360.0	275.0/330.0		1 675	866.3	639.8		1.93		2.62	
单 8	单 8-1	230.0/344.0	260.0/362.0	275.0/330.0		804	446.1	253.7		1.80	1.81	3.17	3.17
	单 8-2	230.0/344.0	260.0/362.0	275.0/330.0		808	444.2	254.1		1.82		3.18	
单 A	单 A-1	230.0/344.0	260.0/362.0	275.0/330.0		815.7	449.8	251.8		1.81	1.82	3.24	3.29
	单 A-2	230.0/344.0	260.0/362.0	275.0/330.0		1 204	662.8	361.5		1.82		3.33	
单 B	单 B-1	230.0/344.0	265.0/368.0			1 452	1 305			1.11	1.12		
	单 B-2	230.0/344.0	265.0/366.0			1 363	1 216			1.12			
单 C	单 C-1	230.0/342.0	275.0/328.0	255.0/356.0		1 911	719	647.7		2.66	2.57	2.95	2.87
	单 C-2	230.0/342.0	275.0/328.0	255.0/356.0		2 265	912.7	809.2		2.48		2.80	

注：R_1为最强荧光峰强度与次强荧光峰强度比值；R_2为最强荧光峰强度与第三强荧光峰强度比值。

表6-3　溢油样单 A 和嫌疑油单 8 的特征比值及判定（烟台）

生物标记化合物（选择离子）	诊断指标	单 A	单 8	平均值	极差	重复性限	评定
85	*n*C17/Pr	2.546	2.710	2.628	0.164	0.368	Y
	*n*C18/Ph	3.791	3.859	3.825	0.068	0.535	Y
	Pr/Ph	1.556	1.565	1.561	0.009	0.218	Y
191	Ts/Tm	1.259	1.249	1.254	0.010	0.176	Y
	C29αβ/C30αβ	0.538	0.537	0.538	0.001	0.075	Y
218	C27 甾αββ/（C27～C29）甾αββ	0.350	0.346	0.348	0.004	0.049	Y
	C28 甾αββ/（C27～C29）甾αββ	0.302	0.301	0.301	0.001	0.042	Y
	C29 甾αββ/（C27～C29）甾αββ	0.347	0.354	0.350	0.007	0.049	Y
142 萘系列	2-甲基-萘/1-甲基-萘	1.407	1.440	1.423	0.033	0.199	Y
166、180 芴系列	芴/1-甲基-芴	0.877	0.870	0.873	0.007	0.122	Y
198 二苯并噻吩系列	4-甲基-二苯并噻吩/3-甲基-二苯并噻吩	1.972	1.889	1.931	0.083	0.270	Y
	4-甲基-二苯并噻吩/1-甲基-二苯并噻吩	3.915	3.445	3.680	0.470	0.515	Y
192 菲系列	2-甲基-菲/1-甲基-菲	0.993	1.082	1.038	0.089	0.145	Y
242 䓛系列	2-甲基-䓛/6-甲基-䓛	1.661	1.672	1.666	0.011	0.233	Y

判定依据：CEN/TR 155122-2：2006；重复性限：$r_{95\%} = 2.8 \times \bar{x} \times 10\% = 28\% \bar{x}$；
当极差小于重复性限时数据有效，记为 Y；当极差大于重复性限时数据无效，记为 N。

表 6-4　溢油样单 B 和嫌疑油单 3 的特征比值及判定（烟台）

生物标记化合物（选择离子）	诊断指标	单 B	单 3	平均值	极差	重复性限	评定
85	nC17/Pr	4.292	4.290	4.291	0.002	0.601	Y
	nC18/Ph	3.195	3.107	3.151	0.088	0.441	Y
	Pr/Ph	0.744	0.746	0.745	0.002	0.104	Y
191	Ts/Tm	0.562	0.586	0.574	0.024	0.080	Y
	C29αβ/C30αβ	1.058	1.122	1.090	0.064	0.153	Y
218	C27 甾αββ/（C27～C29）甾αββ	0.317	0.311	0.314	0.006	0.044	Y
	C28 甾αββ/（C27～C29）甾αββ	0.240	0.240	0.240	0.000	0.034	Y
	C29 甾αββ/（C27～C29）甾αββ	0.443	0.449	0.446	0.006	0.062	Y
142 萘系列	2-甲基-萘/1-甲基-萘	1.872	1.883	1.878	0.011	0.263	Y
166、180 芴系列	芴/1-甲基-芴	0.918	0.956	0.937	0.038	0.131	Y
198 二苯并噻吩系列	4-甲基-二苯并噻吩/3-甲基-二苯并噻吩	1.088	1.102	1.095	0.014	0.153	Y
	4-甲基-二苯并噻吩/1-甲基-二苯并噻吩	2.715	2.680	2.698	0.035	0.378	Y
192 菲系列	2-甲基-菲/1-甲基-菲	2.096	2.064	2.080	0.032	0.291	Y
242 䓛系列	2-甲基-䓛/6-甲基-䓛	2.010	2.128	2.069	0.118	0.290	Y

判定依据：CEN/TR 155122-2：2006；重复性限：$r_{95\%} = 2.8 \times \bar{x} \times 10\% = 28\%\bar{x}$；
当极差小于重复性限时数据有效，记为 Y；当极差大于重复现性限时数据无效，记为 N。

表 6-5　溢油样单 C 和嫌疑油单 6 的特征比值及判定（烟台）

生物标记化合物（选择离子）	诊断指标	单 C	单 6	平均值	极差	重复性限	评定
85	nC17/Pr	4.357	4.497	4.427	0.140	0.620	Y
	nC18/Ph	3.082	3.097	3.090	0.015	0.433	Y
	Pr/Ph	0.767	0.744	0.756	0.023	0.106	Y
191	Ts/Tm	0.695	0.660	0.678	0.035	0.095	Y
	C29αβ/C30αβ	0.510	0.497	0.504	0.013	0.071	Y
218	C27 甾αββ/（C27～C29）甾αββ	0.244	0.244	0.244	0.000	0.034	Y
	C28 甾αββ/（C27～C29）甾αββ	0.327	0.337	0.332	0.010	0.047	Y
	C29 甾αββ/（C27～C29）甾αββ	0.429	0.419	0.424	0.010	0.059	Y
142 萘系列	2-甲基-萘/1-甲基-萘	1.787	1.782	1.784	0.005	0.250	Y
166、180 芴系列	芴/1-甲基-芴	0.963	0.932	0.947	0.031	0.133	Y
198 二苯并噻吩系列	4-甲基-二苯并噻吩/3-甲基-二苯并噻吩	1.284	1.235	1.260	0.049	0.176	Y
	4-甲基-二苯并噻吩/1-甲基-二苯并噻吩	2.720	2.718	2.719	0.002	0.381	Y
192 菲系列	2-甲基-菲/1-甲基-菲	2.106	2.163	2.135	0.057	0.299	Y
242 䓛系列	2-甲基-䓛/6-甲基-䓛	1.844	1.940	1.892	0.096	0.265	Y

判定依据：CEN/TR 155122-2：2006；重复性限：$r_{95\%} = 2.8 \times \bar{x} \times 10\% = 28\%\bar{x}$；
当极差小于重复性限时数据有效，记为 Y；当极差大于重复性限时数据无效，记为 N。

烟台溢油应急技术中心的最终鉴定结论为：单 A 与单 8 为同一油样；单 B 与单 3 为同一油样；单 C 与单 6 为同一油样。

2．深圳市计量质量研究院分析结果

深圳市计量质量研究院测定的溢油样品及嫌疑油样品的荧光谱图见图 6-2，荧光特征峰位置及荧光强度见表 6-6，分析结果见表 6-7～表 6-9，荧光光谱分析结论见表 6-10。经荧光光谱分析，单 A 与单 2 基本一致，与单 8 一致；单 B 与单 1 基本一致，与单 3 一致；单 C 与单 6 一致。

采用 GC-MS 法，计算上述样品的特征比值，结果（表 6-11～表 6-15）表明：单 A 与单 8 的所有诊断比值完全一致；单 B 与单 3 的所有诊断比值完全一致；单 C 与单 6 的所有诊断比值完全一致。

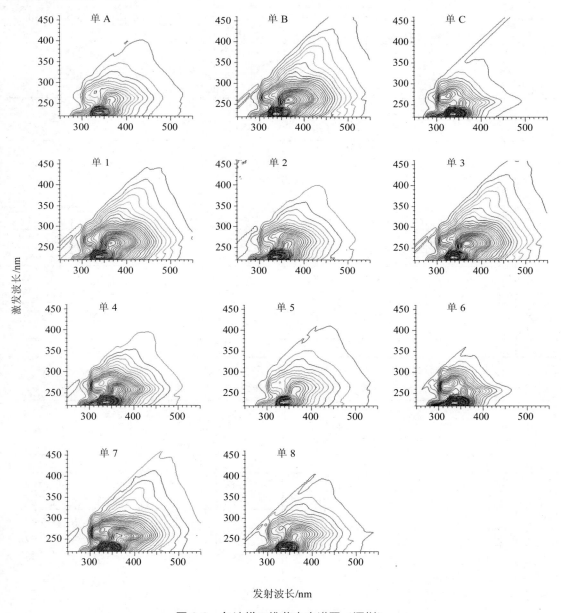

图 6-2　各油样三维荧光光谱图（深圳）

表 6-6　油样品三维荧光特征峰位置及荧光强度（深圳）

| | 荧光特征峰位置（Ex/Em）/nm | | | | | | 荧光特征峰强度 F | | | | | |
	T_1	T_2	T_3	T_4	T_5	T_6	F_1	F_2	F_3	F_4	F_5	F_6
单 A		230/344				275/330		659.3				154.4
单 B		230/344	260/364					967.0	613.4			
单 C	225/330				270/326	275/328	1 358				346.1	347.4
单 1		230/344	260/366					977.4	645.4			
单 2		230/344				275/330		826.1				205.0
单 3		230/344	260/364					967.4	608.5			
单 4		230/344	255/358	260/360	270/326	275/328		1 139	516.1	517.5	308.6	309.9
单 5		230/344	260/362			275/330		672.9	332.2			165.5
单 6	225/330				275/328		1 353				345.8	
单 7		225/340	255/358		275/328			1 569	561.2		413.6	
单 8		230/342				275/330		668.6				155.8

表 6-7　单 A 与各嫌疑油样谱图对比分析（深圳）

| | 荧光特征峰强度比值 R | | 荧光特征峰位置 | 指纹走向 | 谱图形状 | 初步结论 |
	$R_1=\dfrac{F_{230/344}}{F_{260/364}}$	$R_2=\dfrac{F_{230/344}}{F_{275/330}}$				
单 A	—	4.27	—	—	—	—
单 1	1.51	—	不一致	不一致	不一致	有差异	不一致
单 2	—	4.03	基本一致	一致	一致	相似	基本一致
单 3	1.59	—	不一致	不一致	不一致	有差异	不一致
单 4	2.20	3.68	不一致	不一致	不一致	相似	不一致
单 5	2.03	4.07	不一致	不一致	不一致	相似	不一致
单 6	—	3.91	不一致	不一致	不一致	有差异	不一致
单 7	2.79	3.79	不一致	不一致	不一致	相似	不一致
单 8	—	4.29	一致	一致	一致	相似	一致

表 6-8　单 B 与各嫌疑油样谱图对比分析（深圳）

| | 荧光特征峰强度比值 R | | 荧光特征峰位置 | 指纹走向 | 谱图形状 | 初步结论 |
	$R_1=\dfrac{F_{230/344}}{F_{260/364}}$	$R_2=\dfrac{F_{230/344}}{F_{275/328}}$				
单 B	1.57	—	—	—	—	—
单 1	1.51	—	一致	基本一致	一致	相似	基本一致
单 2	—	4.03	不一致	不一致	不一致	有差异	不一致
单 3	1.59	—	一致	一致	一致	相似	一致
单 4	2.20	3.68	不一致	不一致	不一致	有差异	不一致
单 5	2.03	4.07	不一致	不一致	不一致	有差异	不一致
单 6	—	3.91	不一致	不一致	不一致	有差异	不一致
单 7	2.79	3.79	不一致	不一致	不一致	有差异	不一致
单 8	—	4.29	不一致	不一致	不一致	有差异	不一致

表 6-9 单 C 与各嫌疑油样谱图对比分析（深圳）

	荧光特征峰强度比值 R		荧光特征峰位置	指纹走向	谱图形状	初步结论
	$R_1 = \dfrac{F_{230/344}}{F_{260/362}}$	$R_2 = \dfrac{F_{225/330}}{F_{275/328}}$				
单 C	—	3.91	—	—	—	—
单 1	1.51	—	不一致	不一致	不一致	有差异	不一致
单 2	—	4.03	基本一致	基本一致	基本一致	有差异	不一致
单 3	1.59	—	不一致	不一致	不一致	有差异	不一致
单 4	2.20	3.68	不一致	不一致	不一致	有差异	不一致
单 5	2.03	4.07	不一致	不一致	不一致	有差异	不一致
单 6	—	3.91	一致	一致	一致	相似	一致
单 7	2.79	3.79	不一致	不一致	不一致	有差异	不一致
单 8	—	4.29	不一致	基本一致	不一致	有差异	不一致

表 6-10 鉴别结果汇总

	单 1	单 2	单 3	单 4	单 5	单 6	单 7	单 8
单 A	不一致	基本一致	不一致	不一致	不一致	不一致	不一致	一致
单 B	基本一致	不一致	一致	不一致	不一致	不一致	不一致	不一致
单 C	不一致	不一致	不一致	不一致	不一致	一致	不一致	不一致

表 6-11 溢油样单 A 和嫌疑油单 2 的特征比值及判定（深圳）

生标化合物（选择离子）	诊断指标	溢油样单 A 和嫌疑油单 2 的特征比值及判定					
		单 A	单 2	平均值	极差	重复性限	判定
85	$nC17/Pr$	2.831	2.209	2.520	0.622	0.706	Y
	$nC18/Ph$	3.945	1.429	2.687	2.516	0.752	N
	Pr/Ph	1.436	0.724	1.080	0.712	0.302	N
191	Ts/Tm	1.283	0.581	0.932	0.702	0.261	N
	C29αβ/C30αβ	0.458	0.618	0.538	0.160	0.151	N
218	C27 甾αββ/（C27~C29）甾αββ	0.312	0.307	0.310	0.005	0.087	Y
	C28 甾αββ/（C27~C29）甾αββ	0.33	0.283	0.307	0.047	0.086	Y
	C29 甾αββ/（C27~C29）甾αββ	0.358	0.41	0.384	0.052	0.108	Y
142 萘系列	2-甲基-萘/1-甲基-萘	1.567	1.315	1.441	0.252	0.403	Y
166、180 芴系列	芴/1-甲基-芴	0.832	0.838	0.835	0.006	0.234	Y
198 二苯并噻吩系列	4-甲基-二苯并噻吩/3-甲基-二苯并噻吩	1.575	1.501	1.538	0.074	0.431	Y
	4-甲基-二苯并噻吩/1-甲基-二苯并噻吩	2.287	1.412	1.850	0.875	0.518	N
192 菲系列	2-甲基-菲/1-甲基-菲	1.099	0.913	1.006	0.186	0.282	Y
242 䓛系列	2-甲基-䓛/6-甲基-䓛	2.152	1.323	1.738	0.829	0.487	N

判定依据：CEN/TR 155122-2：2006；重复性限：$r_{95\%} = 2.8 \times \bar{x} \times 5\% = 14\%\bar{x}$；

当极差小于重复性限时数据有效，记为 Y；当极差大于重复性限时数据无效，记为 N。

表 6-12　溢油样单 A 和嫌疑油单 8 的特征比值及判定（深圳）

生标化合物（选择离子）	诊断指标	溢油样单 A 和嫌疑油单 8 的特征比值及判定					
		单 A	单 8	平均值	极差	重复性限	判定
85	nC17/Pr	2.831	2.812	2.822	0.019	0.790	Y
	nC18/Ph	3.945	3.981	3.963	0.036	1.110	Y
	Pr/Ph	1.436	1.446	1.441	0.010	0.403	Y
191	Ts/Tm	1.283	1.389	1.336	0.106	0.374	Y
	C29αβ/C30αβ	0.458	0.466	0.462	0.008	0.129	Y
218	C27 甾αββ/（C27～C29）甾αββ	0.312	0.31	0.311	0.002	0.087	Y
	C28 甾αββ/（C27～C29）甾αββ	0.33	0.33	0.330	0.000	0.092	Y
	C29 甾αββ/（C27～C29）甾αββ	0.358	0.36	0.359	0.002	0.101	Y
142 萘系列	2-甲基-萘/1-甲基-萘	1.567	1.565	1.566	0.002	0.438	Y
166、180 芴系列	芴/1-甲基-芴	0.832	0.838	0.835	0.006	0.234	Y
198 二苯并噻吩系列	4-甲基-二苯并噻吩/3-甲基-二苯并噻吩	1.575	1.581	1.578	0.006	0.442	Y
	4-甲基-二苯并噻吩/1-甲基-二苯并噻吩	2.287	2.119	2.203	0.168	0.617	Y
192 菲系列	2-甲基-菲/1-甲基-菲	1.099	1.107	1.103	0.008	0.309	Y
242 䓛系列	2-甲基-䓛/6-甲基-䓛	2.152	2.075	2.114	0.077	0.592	Y

判定依据：CEN/TR 155122-2：2006；重复性限：$r_{95\%} = 2.8 \times \bar{x} \times 5\% = 14\%\bar{x}$；

当极差小于重复性限时数据有效，记为 Y；当极差大于重复性限时数据无效，记为 N。

表 6-13　溢油样单 B 和嫌疑油单 1 的特征比值及判定（深圳）

生标化合物（选择离子）	诊断指标	溢油样单 B 和嫌疑油单 1 的特征比值及判定					
		单 B	单 1	平均值	极差	重复性限	判定
85	nC17/Pr	4.046	4.763	4.405	0.717	0.617	N
	nC18/Ph	3.014	5.974	4.494	2.960	0.629	N
	Pr/Ph	0.763	1.318	1.041	0.555	0.146	N
191	Ts/Tm	0.576	0.226	0.401	0.350	0.056	N
	C29αβ/C30αβ	0.993	0.635	0.814	0.358	0.114	N
218	C27 甾αββ/（C27～C29）甾αββ	0.279	0.248	0.264	0.031	0.037	Y
	C28 甾αββ/（C27～C29）甾αββ	0.263	0.328	0.296	0.065	0.041	N
	C29 甾αββ/（C27～C29）甾αββ	0.459	0.425	0.442	0.034	0.062	Y
142 萘系列	2-甲基-萘/1-甲基-萘	1.945	1.800	1.873	0.145	0.262	Y
166、180 芴系列	芴/1-甲基-芴	0.924	1.486	1.205	0.562	0.169	N
198 二苯并噻吩系列	4-甲基-二苯并噻吩/3-甲基-二苯并噻吩	0.943	0.884	0.914	0.059	0.128	Y
	4-甲基-二苯并噻吩/1-甲基-二苯并噻吩	2.685	3.223	2.954	0.538	0.414	N
192 菲系列	2-甲基-菲/1-甲基-菲	2.305	2.061	2.183	0.244	0.306	Y
242 䓛系列	2-甲基-䓛/6-甲基-䓛	1.975	1.845	1.910	0.130	0.267	Y

判定依据：CEN/TR 155122-2：2006；重复性限：$r_{95\%} = 2.8 \times \bar{x} \times 5\% = 14\%\bar{x}$；

当极差小于重复性限时数据有效，记为 Y；当极差大于重复性限时数据无效，记为 N。

表 6-14 溢油样单 B 和嫌疑油单 3 的特征比值及判定（深圳）

生标化合物（选择离子）	诊断指标	溢油样单 B 和嫌疑油单 3 的特征比值及判定					
		单 B	单 3	平均值	极差	重复性限	判定
85	nC17/Pr	4.046	4.01	4.028	0.036	0.564	Y
	nC18/Ph	3.014	2.715	2.865	0.299	0.401	Y
	Pr/Ph	0.763	0.688	0.726	0.075	0.102	Y
191	Ts/Tm	0.576	0.613	0.595	0.037	0.083	Y
	C29αβ/C30αβ	0.993	1.011	1.002	0.018	0.140	Y
218	C27 甾αββ/（C27～C29）甾αββ	0.279	0.279	0.279	0.000	0.039	Y
	C28 甾αββ/（C27～C29）甾αββ	0.263	0.261	0.262	0.002	0.037	Y
	C29 甾αββ/（C27～C29）甾αββ	0.459	0.46	0.460	0.001	0.064	Y
142 萘系列	2-甲基-萘/1-甲基-萘	1.945	1.962	1.954	0.017	0.273	Y
166、180 芴系列	芴/1-甲基-芴	0.924	0.925	0.925	0.001	0.129	Y
198 二苯并噻吩系列	4-甲基-二苯并噻吩/3-甲基-二苯并噻吩	0.943	0.954	0.949	0.011	0.133	Y
	4-甲基-二苯并噻吩/1-甲基-二苯并噻吩	2.685	2.661	2.673	0.024	0.374	Y
192 菲系列	2-甲基-菲/1-甲基-菲	2.305	2.281	2.293	0.024	0.321	Y
242 䓛系列	2-甲基-䓛/6-甲基-䓛	1.975	2	1.988	0.025	0.278	Y

判定依据：CEN/TR 155122-2：2006；重复性限：$r_{95\%} = 2.8 \times \bar{x} \times 5\% = 14\%\bar{x}$；
当极差小于重复性限时数据有效，记为 Y；当极差大于重复性限时数据无效，记为 N。

表 6-15 溢油样单 C 和嫌疑油单 6 的特征比值及判定（深圳）

生标化合物（选择离子）	诊断指标	溢油样单 C 和嫌疑油单 6 的特征比值及判定					
		单 C	单 6	平均值	极差	重复性限	判定
85	nC17/Pr	4.161	4.263	4.212	0.102	0.590	Y
	nC18/Ph	2.827	2.82	2.824	0.007	0.395	Y
	Pr/Ph	0.714	0.702	0.708	0.012	0.099	Y
191	Ts/Tm	0.657	0.66	0.659	0.003	0.092	Y
	C29αβ/C30αβ	0.485	0.491	0.488	0.006	0.068	Y
218	C27 甾αββ/（C27～C29）甾αββ	0.22	0.223	0.222	0.003	0.031	Y
	C28 甾αββ/（C27～C29）甾αββ	0.349	0.339	0.344	0.010	0.048	Y
	C29 甾αββ/（C27～C29）甾αββ	0.431	0.438	0.435	0.007	0.061	Y
142 萘系列	2-甲基-萘/1-甲基-萘	1.861	1.868	1.865	0.007	0.261	Y
166、180 芴系列	芴/1-甲基-芴	0.959	0.99	0.975	0.031	0.136	Y
198 二苯并噻吩系列	4-甲基-二苯并噻吩/3-甲基-二苯并噻吩	1.096	1.087	1.092	0.009	0.153	Y
	4-甲基-二苯并噻吩/1-甲基-二苯并噻吩	2.473	2.481	2.477	0.008	0.347	Y
192 菲系列	2-甲基-菲/1-甲基-菲	1.951	1.971	1.961	0.020	0.275	Y
242 䓛系列	2-甲基-䓛/6-甲基-䓛	1.967	1.986	1.977	0.019	0.277	Y

判定依据：CEN/TR 155122-2：2006；重复性限：$r_{95\%} = 2.8 \times \bar{x} \times 5\% = 14\%\bar{x}$；
当极差小于重复性限时数据有效，记为 Y；当极差大于重复性限时数据无效，记为 N。

深圳市计量质量研究院的最终鉴定结论为：单 A 与单 8 为同一油样；单 B 与单 3 为同一油样；单 C 与单 6 为同一油样。

3. 国家海洋环境监测中心（大连）分析结果

国家海洋环境监测中心（大连）测定的溢油样品及嫌疑油样品的荧光谱图见图 6-3。荧光特征峰位置及荧光强度见表 6-16。分析结果见表 6-17～表 6-19，荧光光谱分析结论见表 6-20。经荧光光谱分析，单 A 与单 8 一致；单 B 与单 1、单 3 一致；单 C 与单 6 一致。

采用 GC-MS 法，计算上述样品的特征比值，结果（表 6-21～表 6-24）表明：单 A 与单 8 的所有诊断比值完全一致；单 B 与单 3 的所有诊断比值完全一致；单 C 与单 6 的所有诊断比值完全一致。

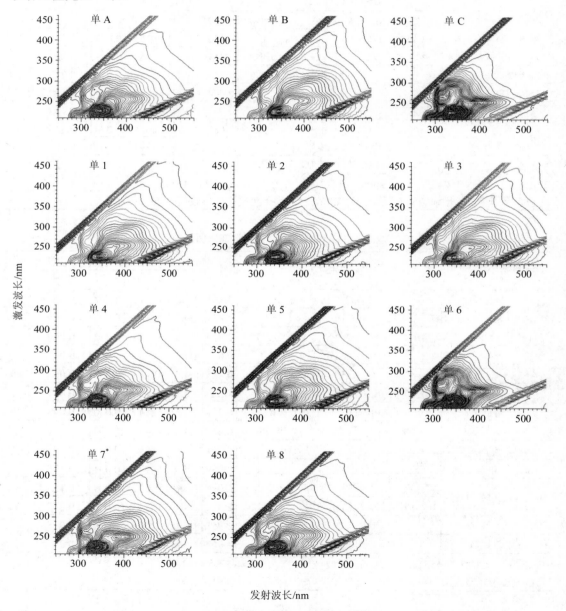

图 6-3 各油样三维荧光光谱图（大连）

表 6-16　样品三维荧光特征峰位置及荧光强度（大连）

样品名称	荧光特征峰位置（Ex/Em）/nm				荧光特征峰强度 F				特征峰强度比值 R
	T_1	T_2	T_3	T_4	F_1	F_2	F_3	F_4	
单 A	225/344				1103				
单 B	225/346				678.6				
单 C	225/342	270/326			2023	670.6			0.331
单 1	225/344				687.0				
单 2	230/346	225/332			961.9	883.4			0.918
单 3	225/342				673.3				
单 4	225/344	270/326			1023	260.9			0.255
单 5	230/346	225/332			860.8	720.7			0.837
单 6	225/341	270/326			2001	621.4			0.311
单 7	225/340	250/384	266/328		1162	569.8	291.0		0.490
单 8	226/344				1073				

表 6-17　单 A 与各嫌疑油样谱图对比分析（大连）

	荧光特征峰强度比值 R	荧光特征峰位置	指纹走向	谱图形状	结　论
单 1	一　致	一　致	不一致	不一致	不一致
单 2	不一致	不一致	不一致	不一致	不一致
单 3	一　致	一　致	不一致	不一致	不一致
单 4	不一致	不一致	不一致	不一致	不一致
单 5	不一致	不一致	不一致	不一致	不一致
单 6	不一致	不一致	不一致	不一致	不一致
单 7	不一致	不一致	不一致	不一致	不一致
单 8	一　致	一　致	一　致	一　致	一　致

表 6-18　单 B 与各嫌疑油样谱图对比分析（大连）

	荧光特征峰强度比值 R	荧光特征峰位置	指纹走向	谱图形状	结　论
单 1	一　致	一　致	一　致	一　致	一　致
单 2	不一致	不一致	不一致	不一致	不一致
单 3	一　致	一　致	一　致	一　致	一　致
单 4	不一致	不一致	不一致	不一致	不一致
单 5	不一致	不一致	不一致	不一致	不一致
单 6	不一致	不一致	不一致	不一致	不一致
单 7	不一致	不一致	不一致	不一致	不一致
单 8	一　致	一　致	不一致	不一致	不一致

表 6-19　单 C 与各嫌疑油样谱图对比分析（大连）

	荧光特征峰强度比值 *R*	荧光特征峰位置	指纹走向	谱图形状	结　论
单 1	不一致	不一致	不一致	不一致	不一致
单 2	不一致	不一致	不一致	不一致	不一致
单 3	不一致	不一致	不一致	不一致	不一致
单 4	不一致	一　致	不一致	不一致	不一致
单 5	不一致	不一致	不一致	不一致	不一致
单 6	一　致	一　致	一　致	一　致	一　致
单 7	不一致	不一致	不一致	不一致	不一致
单 8	不一致	不一致	不一致	不一致	不一致

表 6-20　荧光光谱鉴别结论

溢油样品	单 1	单 2	单 3	单 4	单 5	单 6	单 7	单 8
单 A	不一致	不一致	不一致	不一致	不一致	不一致	不一致	一　致
单 B	一　致	不一致	一　致	不一致	不一致	不一致	不一致	不一致
单 C	不一致	不一致	不一致	不一致	不一致	一　致	不一致	不一致

表 6-21　溢油样单 A 和嫌疑油单 8 的特征比值及判定（大连）

生标化合物（选择离子）	诊断指标	溢油样单 A 和嫌疑油单 8 的特征比值及判定					
		单 A	单 8	平均值	极差	重复性限	判定
85	nC17/Pr	2.780	2.770	2.775	0.010	0.389	Y
	nC18/Ph	4.139	4.037	4.088	0.102	0.572	Y
	Pr/Ph	1.525	1.481	1.503	0.044	0.210	Y
191	Ts/Tm	1.365	1.319	1.342	0.046	0.188	Y
	C29αβ/C30αβ	0.501	0.444	0.473	0.057	0.066	Y
218	C27 甾αββ/（C27～C29）甾αββ	0.325	0.327	0.326	0.002	0.046	Y
	C28 甾αββ/（C27～C29）甾αββ	0.306	0.297	0.302	0.009	0.042	Y
	C29 甾αββ/（C27～C29）甾αββ	0.369	0.377	0.373	0.008	0.052	Y
142 萘系列	2-甲基-萘/1-甲基-萘	1.494	1.504	1.499	0.010	0.210	Y
166、180 芴系列	芴/1-甲基-芴	0.784	0.738	0.761	0.046	0.107	Y
198 二苯并噻吩系列	4-甲基-二苯并噻吩/3-甲基-二苯并噻吩	1.677	1.604	1.641	0.073	0.230	Y
	4-甲基-二苯并噻吩/1-甲基-二苯并噻吩	3.303	3.163	3.233	0.140	0.453	Y
192 菲系列	2-甲基-菲/1-甲基-菲	1.036	1.044	1.040	0.008	0.146	Y
242 䓛系列	2-甲基-䓛/6-甲基-䓛	1.844	1.969	1.907	0.125	0.267	Y

判定依据：CEN/TR 155122-2：2006；重复性限：$r_{95\%} = 2.8 \times \bar{x} \times 5\% = 14\%\bar{x}$；

当极差小于重复性限时数据有效，记为 Y；当极差大于重复性限时数据无效，记为 N。

表 6-22 溢油样单 B 和嫌疑油单 1 的特征比值及判定（大连）

生标化合物 （选择离子）	诊断指标	溢油样单 B 和嫌疑油单 1 的特征比值及判定					
		单 B	单 1	平均值	极差	重复性限	判定
85	nC17/Pr	3.900	5.214	4.557	1.314	0.638	N
	nC18/Ph	3.075	6.784	4.930	3.709	0.690	N
	Pr/Ph	0.777	1.304	1.041	0.527	0.146	N
191	Ts/Tm	0.551	0.193	0.372	0.358	0.052	N
	C29αβ/C30αβ	0.995	0.652	0.824	0.343	0.115	N
218	C27 甾αββ/（C27～C29）甾αββ	0.305	0.268	0.287	0.037	0.040	Y
	C28 甾αββ/（C27～C29）甾αββ	0.259	0.289	0.274	0.030	0.038	Y
	C29 甾αββ/（C27～C29）甾αββ	0.436	0.443	0.440	0.007	0.062	Y
142 萘系列	2-甲基-萘/1-甲基-萘	1.909	1.741	1.825	0.168	0.256	Y
166、180 芴系列	芴/1-甲基-芴	0.870	1.385	1.128	0.515	0.158	N
198 二苯并噻吩系列	4-甲基-二苯并噻吩/3-甲基-二苯并噻吩	0.962	0.931	0.947	0.031	0.133	Y
	4-甲基-二苯并噻吩/1-甲基-二苯并噻吩	2.535	2.793	2.664	0.258	0.373	Y
192 菲系列	2-甲基-菲/1-甲基-菲	2.178	1.980	2.079	0.198	0.291	Y
242 䓛系列	2-甲基-䓛/6-甲基-䓛	1.985	1.847	1.916	0.138	0.268	Y

判定依据：CEN/TR 155122-2：2006；重复性限：$r_{95\%}=2.8\times\overline{x}\times5\%=14\%\overline{x}$；
当极差小于重复性限时数据有效，记为 Y；当极差大于重复性限时数据无效，记为 N。

表 6-23 溢油样单 B 和嫌疑油单 3 的特征比值及判定（大连）

生标化合物 （选择离子）	诊断指标	溢油样单 B 和嫌疑油单 3 的特征比值及判定					
		单 B	单 3	平均值	极差	重复性限	判定
85	nC17/Pr	3.900	4.262	4.081	0.362	0.571	Y
	nC18/Ph	3.075	3.123	3.099	0.048	0.434	Y
	Pr/Ph	0.777	0.709	0.743	0.068	0.104	Y
191	Ts/Tm	0.551	0.555	0.553	0.004	0.077	Y
	C29αβ/C30αβ	0.995	1.081	1.038	0.086	0.145	Y
218	C27 甾αββ/（C27～C29）甾αββ	0.305	0.303	0.304	0.002	0.043	Y
	C28 甾αββ/（C27～C29）甾αββ	0.259	0.236	0.248	0.023	0.035	Y
	C29 甾αββ/（C27～C29）甾αββ	0.436	0.460	0.448	0.024	0.063	Y
142 萘系列	2-甲基-萘/1-甲基-萘	1.909	1.898	1.904	0.011	0.266	Y
166、180 芴系列	芴/1-甲基-芴	0.870	0.884	0.877	0.014	0.123	Y
198 二苯并噻吩系列	4-甲基-二苯并噻吩/3-甲基-二苯并噻吩	0.962	0.972	0.967	0.010	0.135	Y
	4-甲基-二苯并噻吩/1-甲基-二苯并噻吩	2.535	2.516	2.526	0.019	0.354	Y
192 菲系列	2-甲基-菲/1-甲基-菲	2.178	2.117	2.148	0.061	0.301	Y
242 䓛系列	2-甲基-䓛/6-甲基-䓛	1.985	2.110	2.048	0.125	0.287	Y

判定依据：CEN/TR 155122-2：2006；重复性限：$r_{95\%}=2.8\times\overline{x}\times5\%=14\%\overline{x}$；
当极差小于重复性限时数据有效，记为 Y；当极差大于重复性限时数据无效，记为 N。

表 6-24 溢油样单 C 和嫌疑油单 6 的特征比值及判定（大连）

生标化合物（选择离子）	诊断指标	溢油样单 C 和嫌疑油单 6 的特征比值及判定					
		单 C	单 6	平均值	极差	重复性限	判定
85	nC17/Pr	4.100	4.261	4.181	0.161	0.585	Y
	nC18/Ph	3.098	3.094	3.096	0.004	0.433	Y
	Pr/Ph	0.804	0.766	0.785	0.038	0.110	Y
191	Ts/Tm	0.609	0.635	0.622	0.026	0.087	Y
	C29αβ/C30αβ	0.440	0.465	0.453	0.025	0.063	Y
218	C27 甾αββ/（C27～C29）甾αββ	0.230	0.232	0.231	0.002	0.032	Y
	C28 甾αββ/（C27～C29）甾αββ	0.333	0.322	0.328	0.011	0.046	Y
	C29 甾αββ/（C27～C29）甾αββ	0.437	0.446	0.442	0.009	0.062	Y
142 萘系列	2-甲基-萘/1-甲基-萘	1.807	1.820	1.814	0.013	0.254	Y
166、180 芴系列	芴/1-甲基-芴	0.882	0.895	0.889	0.013	0.124	Y
198 二苯并噻吩系列	4-甲基-二苯并噻吩/3-甲基-二苯并噻吩	1.088	1.102	1.095	0.014	0.153	Y
	4-甲基-二苯并噻吩/1-甲基-二苯并噻吩	2.641	2.692	2.667	0.051	0.373	Y
192 菲系列	2-甲基-菲/1-甲基-菲	2.264	2.060	2.162	0.204	0.303	Y
242 䓛系列	2-甲基-䓛/6-甲基-䓛	1.985	1.984	1.985	0.001	0.278	Y

判定依据：CEN/TR 155122-2：2006；重复性限：$r_{95\%} = 2.8 \times \bar{x} \times 5\% = 14\%\bar{x}$；
当极差小于重复性限时数据有效，记为 Y；当极差大于重复性限时数据无效，记为 N。

国家海洋环境监测中心的最终鉴定结论为：单 A 与单 8 为同一油样；单 B 与单 3 为同一油样；单 C 与单 6 为同一油样。

三、结果讨论

单一油种鉴别实验中，中国海事局烟台溢油应急技术中心、国家海洋环境监测中心和深圳市计量质量检测研究院 3 家单位的最终鉴定结论都是正确的。采用荧光光谱法进行鉴别，当溢油样品为原油（单 A）和机舱污油（单 C）时，3 家单位均能找到一致的嫌疑油样品，且判定结果与 GC/MS 法的验证结果一致；当油样为燃料油（单 B）时，3 家单位能够利用荧光光谱法成功排除其他油种，以及组成差别较大的同种油品（单 2），获得油种相同、组成相近的嫌疑油样品（单 1 和单 3），但是无法进行进一步判定。采用 GC/MS 法进一步分析，顺利完成对所有样品的一致性判定。

"水上溢油事故应急处理技术"课题确定的荧光光谱法和 GC/MS 法鉴别体系，能够实现对溢油样品来源的准确鉴别。其中，荧光光谱法具有良好的分辨能力，能够实现不同油种样品的区分，以及组成差别较大的同类油品的区分，且鉴定速度较快，能够满足海面溢油事故发生后，对嫌疑油样品的快速筛选要求。GC/MS 法对样品前处理过程进行了简化，省略了硅胶层析过程，鉴别参数包括油品正构烷烃、芳烃、萜烷和甾烷 4 大类指标化合物中的 14 个诊断比值，指标化合物的种类和诊断比值的个数少于欧盟标准和国家标准的推荐内容。该方法能够实现对溢油样品进行准确快速的鉴别。

第二节 经风化油品现场验证实验

一、概述

为了检验单一油种鉴别的气相色谱/质谱联用（GC-MS）分析法（涡旋-离心处理油样法）在实际溢油污染事故中的应用效果，选取经风化的油样品，用"实验室间 GC-MS 法鉴别溢油比对实验研究"确定的分析方法，进行 GC-MS 验证实验。3 家参加验证的检测机构均得出了一致的鉴别结论，且与实际制备油样完全一致。

二、参加验证的实验室

由深圳市计量质量检测研究院、大连—国家海洋环境监测中心和中国海事局烟台溢油应急技术中心 3 家实验室，按照确定的方法，开展验证工作。

三、样品情况

选取 180#重油和文昌原油在海上溢油风化模拟装置内进行风化实验，采集风化 5 d 的 180#重油、文昌原油和 DL002 号、DL003 号、DL009 号、DL011 号油样[①]组成风化油的现场验证实验样品，并在保证样品原始特征的前提条件下发放到各实验单位。

表 6-25 样品情况一览表

油样编号		油样来源
风化油样	风 A	风化 5 d 的 180#重油
	风 B	风化 5 d 的文昌原油
嫌疑油样	风 1	F180，DL002（韩国）
	风 2	F380，DL003
	风 3	180#重油
	风 4	原油 DL011（西藏门巴地区原油）
	风 5	原油 DL009（前方世纪货油）
	风 6	文昌原油

四、鉴别分析

1. 荧光光谱法初步筛选鉴别结果

将 3 家实验室报告的荧光光谱筛选结果列于表 6-26 中，比较结论显示：风 A 与风 1、风 3 和风 4 有关；风 B 与风 5 和风 6 有关。

---

① 均为课题内部实验油品编号。

表 6-26　3 家实验室荧光光谱筛选结果

风化油样	风 A		
鉴别机构	深　圳	大　连	烟　台
风 1	基本一致	不一致	不一致
风 2	不一致	不一致	不一致
风 3	基本一致	一　致	基本一致
风 4	不一致	一　致	一　致
风 5	不一致	不一致	不一致
风 6	不一致	不一致	不一致
结论	风 A 与风 1 基本一致 风 A 与风 3 基本一致	风 A 与风 3 一致 风 A 与风 4 一致	风 A 与风 3 基本一致
风化油样	风 B		
鉴别机构	深　圳	大　连	烟　台
风 1	不一致	不一致	不一致
风 2	不一致	不一致	不一致
风 3	不一致	不一致	不一致
风 4	不一致	不一致	不一致
风 5	基本一致	不一致	不一致
风 6	一　致	一　致	一　致
结论	风 B 与风 5 基本一致 风 B 与风 6 一致	风 B 与风 6 一致	风 B 与风 6 一致

2. GC-MS 法最终鉴别结果

GC-MS 鉴别方法是采用"实验室间 GC-MS 法鉴别溢油品种比对实验研究报告"中所确定的方法进行，仅对由荧光光谱筛选出分别与风 A 和风 B 一致或基本一致的样品进行鉴别。

（1）溢油样风 A 与风 3、风 1、风 4 的数据比较

表 6-27　溢油样风 A 和嫌疑油风 3 的特征比值及判定

选择离子	诊断指标	风 A 与风 3			风 A 与风 1	风 A 与风 4
		深圳	大连	烟台	深圳	大连
85	nC17/Pr	Y	N	N	N	N
	nC18/Ph	Y	Y	Y	N	N
	Pr/Ph	Y	Y	Y	N	N
191	Ts/Tm	Y	Y	Y	N	N
	C29αβ/C30αβ	Y	Y	Y	N	N
218	C27 甾αββ/（C27～C29）甾αββ	Y	Y	Y	N	Y
	C28 甾αββ/（C27～C29）甾αββ	Y	Y	Y	Y	Y
	C29 甾αββ/（C27～C29）甾αββ	Y	Y	Y	Y	Y
142	2-甲基萘/1-甲基萘	N	N	Y	Y	Y
166、180	芴/1-甲基芴	Y	Y	Y	N	N
198	4-甲基二苯并噻吩/3-甲基二苯并噻吩	Y	Y	Y	Y	N
	4-甲基二苯并噻吩/1-甲基二苯并噻吩	Y	Y	Y	Y	Y
192	2-甲基菲/1-甲基菲	Y	Y	Y	N	N
242	2-甲基䓛/6-甲基䓛	Y	Y	Y	N	Y

判定依据：CEN/TR 155122-2：2006；重复性限：$r_{95\%} = 2.8 \times \bar{x} \times 5\% = 14\%\bar{x}$；
当极差小于重复性限时数据有效，记为 Y；当极差大于重复性限时数据无效，记为 N。

（2）溢油风 B 与风 5 和风 6 的数据分析和比较

表 6-28 溢油样风 B 和嫌疑油风 5、风 6 的特征比值及判定

选择离子	诊断指标	风 A 与风 6			风 A 与风 5
		深圳	大连	烟台	深圳
85	nC17/Pr	Y	Y	Y	N
	nC18/Ph	Y	Y	Y	N
	Pr/Ph	Y	Y	Y	N
191	Ts/Tm	Y	Y	Y	N
	C29αβ/C30αβ	Y	Y	Y	N
218	C27 甾αββ/（C27～C29）甾αββ	Y	Y	Y	Y
	C28 甾αββ/（C27～C29）甾αββ	Y	Y	Y	Y
	C29 甾αββ/（C27～C29）甾αββ	Y	Y	Y	Y
142	2-甲基萘/1-甲基萘	N	N	N	N
166、180	芴/1-甲基芴	N	N	N	N
198	4-甲基二苯并噻吩/3-甲基二苯并噻吩	Y	Y	Y	N
	4-甲基二苯并噻吩/1-甲基二苯并噻吩	Y	Y	Y	N
192	2-甲基菲/1-甲基菲	Y	Y	Y	Y
242	2-甲基䓛/6-甲基䓛	Y	Y	Y	N

判定依据：CEN/TR 155122-2：2006；重复性限：$r_{95\%} = 2.8 \times \bar{x} \times 5\% = 14\%\bar{x}$；
当极差小于重复性限时数据有效，记为 Y；当极差大于重复性限时数据无效，记为 N。

（3）采用 GC-MS 法最终鉴别结果

将 3 家实验室报告 GC/MS 结果列于表 6-29 中，验证结论显示：风 A 与风 3、风 B 风 6 一致，其中检验不一致的诊断比值均由于风化作用造成。

表 6-29 3 家实验室 GC-MS 鉴别结果

分析项目	风 A 与风 1、风 3、风 4 的鉴别结果				
	风 A 与风 3			风 A 与风 1	风 A 与风 4
	深 圳	大 连	烟 台	深 圳	大 连
芳 烃	基本一致	基本一致	基本一致	不一致	不一致
萜烷、甾烷、正构烷烃	基本一致	基本一致	基本一致	不一致	不一致
总体结论	一 致	一 致	一 致	不一致	不一致

分析项目	风 B 与风 5、风 6 的鉴别结果			
	风 B 与风 6			风 B 与风 5
	深 圳	大 连	烟 台	深 圳
芳 烃	基本一致	基本一致	基本一致	不一致
萜烷、甾烷、正构烷烃	基本一致	基本一致	基本一致	不一致
总体结论	一 致	一 致	一 致	不一致

五、鉴别结论

经荧光光谱初步筛选、气相色谱质谱鉴别，3 家检测机构均得出一致结论：风 A 与风 3 为同一油样；风 B 与风 6 为同一油样。这与实际制备油样完全一致。

第三节　经溢油分散剂处理油品现场验证实验

在我国的溢油应急反应系统中，常常使用溢油分散剂消除水面溢油。使用溢油分散剂后，无法根据油品性质进行准确的溢油鉴别，加大了溢油源鉴别的难度和复杂程度。因此，经溢油分散剂处理后的复杂疑难溢油的判识技术成为准确进行溢油鉴别的关键之一。

在建立经溢油分散剂处理的溢油品种鉴别方法后，开展溢油品种鉴别现场验证实验以检验该方法在实际溢油污染事故中的应用效果。

样品相关信息如下：

送样单位：国家海洋环境监测中心（大连）；

溢油样编号：消 A、消 B；

嫌疑油样编号：消 1、消 2、消 3、消 4、消 5、消 6。

一、利用三维荧光光谱鉴别分析报告

1. 仪器分析条件

SB6014 HITACHI F－4600 型荧光分光光度计；

狭缝宽度：激发单色器　10 nm，发射单色器　5 nm；

扫描速度：12 000 nm/min；

光电倍增管电压：400V；

响应：自动；

起始激发波长：220 nm；

结束激发波长：460 nm；

Ex 步长：5 nm；

起始发射波长：250 nm；

结束发射波长：550 nm；

EM 步长：2 nm。

2. 样品处理

配制浓度为 5 mg/L 的油样溶液。采用经硝酸浸泡处理过的 10 mL 容量瓶直接称量样品，用纯化合格的正己烷定容。摇匀，静置 10 min。采取溶剂逐级稀释方法得到 5 mg/L 浓度的测试样品。将制备好的试样倒入比色池中，清洗 3 次，然后取 1/2 比色池样品，放入样品室，按仪器测定条件进行三维荧光测量。

3. 深圳市计量质量研究院三维荧光报告

（1）样品三维荧光特征参数

样品三维荧光特征参数见表 6-30。

表 6-30 样品三维荧光特征峰位置及荧光强度（深圳）

| | 荧光特征峰位置（Ex/Em）/nm | | | | | | 荧光特征峰荧光强度 F | | | | | |
	T_1	T_2	T_3	T_4	T_5	T_6	F_1	F_2	F_3	F_4	F_5	F_6
消A		230/344	260/362					1217	808.7			
消B		230/344	255/362	270/312		270/332		467.2	250.1	132.9		133.5
消1		225/344	260/362			275/330		1032	693.3			360.2
消2		225/344	255/360	260/362				1076	753.8	755.2		
消3		225/342	260/364					1036	656.0			
消4		230/344	260/364	270/312		270/330		462.7	249.5	133.4		134.0
消5		230/344	255/360	260/364	270/314	270/330		460.9	232.7	233.7	137.9	135.0
消6	225/342	230/344		270/314	270/326	270/328	557.6	549.9		139.7	139.5	140.6

（2）各样品分析结果

各样品分析结果见表 6-31、表 6-32。

表 6-31 消 A 与各嫌疑油样谱图对比分析（深圳）

| | 荧光特征峰强度比值 R | | 荧光特征峰位置 | 指纹走向 | 谱图形状 | 结论 |
	$R_1 = \dfrac{F_{230/344}}{F_{260/362}}$	$R_2 = \dfrac{F_{230/344}}{F_{270/330}}$				
消A	1.50	—	—	—	—	—
消1	1.49	2.87	不一致	不一致	不一致	差异	不一致
消2	1.42	—	基本一致	基本一致	基本一致	相似	基本一致
消3	1.58	—	基本一致	基本一致	基本一致	相似	基本一致
消4	1.85	3.45	不一致	不一致	不一致	差异	不一致
消5	1.97	3.41	不一致	不一致	不一致	差异	不一致
消6	—	3.91	不一致	不一致	不一致	差异	不一致

表 6-32 消 B 与各嫌疑油样谱图对比分析（深圳）

| | 荧光特征峰强度比值 R | | | 荧光特征峰位置 | 指纹走向 | 谱图形状 | 结论 |
	$R_1 = \dfrac{F_{230/344}}{F_{255/362}}$	$R_2 = \dfrac{F_{230/344}}{F_{270/332}}$					
消B	1.87	3.50	—	—	—	—	—
消1	1.49	2.87	不一致	基本一致	一致	相似	不一致
消2	1.42	—	不一致	不一致	不一致	有差异	不一致
消3	1.58	—	不一致	不一致	不一致	有差异	不一致
消4	1.85	3.45	一致	基本一致	基本一致	相似	基本一致
消5	1.98	3.41	基本一致	基本一致	一致	相似	基本一致
消6	—	3.91	不一致	不一致	不一致	差异	不一致

（3）初步鉴别结论

鉴别结果见表 6-33。

表 6-33　鉴别结果汇总（深圳）

	消 1	消 2	消 3	消 4	消 5	消 6
消 A	不一致	基本一致	基本一致	不一致	不一致	不一致
消 B	不一致	不一致	不一致	基本一致	基本一致	一致

4. 烟台溢油应急技术中心三维荧光报告

（1）样品三维荧光特征参数

样品三维荧光特征参数见表 6-34。

表 6-34　样品三维荧光特征峰位置及荧光强度（烟台）

样品名称		荧光特征峰位置（Ex/Em）/nm					荧光特征峰强度 F					特征峰荧光强度比值 R	
		T_1	T_2	T_3	T_4	T_5	F_1	F_2	F_3	F_4	F_5	R_1	均值
消 1	消 1-1	230.0/344.0	260.0/362.0				1 631	1 623				1.00	1.01
	消 1-2	230.0/344.0	260.0/362.0				1 606	1 582				1.02	
消 2	消 2-1	230.0/344.0	260.0/362.0	275.0/330.0			1 667	1 658	829			1.01	1.03
	消 2-2	230.0/344.0	260.0/362.0	275.0/330.0			1 398	1 328	656.4			1.05	
消 3	消 3-1	230.0/346.0	265.0/372.0				1 525	1 442				1.06	1.05
	消 3-2	230.0/344.0	265.0/370.0				1 540	1 476				1.04	
消 4	消 4-1	230.0/344.0	260.0/368.0	270.0/318.0	215.0/308.0		776.7	596.6	298.7	287.7		1.30	1.29
	消 4-2	230.0/344.0	265.0/368.0	270.0/318.0	215.0/310.0		824.9	649.4	324.9	301.1		1.27	
消 5	消 5-1	230.0/346.0	260.0/364.0	270.0/330.0	215.0/310.0	205.0/292.0	828.9	594.7	339.1	326.5	260.3	1.39	1.36
	消 5-2	230.0/344.0	260.0/364.0	270.0/332.0	215.0/314.0	205.0/290.0	945.1	709.1	405.4	365.2	281.4	1.33	
消 6	消 6-1	230.0/344.0	255.0/360.0	275.0/330.0	205.0/292.0		1 614	1 137	634	401.3		1.42	1.44
	消 6-2	230.0/346.0	255.0/360.0	270.0/328.0	210.0/308.0		1 389	948.6	508.2	450.7		1.46	
消 A	消 A-1	230.0/346.0	260.0/362.0				2 092	2 123				1.01	1.01
	消 A-2	230.0/346.0	260.0/362.0				2 029	2 059				1.01	
消 B	消 B-1	230.0/346.0	260.0/364.0	205.0/290.0			924.7	751.3	253.9			1.23	1.25
	消 B-2	230.0/344.0	265.0/368.0	205.0/288.0			936.8	739	264.7			1.27	

（2）各样品分析结果

①观察谱图形状及指纹走向可知：消 A 与消 1、消 2 和消 3 比较相似，特别是消 1 和消 2；消 B 与消 4、消 5 和消 6 相似。

②比较主峰位置可知：所有油样的主峰均在 230.0 nm/344.0～346.0 nm 处，消 A 与消 1、消 2 的第二特征峰一致，在 260.0 nm/362.0 nm 处；消 B 与消 4、消 5 的第二特征峰一致，在 260.0～265.0 nm/364.0～368.0 nm 处。

③比较荧光强度比值可知：消 A 与消 1、消 2 和消 3 的 R_1 值在 1.01～1.05 之间，可能属于同一种油；消 B 与消 4、消 5 和消 6 的 R_1 值在 1.25～1.44 之间，可能属于同一种油，其中消 B 与消 4 最接近。

（3）初步鉴别结论

消 A 与消 1、消 2 可能为同一来源；消 B 与消 4 可能为同一来源。

5．国家海洋环境监测中心（大连）三维荧光报告

（1）样品三维荧光特征参数

样品三维荧光特征参数见表 6-35。

表 6-35 样品三维荧光特征峰位置及荧光强度（大连）

样品名称	荧光特征峰位置（Ex/Em）/nm				荧光特征峰强度 F				荧光特征峰强度比值 R
	T_1	T_2	T_3	T_4	F_1	F_2	F_3	F_4	
消 A	225/344	250/380			826.4	454.2			0.550
消 B	230/346				807.4	726.3			
消 1	225/342	250/380	270/336		875.7	448.5	216.4		0.512
消 2	225/344	250/380	285/345		848.0	464.2	242.0		0.547
消 3	230/346	225/342			675.2	669.6			0.992
消 4	230/346				826.2				
消 5	230/344				824.9				
消 6	230/344	225/332			945.5	852.7			0.902

（2）各样品分析结果

各样品分析结果见表 6-36、表 6-37。

表 6-36 消 A 与各嫌疑油样谱图对比分析（大连）

	荧光特征峰强度比值 R	荧光特征峰位置	指纹走向	谱图形状	结 论
消 1	一 致	一 致	一 致	一 致	一 致
消 2	一 致	一 致	一 致	一 致	一 致
消 3	不一致	不一致	不一致	不一致	不一致
消 4	不一致	不一致	不一致	不一致	不一致
消 5	不一致	不一致	不一致	不一致	不一致
消 6	不一致	不一致	不一致	不一致	不一致

表 6-37 消 B 与各嫌疑油样谱图对比分析（大连）

	荧光特征峰强度比值 R	荧光特征峰位置	指纹走向	谱图形状	结 论
消 1	不一致	不一致	一 致	一 致	不一致
消 2	不一致	不一致	不一致	不一致	不一致
消 3	不一致	不一致	不一致	不一致	不一致
消 4	一 致	一 致	一 致	一 致	一 致
消 5	一 致	一 致	一 致	一 致	一 致
消 6	不一致	不一致	不一致	不一致	不一致

（3）初步鉴别结论

鉴别结果见表 6-38。

表 6-38　鉴别结果汇总（大连）

	消 1	消 2	消 3	消 4	消 5	消 6
消 A	一　致	一　致	不一致	不一致	不一致	不一致
消 B	不一致	不一致	不一致	一　致	一　致	不一致

二、利用气相色谱质谱鉴别分析报告

1．仪器与材料

Agilent 6890 气相色谱串联 5973 质谱（GC-MS），HP-5MS 石英毛细管色谱柱（30 m×0.25 mm ×0.25 μm），磁力搅拌器，正己烷（色谱纯），二氯甲烷（色谱纯），层析硅胶（100～200 目，将硅胶放置在浅盘中用铝箔覆盖，在 180℃下活化 20 h）。

2．样品处理

将所取油、水、溢油分散剂的乳化混合物置于离心管中，在略高于 0℃的温度下充分冷却，然后以 3 000 r/min 的转速离心，使油水充分分离。称取离心管中上层 0.2 g 油样溶于 10 mL 正己烷中，用超声波混匀 15 min。在带有聚四氟乙烯活塞的玻璃色谱层析柱底部加硼硅玻璃棉，加入 3 g 活化硅胶（100～200 目，在 180℃下活化 20 h），顶部放入 1 g 无水硫酸钠，用 20 mL 正己烷润洗层析柱，弃掉流出液。待无水硫酸钠表面刚刚曝露空气之前，加入 200 μL 油溶液，以 15 mL 的正己烷冲洗，洗出液为饱和烃（F_1），用 15 mL 的二氯甲烷和正己烷的混合液（体积比 1∶1）洗出芳香烃（F_2）。将洗出液旋转蒸发浓缩，样品转移至进样瓶，定容到 1.0 mL，GC-MS 分析。

3．样品前处理

载气为高纯氦气，流量为 1.0 mL/min。不分流进样，进样口温度为 290℃，接口温度为 280℃，离子源温度 230℃。升温程序为：在 50℃保持 2 min，以 6℃/min 的速度升到 300℃，保持 16 min。

4．深圳市计量质量研究院溢油消 A 与嫌疑油的数据分析和比较

（1）溢油消 A 与各嫌疑油数据分析

对于经溢油分散剂处理的油样特征比值仅考虑甾烷和萜烷，选择离子为 191、218。数据分析情况见表 6-39、表 6-40，鉴别结果见表 6-41。

表 6-39　溢油样消 A 和嫌疑油消 2 的特征比值及判定（深圳）

生标化合物（选择离子）	诊断指标	溢油样消 A 和嫌疑油消 2 的特征比值及判定					
		消 A	消 2	平均值	极差	重复性限	判定
191	Ts/Tm	0.289	0.257	0.273	0.032	0.038	Y
	C29αβ/C30αβ	0.464	0.461	0.463	0.003	0.065	Y
218	C27 甾αββ/（C27～C29）甾αββ	0.23	0.211	0.221	0.019	0.031	Y
	C28 甾αββ/（C27～C29）甾αββ	0.331	0.336	0.334	0.005	0.047	Y
	C29 甾αββ/（C27～C29）甾αββ	0.439	0.453	0.446	0.014	0.062	Y

判定依据：CEN/TR 155122-2：2006；重复性限：$r_{95\%} = 2.8 \times \bar{x} \times 5\% = 14\%\bar{x}$；
当极差小于重复性限时数据有效，记为 Y；当极差大于重复性限时数据无效，记为 N。

表 6-40 溢油样消 A 和嫌疑油消 3 的特征比值及判定（深圳）

生物标记化合物 （选择离子）	诊断指标	溢油样消 A 和嫌疑油消 3 的特征比值及判定					
		消 A	消 3	平均值	极差	重复性限	判定
191	Ts/Tm	0.289	0.503	0.396	0.214	0.055	N
	C29αβ/C30αβ	0.464	0.744	0.604	0.280	0.085	N
218	C27 甾αββ/（C27～C29）甾αββ	0.23	0.313	0.272	0.083	0.038	N
	C28 甾αββ/（C27～C29）甾αββ	0.331	0.3	0.316	0.031	0.044	Y
	C29 甾αββ/（C27～C29）甾αββ	0.439	0.388	0.414	0.051	0.058	Y

判定依据：CEN/TR 155122-2：2006；重复性限：$r_{95\%} = 2.8 \times \bar{x} \times 5\% = 14\%\bar{x}$；

当极差小于重复性限时数据有效，记为 Y；当极差大于重复性限时数据无效，记为 N。

表 6-41 溢油消 A 与各嫌疑油的鉴别结果（深圳）

分析项目	溢油消 A 与各嫌疑油的鉴定结果	
	消 2	消 3
萜烷	一致	不一致
甾烷	一致	不一致

（2）溢油消 B 与各嫌疑油数据分析

对于经溢油分散剂处理的油样特征比值仅考虑甾烷和萜烷，选择离子为 191、218。数据分析情况见表 6-42～表 6-44，鉴别结果见表 6-45。

表 6-42 溢油样消 B 和嫌疑油消 4 的特征比值及判定（深圳）

生物标记化合物 （选择离子）	诊断指标	溢油样消 B 和嫌疑油消 4 的特征比值及判定					
		消 B	消 4	平均值	极差	重复性限	判定
191	Ts/Tm	0.491	0.509	0.500	0.018	0.070	Y
	C29αβ/C30αβ	1.217	1.263	1.240	0.046	0.174	Y
218	C27 甾αββ/（C27～C29）甾αββ	0.305	0.301	0.303	0.004	0.042	Y
	C28 甾αββ/（C27～C29）甾αββ	0.222	0.219	0.221	0.003	0.031	Y
	C29 甾αββ/（C27～C29）甾αββ	0.473	0.48	0.477	0.007	0.067	Y

判定依据：CEN/TR 155122-2：2006；重复性限：$r_{95\%} = 2.8 \times \bar{x} \times 5\% = 14\%\bar{x}$；

当极差小于重复性限时数据有效，记为 Y；当极差大于重复性限时数据无效，记为 N。

表 6-43 溢油样消 B 和嫌疑油消 5 的特征比值及判定（深圳）

生物标记化合物 （选择离子）	诊断指标	溢油样消 B 和可疑油消 5 的特征比值及判定					
		消 B	消 5	平均值	极差	重复性限	判定
191	Ts/Tm	0.491	0.644	0.568	0.153	0.079	N
	C29αβ/C30αβ	1.217	1.198	1.208	0.019	0.169	Y
218	C27 甾αββ/（C27～C29）甾αββ	0.305	0.293	0.299	0.012	0.042	Y
	C28 甾αββ/（C27～C29）甾αββ	0.222	0.237	0.230	0.015	0.032	Y
	C29 甾αββ/（C27～C29）甾αββ	0.473	0.47	0.472	0.003	0.066	Y

判定依据：CEN/TR 155122-2：2006；重复性限：$r_{95\%} = 2.8 \times \bar{x} \times 5\% = 14\%\bar{x}$；

当极差小于重复性限时数据有效，记为 Y；当极差大于重复性限时数据无效，记为 N。

表 6-44 溢油样消 B 和嫌疑油消 6 的特征比值及判定（深圳）

生物标记化合物（选择离子）	诊断指标	溢油样消 B 和嫌疑油消 6 的特征比值及判定					
		消 B	消 6	平均值	极差	重复性限	判定
191	Ts/Tm	0.491	0.551	0.521	0.060	0.073	Y
	C29αβ/C30αβ	1.217	0.517	0.867	0.700	0.121	N
218	C27 甾αββ/（C27～C29）甾αββ	0.305	0.309	0.307	0.004	0.043	Y
	C28 甾αββ/（C27～C29）甾αββ	0.222	0.345	0.284	0.123	0.040	N
	C29 甾αββ/（C27～C29）甾αββ	0.473	0.346	0.410	0.127	0.057	N

判定依据：CEN/TR 155122-2：2006；重复性限：$r_{95\%} = 2.8 \times \bar{x} \times 5\% = 14\%\bar{x}$；
当极差小于重复性限时数据有效，记为 Y；当极差大于重复性限时数据无效，记为 N。

表 6-45 溢油消 B 与各嫌疑油的鉴别结果（深圳）

分析项目	溢油消 B 与各嫌疑油的鉴定结果		
	消 4	消 5	消 6
甾烷	一致	不一致	不一致
萜烷	一致	一致	不一致

（3）鉴别结论

经气相色谱/质谱鉴别：消 A 与消 2 为同一油样；消 B 与消 4 为同一油样。

5. 烟台溢油应急技术中心溢油消 A 与嫌疑油的数据分析和比较

（1）溢油消 A 与各嫌疑油数据分析

对于经溢油分散剂处理的油样特征比值仅考虑甾烷和萜烷，选择离子为 191、218。数据分析情况见表 6-46、表 6-47，比较结论见表 6-48。

表 6-46 溢油样消 A 和嫌疑油消 1 的特征比值及判定（烟台）

生物标记化合物（选择离子）	诊断指标	消 A	消 1	平均值	极差	重复性限	评定
191	Ts/Tm	0.278	0.257	0.268	0.021	0.037	Y
	C29αβ/C30αβ	0.444	0.527	0.486	0.083	0.068	N
218	C27 甾αββ/（C27～C29）甾αββ	0.241	0.267	0.254	0.026	0.036	Y
	C28 甾αββ/（C27～C29）甾αββ	0.324	0.296	0.310	0.028	0.043	Y
	C29 甾αββ/（C27～C29）甾αββ	0.435	0.437	0.436	0.002	0.061	Y

判定依据：CEN/TR 155122-2：2006；重复性限：$r_{95\%} = 2.8 \times \bar{x} \times 5\% = 14\%\bar{x}$；
当极差小于重复性限时数据有效，记为 Y；当极差大于重复性限时数据无效，记为 N。

表 6-47 烟台溢油应急技术中心溢油样消 A 和嫌疑油消 2 的特征比值及判定（烟台）

生物标记化合物（选择离子）	诊断指标	消 A	消 2	平均值	极差	重复性限	评定
191	Ts/Tm	0.278	0.262	0.270	0.016	0.038	Y
	C29αβ/C30αβ	0.444	0.463	0.454	0.019	0.064	Y
218	C27 甾αββ/（C27～C29）甾αββ	0.241	0.252	0.247	0.011	0.035	Y
	C28 甾αββ/（C27～C29）甾αββ	0.324	0.310	0.317	0.014	0.044	Y
	C29 甾αββ/（C27～C29）甾αββ	0.435	0.438	0.437	0.003	0.061	Y

判定依据：CEN/TR 155122-2：2006；重复性限：$r_{95\%} = 2.8 \times \bar{x} \times 5\% = 14\%\bar{x}$；
当极差小于重复性限时数据有效，记为 Y；当极差大于重复性限时数据无效，记为 N。

表 6-48　溢油消 A 与各嫌疑油的比较结论（烟台）

分析项目	溢油消 A 与各嫌疑油的鉴定结果	
	消 1	消 2
萜烷	不一致	一致
甾烷	一致	一致

（2）溢油消 B 与各嫌疑油数据分析

对于经溢油分散剂处理的油样特征比值仅考虑甾烷和萜烷，选择离子为 191、218。数据分析情况见表 6-49，比较结论见表 6-50。

表 6-49　溢油样消 B 和嫌疑油消 4 的特征比值及判定（烟台）

生物标记化合物（选择离子）	诊断指标	消 B	消 4	平均值	极差	重复性限	评定
191	Ts/Tm	0.499	0.524	0.512	0.025	0.072	Y
	C29αβ/C30αβ	1.407	1.402	1.405	0.005	0.197	Y
218	C27 甾αββ/（C27～C29）甾αββ	0.344	0.349	0.347	0.005	0.049	Y
	C28 甾αββ/（C27～C29）甾αββ	0.199	0.211	0.205	0.012	0.029	Y
	C29 甾αββ/（C27～C29）甾αββ	0.457	0.440	0.449	0.017	0.063	Y

判定依据：CEN/TR 155122-2：2006；重复性限：$r_{95\%} = 2.8 \times \bar{x} \times 5\% = 14\% \bar{x}$；
当极差小于重复性限时数据有效，记为 Y；当极差大于重复性限时数据无效，记为 N。

表 6-50　溢油消 B 与各嫌疑油的比较结论（烟台）

分析项目	溢油消 B 与各嫌疑油的鉴定结果
	消 4
甾烷	一致
萜烷	一致

（3）鉴别结论

经气相色谱/质谱鉴别：消 A 与消 2 为同一油样；消 B 与消 4 为同一油样。

6. 国家海洋环境监测中心（大连）溢油消 A 与嫌疑油的数据分析和比较

（1）溢油消 A 与各嫌疑油数据分析

对于经溢油分散剂处理的油样特征比值仅考虑甾烷和萜烷，选择离子为 191、218。数据分析情况见表 6-51、表 6-52，比较结论见表 6-53。

表 6-51　溢油样消 A 和嫌疑油消 1 的特征比值及判定（大连）

生物标记化合物（选择离子）	诊断指标	消 A	消 1	平均值	极差	重复性限	评定
191	Ts/Tm	0.268	0.266	0.267	0.002	0.037	Y
	C29αβ/C30αβ	0.469	0.526	0.498	0.057	0.070	Y
218	C27 甾αββ/（C27～C29）甾αββ	0.248	0.226	0.237	0.022	0.033	Y
	C28 甾αββ/（C27～C29）甾αββ	0.322	0.323	0.323	0.001	0.045	Y
	C29 甾αββ/（C27～C29）甾αββ	0.430	0.451	0.441	0.021	0.062	Y

判定依据：CEN/TR 155122-2：2006；重复性限：$r_{95\%} = 2.8 \times \bar{x} \times 5\% = 14\% \bar{x}$；
当极差小于重复性限时数据有效，记为 Y；当极差大于重复性限时数据无效，记为 N。

表 6-52　溢油样消 A 和嫌疑油消 2 的特征比值及判定（大连）

生物标记化合物 （选择离子）	诊断指标	消 A	消 2	平均值	极差	重复性限	评定
191	Ts/Tm	0.268	0.237	0.253	0.031	0.035	Y
	C29αβ/C30αβ	0.469	0.484	0.477	0.015	0.067	Y
218	C27 甾αββ/（C27～C29）甾αββ	0.248	0.239	0.244	0.009	0.034	Y
	C28 甾αββ/（C27～C29）甾αββ	0.322	0.328	0.325	0.006	0.046	Y
	C29 甾αββ/（C27～C29）甾αββ	0.430	0.432	0.431	0.002	0.060	Y

判定依据：CEN/TR 155122-2：2006；重复性限：$r_{95\%} = 2.8 \times \bar{x} \times 5\% = 14\%\bar{x}$；
当极差小于重复性限时数据有效，记为 Y；当极差大于重复性限时数据无效，记为 N。

表 6-53　溢油消 A 与各嫌疑油的比较结论（大连）

分析项目	溢油消 A 与各嫌疑油的鉴定结果	
	消 1	消 2
萜烷	一致	一致
甾烷	一致	一致

（2）溢油消 B 与各嫌疑油数据分析

对于经溢油分散剂处理的油样特征比值仅考虑甾烷和萜烷，选择离子为 191、218。数据分析情况见表 6-54、表 6-55，比较结论见表 6-56。

表 6-54　溢油样消 B 和嫌疑油消 4 的特征比值及判定（大连）

生物标记化合物 （选择离子）	诊断指标	消 B	消 4	平均值	极差	重复性限	评定
191	Ts/Tm	0.477	0.502	0.490	0.025	0.069	Y
	C29αβ/C30αβ	1.359	1.370	1.365	0.011	0.191	Y
218	C27 甾αββ/（C27～C29）甾αββ	0.322	0.335	0.329	0.013	0.046	Y
	C28 甾αββ/（C27～C29）甾αββ	0.220	0.204	0.212	0.016	0.030	Y
	C29 甾αββ/（C27～C29）甾αββ	0.458	0.461	0.460	0.003	0.064	Y

判定依据：CEN/TR 155122-2：2006；重复性限：$r_{95\%} = 2.8 \times \bar{x} \times 5\% = 14\%\bar{x}$；
当极差小于重复性限时数据有效，记为 Y；当极差大于重复性限时数据无效，记为 N。

表 6-55　溢油样消 B 和嫌疑油消 5 的特征比值及判定（大连）

生物标记化合物 （选择离子）	诊断指标	消 B	消 5	平均值	极差	重复性限	评定
191	Ts/Tm	0.477	0.646	0.562	0.169	0.079	N
	C29αβ/C30αβ	1.359	1.139	1.249	0.220	0.175	N
218	C27 甾αββ/（C27～C29）甾αββ	0.322	0.322	0.322	0.000	0.045	Y
	C28 甾αββ/（C27～C29）甾αββ	0.220	0.231	0.226	0.011	0.032	Y
	C29 甾αββ/（C27～C29）甾αββ	0.458	0.448	0.453	0.010	0.063	Y

判定依据：CEN/TR 155122-2：2006；重复性限：$r_{95\%} = 2.8 \times \bar{x} \times 5\% = 14\%\bar{x}$；
当极差小于重复性限时数据有效，记为 Y；当极差大于重复性限时数据无效，记为 N。

表 6-56　溢油消 B 与各嫌疑油的比较结论（大连）

分析项目	溢油消 B 与各嫌疑油的鉴定结果	
	消 4	消 5
甾烷	一致	不一致
萜烷	一致	一致

（3）鉴别结论

经气相色谱/质谱鉴别：消 A 与消 1、消 2 为同一油样未能区分；消 B 与消 4 为同一油样。由表 6-41、表 6-48、表 6-53 可见，消 A 与消 2 为同一油样。由表 6-45、表 6-50、表 6-56 可见，消 B 与消 4 为同一油样。

第四节　混源油品现场验证实验

一、目的与意义

为了检验单一油种鉴别的气相色谱/质谱联用（GC-MS）分析法（涡旋-离心处理油样法）在实际溢油污染事故中的应用效果，在 2009 年 10 月 30 日前开展并完成溢油品种鉴别现场验证实验，为该鉴别方法在实际工作中的应用奠定基础。

二、样品的配制

样品由中国海事局烟台溢油应急技术中心制备，油样由嫌疑油 $1^{\#}$、$2^{\#}$、$3^{\#}$、$4^{\#}$、$5^{\#}$、$6^{\#}$ 和混源油（以下简称混油）A、B 组成，混油 A、B 均由嫌疑油中任意 2 个油按某个比例混合而成。

样品信息如表 6-57 所示。嫌疑油样和混油样品的前处理及分析测定同第四章第三节所述。

表 6-57　混源实验样品信息

嫌疑油样品		混合油样品				发样单位
样品编号	样品种类	样品编号	样品种类	重量/g	混合比/%	
混 1	原油	混 A	混 5	0.115 9	11.2	
混 2	燃料油		混 6	0.914 6	88.8	中国海事局烟台溢油应急技术中心
混 3	燃料油	混 B	混 2	0.122 4	12.0	
混 4	原油		混 6	0.897 3	88.0	
混 5	原油					
混 6	燃料油					

注：样品信息由中国海事局烟台溢油应急技术中心在验证实验完成后提供。

三、鉴别方法

1．诊断化合物

正、异构烷烃组分的定量采用氘代正二十烷作为内标，根据色谱峰面积积分得到。各个正、异构烷烃组分相对内标的相对响应因子被假定为 1.0。在本研究中 C9～C36 正构烷烃和姥鲛烷（Pr）、植烷（Ph）被作为诊断化合物用于混油的鉴别。

2．混油鉴别过程

首先，从嫌疑油中选择两个油样作为混油可能的端元油，根据这两个端元油样中正构烷烃的绝对含量，通过下式可以计算出由上述端元油样组成的二元混合油中正构烷烃的含量。

$$C_n = A_n x + B_n (1 - x)$$

式中：C_n 是计算得到的二元混合油中第 n 个化合物的绝对含量；A_n 和 B_n 分别代表实测的两个端元油样中第 n 个化合物的绝对含量；x 表示混源油中一个端元的混入比例；$1-x$ 则代表另一个端元的混入比例。

其次，通过假定混源油中一个端元油的混入比例 x，可以计算得到混油中各个正构烷烃的绝对含量，将计算结果与实测结果进行对比，通过最小二乘法确定由这两个端元油混合的最佳混合比。

最后，经过不同油样的组合、模拟计算，根据计算值与实测值之间误差的平方和最小化原则，确定可能的端元油组合及它们的可能混合比。

四、结果报告

图 6-4 给出了 6 个嫌疑油样和两个混油中饱和烃的气相色谱图。图 6-5 显示了它们的主要烷烃的含量分布曲线。从这两个图可知，两个混油与 6# 嫌疑油的色谱特征及烷烃的含量分布曲线都非常相似，因此，推测 6# 嫌疑油可能是组成这两个混油的主要组分。由于混油中 6# 嫌疑油占较大的比例，使得两个混油之间以及与 6# 嫌疑油之间都具有非常相似的芳烃组成以及相似的生标化合物组成特征。本研究选择 C9～C36 正构烷烃和姥鲛烷（Pr）、植烷（Ph）进行混油的鉴别。6 个嫌疑油样和两个混油中主要烷烃的绝对含量数据通过色谱峰面积积分求得，根据前面介绍的步骤，依次选择 1#～5# 嫌疑油与 6# 进行混合配对；通过假定一个混合比，可计算出各个混油中不同烷烃含量的理论值；将混油中各组分的理论计算值与相应组分的实测值相减，然后分别求取两者相差的平方和；通过调节假定的混合比，得到最佳的混合比，使得计算值与实测值之间误差的平方和达到最低。混油 A 和 B 获得的拟合结果分别列于表 6-58。从表 6-58 可以看出，对于混油 A，由 5# 和 6# 混合得到的误差的平方和最小，该组合中 5# 油占 11.8%，6# 油占 88.2%；对于混油 B，则由 2# 和 6# 混合得到的误差的平方和最小，其中 2# 油占 13.3%，6# 油占 86.7%。将表 6-58 的鉴别和测定结果与表 6-57 比较，油样品种鉴别和混合比吻合。

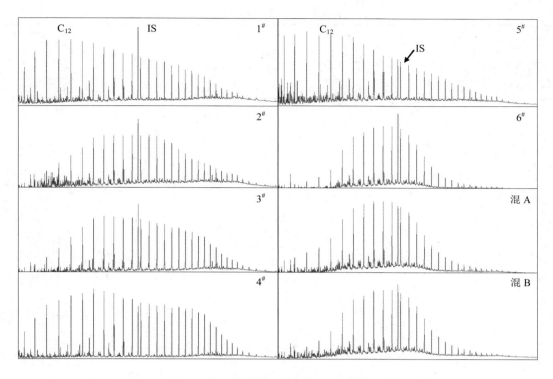

图 6-4 嫌疑油及混油饱和烃气相色谱图

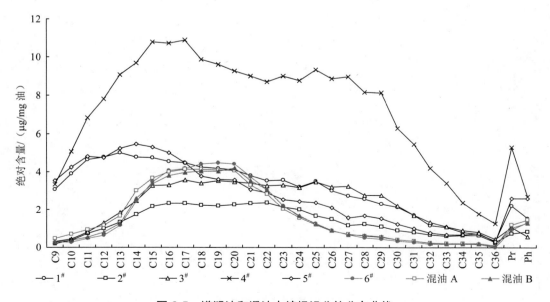

图 6-5 嫌疑油和混油中烷烃组分的分布曲线

表 6-58 混油的鉴别结果

混油	混油 A					混油 B				
	$1^{\#}+6^{\#}$	$2^{\#}+6^{\#}$	$3^{\#}+6^{\#}$	$4^{\#}+6^{\#}$	$5^{\#}+6^{\#}$	$1^{\#}+6^{\#}$	$2^{\#}+6^{\#}$	$3^{\#}+6^{\#}$	$4^{\#}+6^{\#}$	$5^{\#}+6^{\#}$
$6^{\#}$比例/%	90.6	89.6	94.5	98.9	88.2	97.2	86.7	93.7	100	96.9
误差平方和	1.10	1.78	1.96	1.96	0.60	0.59	0.16	0.50	0.68	0.57

附件一

水上溢油源快速鉴别规程

Rapid Identification Rule for Oil Spill Sources on Water

（报批稿）

目　次

前　言

本标准按照 GB/T 1.1—2009 给出的规则起草。

本标准由交通运输部航海安全标准化技术委员会提出并归口。

本标准起草单位：中国海事局烟台溢油应急技术中心、交通运输部水运科学研究院。

本标准主要起草人：尹晓楠、孙维维、秦志江、刘敏燕、连仁忠、郭恩桥、俞沅、张海江、周洪洋、孙安森。

水上溢油源快速鉴别规程

1　范围

本标准规定了沿海、河流、湖泊和库区溢油样品的快速鉴别方法，包括样品采集、样品分析及分析鉴别流程。

本标准适用于原油、燃油、舱底油、油泥、油渣及其他石油产品的鉴别。

2 规范性引用文件

下列文件对于本文件的应用是必不可少的。凡是注日期的引用文件，仅所注日期的版本适用于本文件。凡是未注明日期的引用文件，其最新版本（包括所有的修改单）适用于本文件。

GB/T 21247 海面溢油鉴别系统规范

GB/T 18606 气相色谱-质谱法测定沉淀物和原油中生物标志物

3 术语和定义

GB/T 21247 界定的术语和定义适用于本文件。

4 样品采集

4.1 设备

4.1.1 现场调查、样品采集、储运与保存各环节所需的资料和用具平时应准备齐全。

4.1.2 采样前应备齐下列物品：

  ——采样容器；

  ——水上浮油采样器；

  ——油膜采样器；

  ——一次性手套；

  ——采样包；

  ——照相机；

  ——密封带；

  ——擦布；

  ——金属勺；

  ——样品标签；

  ——封口条；

  ——采样记录；

  ——监管记录表格。

4.1.3 样品标签、封口条、采样记录、监管记录表格的推荐格式参见附录 A。

4.2 方案

调查了解包括溢油时间、地点、水文气象、溢油面积、溢油源、现场周围情况、知情者、见证人或有关人员的情况，确定采样方案。

4.3 现场采样

4.3.1 一般要求

4.3.1.1 根据现场调查情况确定可疑溢油源后，应首先从嫌疑最大的溢油源开始采样。

4.3.1.2 每个采样点应采集平行样品。

4.3.1.3 每个样品的油量宜 50～80 mL，一般不少于 10 mL。

4.3.1.4 采样容器使用广口具塞玻璃瓶，样品量不超过其容量的 3/4。

4.3.1.5 避免样品受到溢漏或储存环境、采样器具、样品容器及其他可能的人为污染。

4.3.2 水面溢油采集

4.3.2.1 采样应在溢油分散剂喷洒前或未喷洒溢油分散剂的油膜处进行。

4.3.2.2 溢油形成乳状油水混合物时，应尽可能从新鲜的溢油中采样，油量不足时，再考虑提取乳状油水混合物。

4.3.2.3 当水面油样呈蓝褐色、褐色、黑色、黑褐色、橘黄色时可进行取样，当水面油样呈蓝色、彩虹色、灰色、银白色时不推荐取样。

4.3.2.4 水上溢油至少应确定两个采样点；根据溢油现场情况，适当增加采样点。

4.3.2.5 采样点应设在溢油受其他物质污染较少、油膜较厚、采样比较方便处。

4.3.2.6 当溢油量较少并且含有附带物时，应把溢油和附带物一起存放在采样容器内。

4.3.2.7 样品标签和封口条应由采样人签字。

4.3.3 可疑溢油源采集

4.3.3.1 确定采样点后采样。

4.3.3.2 样品标签和封口条应由采样人和被采样人同时签字。

4.3.4 背景样品采集

4.3.4.1 如果溢油发生在水中含有油类的海湾、河口、港池等典型人为影响的水域或封闭港口水域，应采集背景样品。

4.3.4.2 背景样品应在不受本次溢油影响的距离最近水域采集。

4.4 样品运输及保存

4.4.1 采样后，应立即进行封装，对样品箱上锁，存放在阴凉、避光的环境中并尽快将样品送往实验室。

4.4.2 样品瓶和样品箱应使用柔软、吸油的材料进行包装，以防止发生样品泄漏事故。

4.4.3 样品运输过程中应始终保持在阴凉、避光的环境中。

4.4.4 样品送至实验室后，存放温度应保持在 2～7℃。

5 样品分析

5.1 样品处理与制备

5.1.1 样品外观

检查每个样品的颜色、气味、运动黏度、游离水含量等，并进行记录。

5.1.2 样品的提取

5.1.2.1 纯油样品按照 5.2.3 样品处理程序进行处理。

5.1.2.2 样品黏附在动物皮毛、羽毛、吸油毡或其他物品上，不能刮除下来，或者是含油泥沙、乳化油样，则称取适量样品用二氯甲烷多次超声波提取，将提取液合并，用无水硫酸钠脱水并滤去杂质，用旋转蒸发仪或氮吹仪浓缩得到纯油样品，按照 5.2.3 样品处理程序进行处理。

5.2 三维荧光光谱分析

5.2.1 仪器设备

三维荧光光谱分析所用的仪器如下：

——三维荧光光谱仪；

——高速离心机；

——旋涡振荡器；

——玻璃层析柱；

——分析天平。

5.2.2 试剂及处理

所用试剂及处理方法如下：

——硝酸：优级纯，配制体积比为 1∶1 的硝酸溶液；

——玻璃器皿的洗涤：所用到的玻璃仪器应用体积比为 1∶1 的硝酸溶液浸泡 1 h 后，用蒸馏水冲洗干净，烘干备用；

——活性炭：层析用 20～60 目，400℃下活化 4 h；

——环己烷：分析纯，经活性炭层析处理，收集经仪器检查合格部分储存备用，或使用无荧光杂质的环己烷溶剂；

——二氯甲烷：分析纯，经活性炭层析处理，收集经仪器检查合格部分储存备用，或使用无荧光杂质的二氯甲烷溶剂；

——无水硫酸钠：在 450℃下马弗炉中活化 4 h。

5.2.3 样品处理

5.2.3.1 准确称取油样 0.050 g±0.001 g，于 10 mL 试管中，加入 2 mL 环己烷，旋涡振荡溶解，转移到 10 mL 容量瓶中，用环己烷定容到刻度，摇匀，静置 10 min。

5.2.3.2 稀释，得到 5 mg/L 的试样。

5.2.3.3 将制备好的试样倒入比色池中，润洗 3 次，然后取 1/3～2/3 比色池样品，放入样品室，按仪器测定条件进行三维荧光测量。

5.2.3.4 当溢油样品乳化较严重时，可取油水混合物置于离心管中，以 3 000 r/min 转速离心 10 min，使油水充分分离。再按上述三步进行。

5.2.4 荧光光谱条件

荧光光谱仪的工作条件如下：

——激发波长（*Ex*）：210～460 nm，步长 5 nm，狭缝宽度 10 nm；

——发射波长（*Em*）：250～550 nm，步长 2 nm，狭缝宽度 5 nm；

——扫描速度：12 000 nm/s；

——电压强度：400V；

——响应时间：自动。

5.2.5 定性分析

比较溢油样品和可疑溢油源样品光谱的谱图形状、指纹走向、主峰位置和特征峰荧光强度比值等特征。通常选用最强特征峰与其他特征峰荧光强度的比值作为特征峰荧光强度比值。若两样品的光谱特征符合下述条件之一，则认为两样品存在明显差异，两油样指纹不一致：

——观察样品的谱图形状和指纹走向，特征峰的个数及等高线的轮廓存在明显差异；

——主峰的激发波长之差超过 10 nm，并且发射波长之差超过 4 nm；

——两特征峰荧光强度比值之差超过 14%。

5.3 气相色谱/质谱分析

5.3.1 仪器设备

气相色谱/质谱分析所用的仪器如下：

——气相色谱/质谱联用仪；

——高速离心机；

——旋涡振荡器；

——分析天平。

5.3.2 试剂及处理

所用试剂及处理方法如下：

——正己烷：分析纯，经重蒸纯化并在气相色谱/质谱联用仪上检测烃类物质合格；

——二氯甲烷：分析纯，经重蒸纯化并在气相色谱/质谱联用仪上检测烃类物质合格；

——硅胶：100～200 目，180℃下活化 20 h，稍冷后装入密封瓶置于干燥器中备用；

——无水硫酸钠：分析纯，在 450℃马弗炉中活化 4 h，装入磨口瓶，置于干燥器保存，备用。

5.3.3 样品处理

5.3.3.1 准确称取油样 0.150 g，加入正己烷和二氯甲烷的混合液（体积比为 1：1），定容至 10 mL，旋涡振荡 30 s 溶解，加入 1 g 无水硫酸钠，混匀，以 3 000 r/min 转速离心 5 min。

5.3.3.2 准确移取上清液 1.00 mL，于离心管中，再移取 5 mL 的正己烷和二氯甲烷的混合液（体积比为 1：1），加入 1.0 g 硅胶。

5.3.3.3 以 3 000 r/min 转速离心 5 min，取上清液，采用气相色谱/质谱分析。

5.3.3.4 当溢油样品乳化较严重时，可取油水混合物置于离心管中，以 3 000 r/min 转速离心 5 min，使油水充分分离。再按上述三步进行。

5.3.4 气相色谱/质谱条件

气相色谱/质谱工作条件如下：

——色谱柱：涂层为 5%苯基、95%二甲基聚硅氧烷，长 60 m×内径 0.25 mm×涂层厚度 0.25 μm；

——载气：高纯氦气，1.0 mL/min；

——进样方式：脉冲不分流；

——温度：进样口 290℃，接口 280℃；

——升温程序：在 60℃保持 1 min，以 6℃/min 的速度升高到 300℃，保持 30 min；

——溶剂延迟 15 min；

——温度：离子源 230℃；

——质量范围：50～550 aum；

——采集模式：选择离子扫描（SIM 模式），分组方法见表 1。

表 1　扫描离子的分组方法

组号	扫描起始时间（n-Cx^{a}）	扫描离子 m/z		离子个数
1	n-C11 之前	85		1
2	n-C11	85，128，142，166，180，194		6
3	n-C14	85，156，166，170，180，184，194		7
4	n-C17	85，178，180，184，191，192，194，198，208，212		10
5	n-C20	85，191，192，206，212，220，226，234		8
6	n-C23	85，191，217，218，220，228，234，242，256		9
7	n-C27	85，217，218，231，256，270，242		7
8	n-C30	85，217，218，231		4

[1] 各类化合物所用的扫描离子分别是：
　　正构烷烃、姥鲛烷及植烷：85；
　　萘及其烷基化系列：128，142，156，170，184；
　　菲及其烷基化系列：178，192，206，220，234；
　　二苯并噻吩及其烷基化系列：184，198，212，226；
　　芴及其烷基化系列：166，180，194，208；
　　䓛及其烷基化系列：228，242，256，270；
　　甾、萜类生物标志化合物：191，217，218，231。
a 表示碳数为 x 的正构烷烃。

5.3.5　定性分析

利用正构烷烃、多环芳烃、甾、萜烷类生物标志化合物的分布规律进行推测定性，常用的化合物质量色谱图及定性信息参见 GB/T 21247 附录 B 和 GB/T 18606。

5.3.6　风化检查

按照 GB/T 21247 的要求，开展正构烷烃、多环芳烃的风化检查。

5.3.7　半定量分析

按照 GB/T 21247 的要求，采用计算特征物质峰面积比值的方法进行比较鉴定。

5.3.8　诊断比值选择

按照 GB/T 21247 的要求，选择用于比较的诊断比值。

6　分析鉴别流程

6.1　鉴别执行流程

水上溢油源鉴别执行程序见图 1。

6.2　鉴别方法的选择

6.2.1　样品数量较多时，选用逐级鉴别方式，采用三维荧光光谱法进行可疑溢油源的筛选，排除明显不一致的可疑溢油源，然后采用气相色谱/质谱法进行鉴别。

6.2.2　样品数量较少时，可直接采用气相色谱/质谱法进行鉴别。

6.2.3　同一事件的所有样品应在相同分析仪器、相同分析条件下进行。

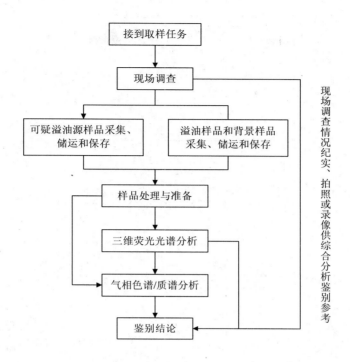

图 1　水上溢油源鉴别执行程序图

6.3　鉴别步骤

6.3.1　可选步——三维荧光光谱分析

采用三维荧光光谱法对溢油样品和可疑溢油源进行比对，如果两样品的光谱特征存在明显差异，则得出"不一致"的鉴别结论，否则进行气相色谱/质谱法分析。

6.3.2　第一步——气相色谱/质谱分析

采用气相色谱/质谱法对溢油样品和可疑溢油源进行分析，比较其分布是否有差异，如果没有，进行下一步诊断比值评价和比较；否则进行风化检查，确定差异是否是由于风化引起的，如果是风化引起或不确定是否由风化引起，则进行诊断比值评价和比较；否则得出"不一致"的鉴别结论。

6.3.3　第二步——风化检查和诊断比值分析

进行风化检查、诊断比值评价和比较。基于风化检查结果进行风化影响评价。选取受风化影响小且能准确测量的诊断比值，基于确定的诊断比值，采用重复性限方法进行溢油样品和可疑溢油源的相关性分析。

溢油源鉴别流程见图 2。

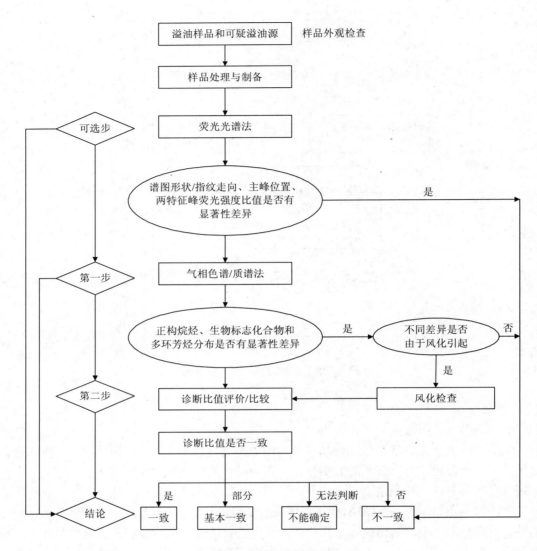

图2　溢油源鉴别流程

6.4　鉴别结论

按照 GB/T 21247 鉴别结论的规定，出具鉴别结论。

附录 A
（资料性附录）
现场调查记录表格示例

表 A.1～表 A.3 给出了样品标签和封口条、油样品采样记录、监管记录的表格样式。

表 A.1 样品标签和封口条
Table A.1 Sample Identification Label and Seal

样品标签 Sample Identification Label
样品号 Sample NO._____ 采样时间 Time _____ 日期 Date_____
样品名称 Sample Description _____
采样位置 Location _____
采样人（2 人）Sampler_____
被采样人 Captain/Person in Charge_____

封口条 Seal
采样人（2 人）Sampler_____
被采样人 Captain/Person in Charge_____
日期 Date_____

表 A.2 油样品采样记录

Table A.2 Sampling Record of Oil Samples

采样机构信息 Sampling Organization Information				
采样机构名称 Sampling Organization			联系电话 Tel	
地址 Address			邮编 Post Code	
采样人员签名 Sampler Signature			证件号码 Certificate NO.	
注：采样人员应有 2 人以上。				

被采样机构信息 Sampled Organization Information				
被采样机构名称 Sampled Organization			联系电话 Tel	
被采样机构负责人签名 Person in Charge Signature			采样日期 Date	
注：被采样机构负责人签名须为本人签字。				

样品信息 Samples Information			
样品号 Sample NO.	样品名称 Samples Description	样品来源 Samples Source	
		溢油 Spilled Oil	可疑溢油源 Suspected Oil
		☐	☐
		☐	☐
		☐	☐
		☐	☐
		☐	☐

注：请根据样品类型在"溢油"或"可疑溢油源"选项框内打 √

溢油采样示意图（标明溢油范围、采样点、样品号、风向、流速）
Oil Spills Sketch-map

溢油发现时间：
Time of Discovering Oil Spills _____

表 A.3 油样品流转记录

Table A.3 Transfer Record of Oil Samples

采样机构名称 Name of Sampling Organization		
样品责任人 Person Responsible for Samples:		
样品号 Sample NO.	样品名称 Samples Description	接收日期/时间 Time/Date

样品号 Sample NO.	转交人 Relinquished by	日期/时间 Time/Date	接收人 Received by	日期/时间 Time/Date	监管原因 Reason for Change of Custody

吸油毡对原油指纹分析影响的鉴定报告

一、材料与方法

1．溶剂提取实验

取面积为 20 mm×15 mm 的吸油毡样品和封口袋样品，浸入 5 mL 正己烷，样品编号如表 1 所示。对上述样品进行超声振荡 6 h，每次振荡时间为 2 h，每隔 2 h 振荡一次。浸泡 24 h 后，对提取液进行处理。称取 0.100 0 g 原油样品作为实验参比。

2．吸油毡对油指纹分析影响实验

取面积为 20 mm×15 mm 的吸油毡样品，每块吸取原油 0.010 0 g，放置一段时间后，对吸油毡进行处理。其中，样品 4 样品吸油后直接测定，样品 5 样品吸油后放置 24 h 后测定（表 1）。称取 0.100 0 g 原油样品作为实验参比，实验样品及参比均测定两个平行样。

表 1　样品编号及处理信息

样品编号	样品名称	溶剂浸泡时间/h	吸油量/g	吸油后静置时间/h
1	原　油	—	—	—
2	吸油毡	24	0	0
3	封口袋	24	0	0
4	吸油毡+原油	0	0.1	0
5	吸油毡+原油	0	0.1	24

3．样品处理方法

加入 5 mL 正己烷，涡旋 30 s 溶解，定容至 8 mL，溶剂浸泡样品，直接进行定容，加入 1 g 无水硫酸钠，混匀，3 000 r/min，5 min 离心分离。移取上清液 1.00 mL 于离心管中，再移取 3 mL 二氯甲烷，移取 2 mL 正己烷，加入 1.0 g 硅胶。以 3 000 r/min 的转速，在离心机中离心 5 min，取上层清液，直接上机分析，得到 GC/MS-SIM 油样谱图。

4．气相色谱-质谱条件

Angilent6890/5973 气相色谱质谱，色谱柱：30 m×0.25 mm×0.25 μm HP-5MS，载气：高纯氦气，1.0 mL/min；进样方式：不分流；温度：进样口 290℃；接口 280℃；离子源 230℃；升温程序：在 60℃保持 2 min，以 6℃/min 的速度升高到 300℃，保持 16 min；溶剂延迟 3 min。采集模式：选择离子扫描；特征离子：85；191；218；142 萘系列；166、180 芴系列；198 二苯并噻吩系列；192 菲系列；242 䓛系列。

二、结果及讨论

1．溶剂提取实验

溶剂提取实验中各样品的 GC-MS 质量色谱图见表 2。

表 2 溶剂提取实验中各样品的 GC-MS 质量色谱图

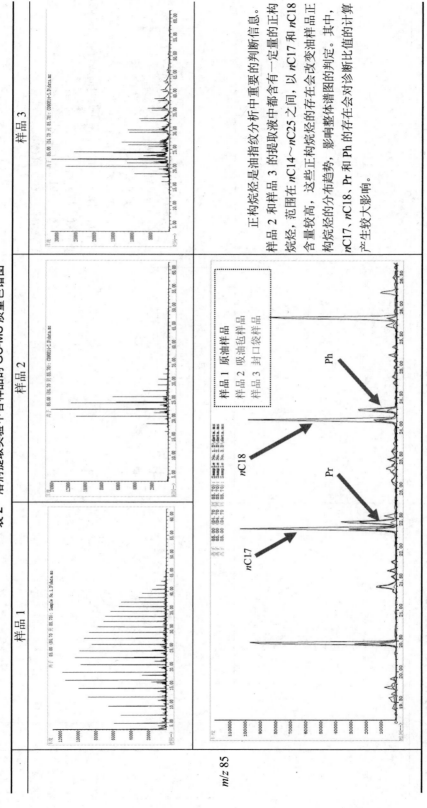

正构烷烃是油指纹分析中重要的判断信息。样品 2 和样品 3 的提取液中都含有一定量的正构烷烃，范围在 $nC14 \sim nC25$ 之间，以 $nC17$ 和 $nC18$ 含量较高。这些正构烷烃的存在会改变油样品正构烷烃的分布趋势，影响整体谱图的判定。其中，$nC17$、$nC18$、Pr 和 Ph 的存在会对诊断比值的计算产生较大影响。

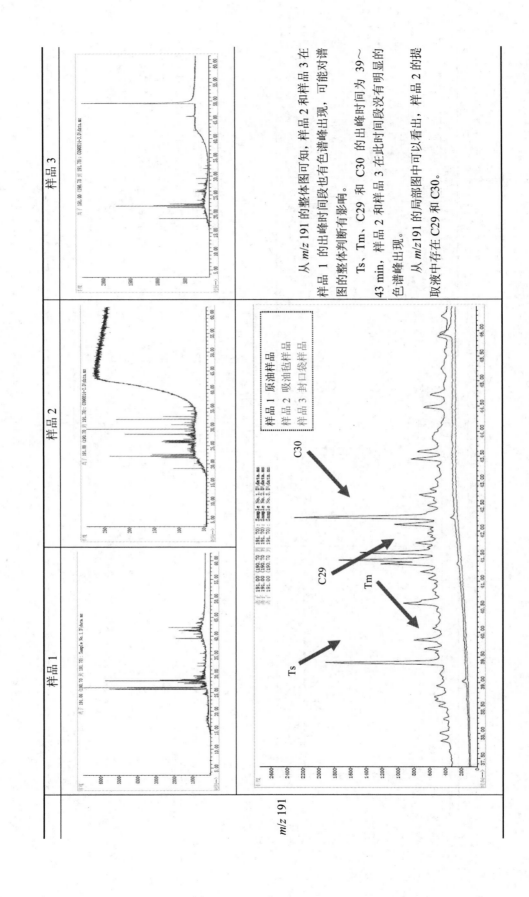

样品 1 | 样品 2 | 样品 3

m/z 191

从 m/z 191 的整体图可知，样品 1 的出峰时间段也有色谱出峰，可能对谱图的整体判断有影响。

样品 1、样品 2 和样品 3 在 Ts、Tm、C29 和 C30 的出峰时间为 39～43 min，样品 2 和样品 3 在此时间段没有明显的色谱峰出现。

从 m/z191 的局部图中可以看出，样品 2 的提取液中存在 C29 和 C30。

样品 1　原油样品
样品 2　吸油毡样品
样品 3　封口袋样品

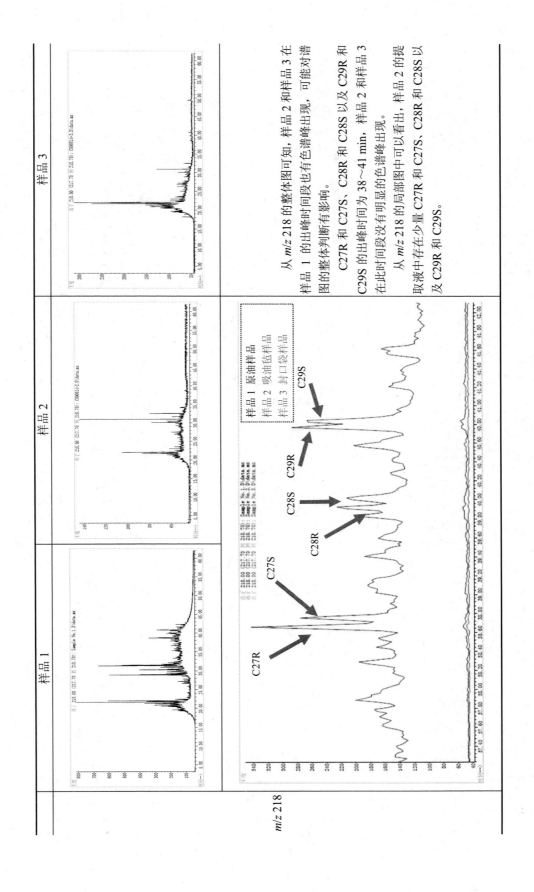

样品 1 　　　　样品 2 　　　　样品 3

m/z 218

样品 1　原油样品
样品 2　吸油毡样品
样品 3　封口袋样品

C27R　C27S　C28S　C28R　C29R　C29S

从 m/z 218 的整体图可知，样品 1 和样品 2 和样品 3 在样品 1 的出峰时间段也有色谱峰出现，可能对谱图的整体判断有影响。

C27R 和 C27S、C28R 和 C28S 以及 C29R 和 C29S 的出峰时间为 38～41 min，样品 2 和样品 3 在此时间段没有明显的色谱峰出现。

从 m/z 218 的局部图中可以看出，样品 2 的提取液中存在少量 C27R 和 C27S、C28R 和 C28S 以及 C29R 和 C29S。

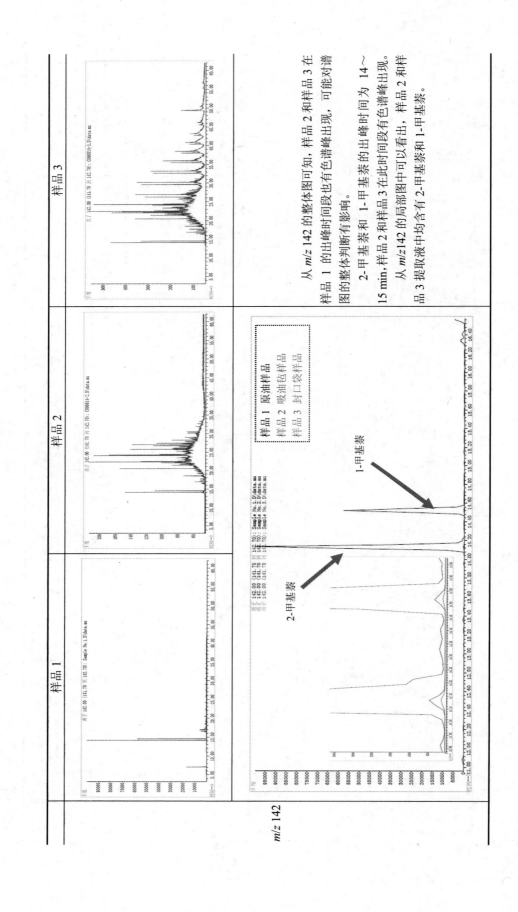

样品 1　　　　　　　　　样品 2　　　　　　　　　样品 3

m/z 142

样品 1　原油样品
样品 2　吸油包样品
样品 3　封口袋样品

2-甲基萘

1-甲基萘

从 m/z 142 的整体图可知，样品 1 和样品 2 和样品 3 在此时间段也有色谱峰出现，可能对谱图的整体判断有影响。

2-甲基萘和 1-甲基萘的出峰时间为 14～15 min，样品 3 在此时间段有色谱峰出现。样品 2 和样品 3 的局部图中可以看出，样品 2 和样品 3 提取液中均含有 2-甲基萘和 1-甲基萘。

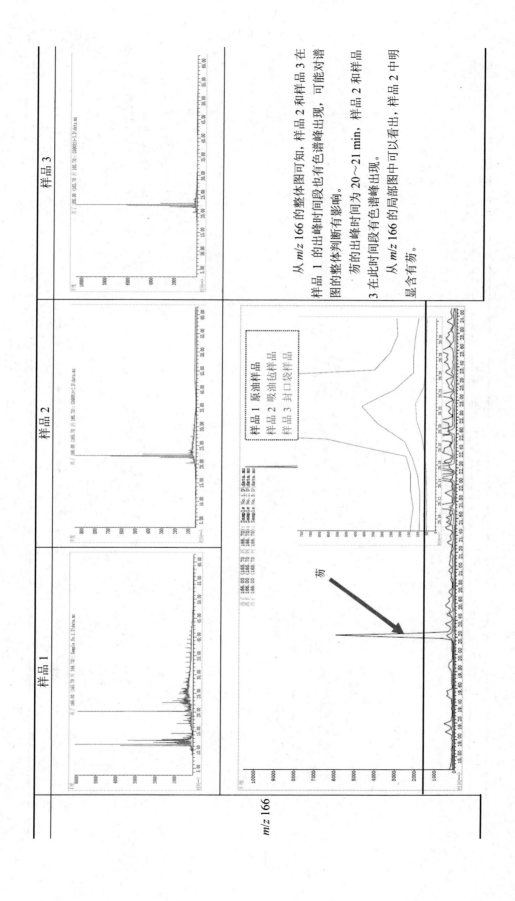

从 *m/z* 166 的整体图可知，样品 1、样品 2 和样品 3 在样品 1 的出峰时间段也有色谱峰出现，可能对谱图的整体判断有影响。

芴的出峰时间为 20～21 min，样品 2 和样品 3 在此时间段有色谱峰出现。

从 *m/z* 166 的局部图中可以看出，样品 2 中明显含有芴。

样品 1　原油样品
样品 2　吸油色样品
样品 3　封口袋样品

芴

m/z 166

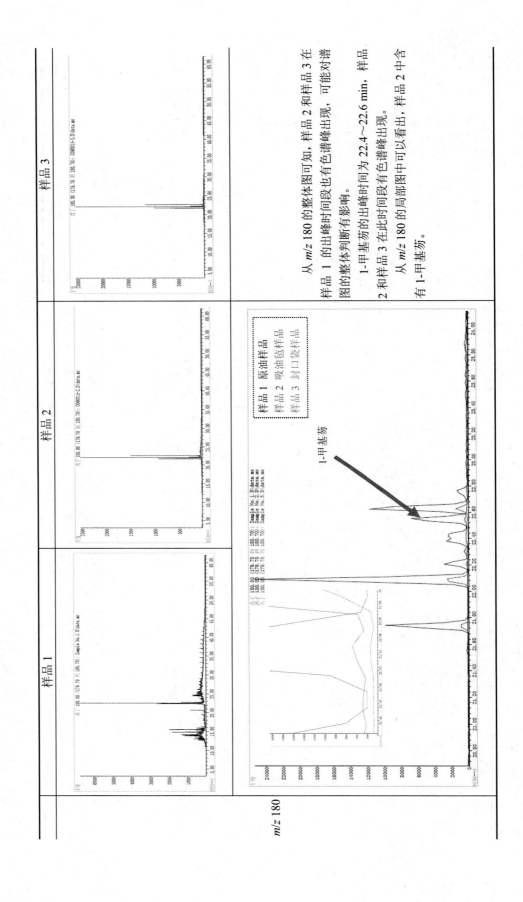

样品 1　　　　　　　　样品 2　　　　　　　　样品 3

m/z 180

样品
样品 1　原油包样品
样品 2　吸油包样品
样品 3　封口袋样品

1-甲基芴

从 m/z 180 的整体图可知，样品 1、样品 2 和样品 3 在样品 1 的出峰时间段也有色谱峰出现，可能对谱图的整体判断有影响。

1-甲基芴的出峰时间为 22.4～22.6 min，样品 2 和样品 3 在此时间段有色谱峰出现。

从 m/z 180 的局部图中可以看出，样品 2 中含有 1-甲基芴。

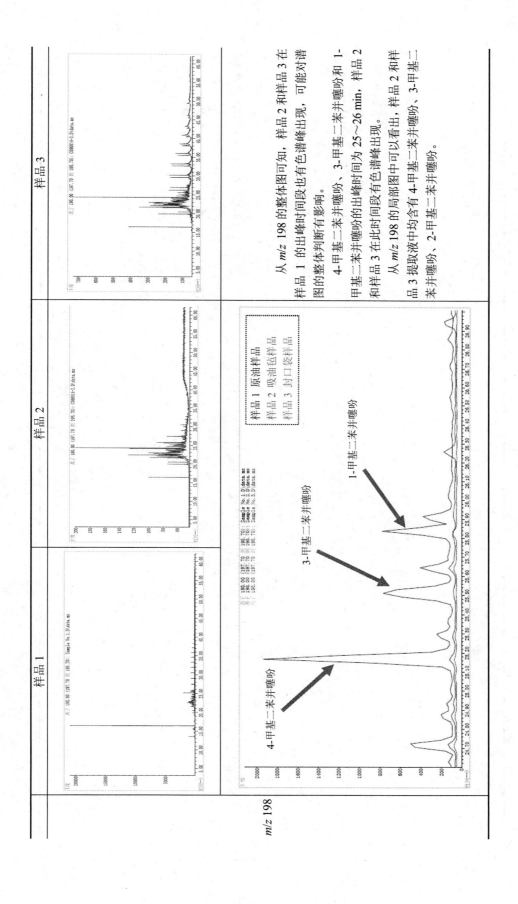

从 *m/z* 198 的整体图可知，样品 1、样品 2 和样品 3 在样品的出峰时间段也有色谱峰出现，可能对谱图的整体判断有影响。

4-甲基二苯并噻吩、3-甲基二苯并噻吩和 1-甲基二苯并噻吩的出峰时间为 25～26 min，样品 2 和样品 3 在此时间段有色谱峰出现。

从 *m/z* 198 的局部图中可以看出，样品 1 和样品 2 和样品 3 提取液中均含有 4-甲基二苯并噻吩、3-甲基二苯并噻吩、2-甲基二苯并噻吩。

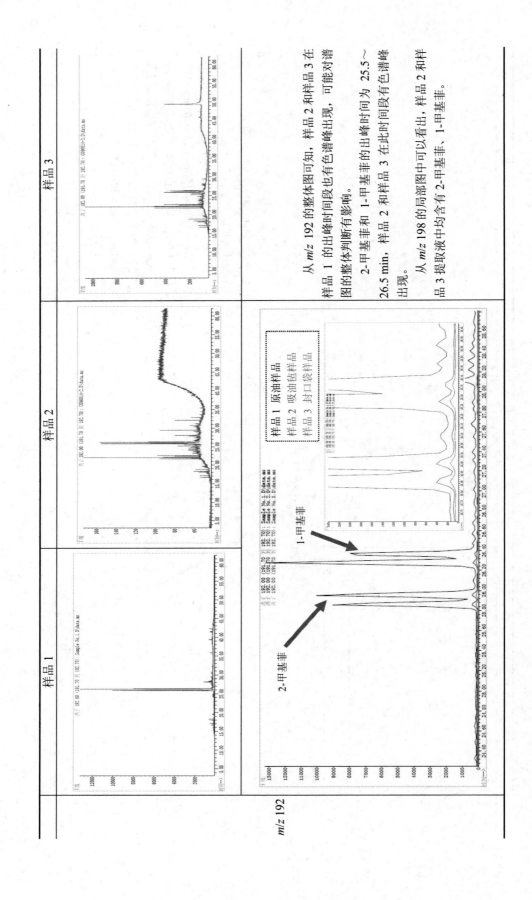

从 *m/z* 192 的整体图可知，样品 1 的出峰时间段也有色谱峰出现，样品 2 和样品 3 在样品 1 的出峰时间段也有色谱峰出现，可能对谱图的整体判断有影响。

2-甲基菲的出峰时间为 25.5～26.5 min，样品 2 和样品 3 在此时间段有色谱峰出现。1-甲基菲的出峰时间和 1-甲基菲的出峰时间。

从 *m/z* 198 的局部图中可以看出，样品 2 和样品 3 提取液中均含有 2-甲基菲、1-甲基菲。

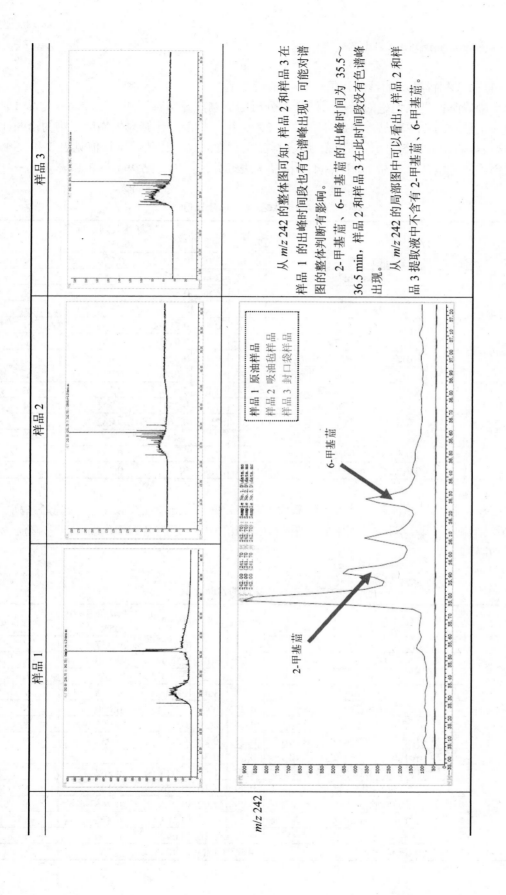

样品 1	样品 2	样品 3

从 m/z 242 的整体图可知，样品 1、样品 2 和样品 3 在样品 1 的出峰时间段也有色谱峰出现，可能对谱图的整体判断有影响。

2-甲基萘、6-甲基萘的出峰时间为 35.5～36.5 min，样品 2 和样品 3 在此时间段没有色谱峰出现。

从 m/z 242 的局部图中可以看出，样品 2 和样品 3 提取液中不含有 2-甲基萘、6-甲基萘。

样品 1　原油样品
样品 2　吸油毡样品
样品 3　封口袋样品

6-甲基萘

2-甲基萘

m/z 242

2．样品4和样品5的诊断比值

为了准确掌握吸油毡中的杂质对油指纹分析的影响，分别对原油参比样品（样品1）以及吸油毡吸附的原油样品（样品4和样品5）进行了测定，计算出生物标记物的诊断比值，去除相对偏差大于5%的诊断比值后，各样品平行样间诊断比值的平均值见表3和表4。

采用重复性限法对样品1、样品4和样品5进行分析评价，结果见表3和表4。

表3　样品1和样品4的诊断比值

诊断比值		样品1	样品4	极差	重复性限判定标准（$r95\%$）	一致性判定
正构烷烃系列	nC17/Pr	2.54	2.03	0.513	0.320	N
	nC18/Ph	5.02	2.89	2.124	0.553	N
	Pr/Ph	2.24	1.67	0.568	0.273	N
	Ts/Tm	3.32	—	—	—	—
甾、萜烷系列	C29αβ/C30αβ	0.38	0.49	0.112	0.061	N
	C27 甾αββ/（C27～C29）甾αββ	0.41	0.43	0.015	0.059	Y
	C28 甾αββ/（C27～C29）甾αββ	0.21	0.24	0.026	0.032	Y
	C29 甾αββ/（C27～C29）甾αββ	0.37	0.33	0.040	0.050	Y
多环芳烃系列	2-甲基-萘/1-甲基-萘	1.78	1.83	0.056	0.253	Y
	芴/1-甲基-芴	0.89	1.12	0.231	0.141	N
	4-甲基-二苯并噻吩/3-甲基-二苯并噻吩	1.88	2.14	0.260	0.282	Y
	4-甲基-二苯并噻吩/1-甲基-二苯并噻吩	3.23	—	—	—	—
	2-甲基-菲/1-甲基-菲	1.12	1.11	0.006	0.157	Y
	2-甲基-菌/6-甲基-菌	1.44	1.76	0.314	0.224	N

表3中，样品1和样品4有多个诊断比值超出重复性限的判定，如：正构烷烃系列中所有的诊断比值，甾、萜烷系列中的 C29αβ/C30αβ，多环芳烃系列中的芴/1-甲基-芴、2-甲基-菌/6-甲基-菌。

表4　样品1和样品5的诊断比值

诊断比值		样品1	样品5	极差	重复性限判定标准（$r95\%$）	一致性评定
正构烷烃系列	nC17/Pr	2.54	2.27	0.275	0.337	Y
	nC18/Ph	5.02	3.01	2.004	0.562	N
	Pr/Ph	2.24	1.55	0.684	0.265	N
	Ts/Tm	3.32	3.49	0.172	0.476	Y
甾、萜烷系列	C29αβ/C30αβ	0.38	0.48	0.097	0.060	N
	C27 甾αββ/（C27～C29）甾αββ	0.41	0.39	0.019	0.056	Y
	C28 甾αββ/（C27～C29）甾αββ	0.21	0.25	0.037	0.033	N
	C29 甾αββ/（C27～C29）甾αββ	0.37	0.36	0.018	0.051	Y
多环芳烃系列	2-甲基-萘/1-甲基-萘	1.78	1.82	0.045	0.252	Y
	芴/1-甲基-芴	0.89	1.16	0.276	0.144	N
	4-甲基-二苯并噻吩/3-甲基-二苯并噻吩	1.88	1.92	0.034	0.266	Y
	4-甲基-二苯并噻吩/1-甲基-二苯并噻吩	3.23	—	0.393	0.425	Y
	2-甲基-菲/1-甲基-菲	1.12	1.16	0.040	0.160	Y
	2-甲基-菌/6-甲基-菌	1.44	1.85	0.404	0.230	N

　　表 4 中，样品 1 和样品 5 也有多个诊断比值超出重复性限的判定，如：正构烷烃系列中的 nC18/Ph、Pr/Ph，甾、萜烷系列中的 C29αβ/C30αβ、C28 甾αββ/（C27～C29）甾αββ，多环芳烃系列中的芴/1-甲基-芴、2-甲基-菲/6-甲基-菲。

3. 鉴定结论

　　吸油毡中的杂质对原油指纹的鉴定产生一定的影响，其中，正构烷烃的判定受到的影响最大，甾烷、萜烷系列和多环芳烃系列中部分诊断比值受到了影响。

聚四氟材料对油指纹分析影响的鉴定报告

一、材料与方法

1. 溶剂提取实验

取面积为 20 mm×15 mm 的吸油毡样品，浸入 5 mL 正己烷，样品编号如表 1 所示。对上述样品进行超声振荡 6 h，每次振荡时间为 2 h，每隔 2 h 振荡一次。浸泡 24 h 后，对提取液进行处理。称取 0.100 0 g 原油样品作为实验参比。

表 1　样品信息

样品编号	样品名称	溶剂浸泡时间/h
1	原油	—
2	聚四氟乙烯多孔材料	24
3	聚四氟亲水膜材料	24

2. 样品处理方法

加入 5 mL 正己烷，涡旋 30 s 溶解，定容至 8 mL，溶剂浸泡样品直接进行定容，加入 1 g 无水硫酸钠，混匀，3 000 r/min，5 min 离心分离。移取上清液 1.00 mL 于离心管中，再移取 3 mL 二氯甲烷，移取 2 mL 正己烷，加入 1.0 g 硅胶。以 3 000 r/min 的转速，在离心机中离心 5 min，取上层清液，直接上机分析，得到 GC/MS-SIM 油样谱图。

3. 气相色谱-质谱条件

Angilent6890/5973 气相色谱质谱，色谱柱：30 m×0.25 mm×0.25 μm HP-5MS；载气：高纯氦气，1.0 mL/min；进样方式：不分流；温度：进样口 290℃；接口 280℃；离子源 230℃；升温程序：在 60℃ 保持 2 min，以 6℃/min 的速度升高到 300℃，保持 16 min；溶剂延迟 3 min。采集模式：选择离子扫描；特征离子：85；191；218；142 萘系列；166、180 芴系列；198 二苯并噻吩系列；192 菲系列；242 蒀系列。

二、结果及讨论

溶剂提取实验中各样品的 GC-MS 质量色谱图见表 2。

表 2 溶剂提取实验中各样品的 GC-MS 质量色谱图

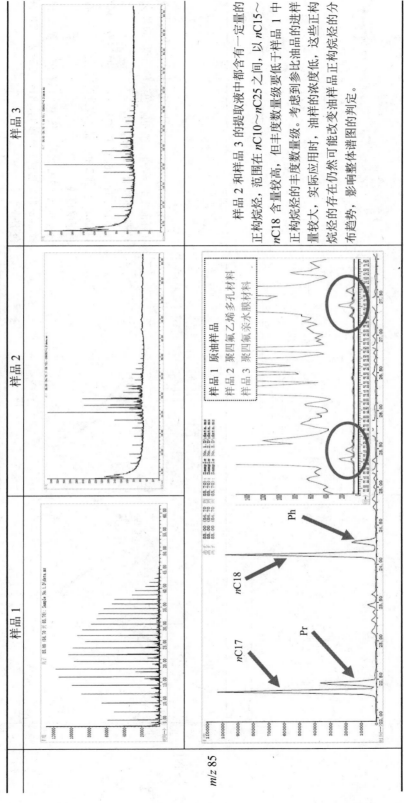

样品 2 和样品 3 的提取液中都含有一定量的正构烷烃，范围在 $nC10$~$nC25$ 之间，以 $nC15$~$nC18$ 含量较高，但丰度数量级要低于样品 1 中正构烷烃的丰度数量级。考虑到参比油品的进样量较大，实际应用时，油样的浓度较低，这些正构烷烃的存在仍然可能改变油样品正构烷烃的分布趋势，影响整体谱图的判定。

m/z 85

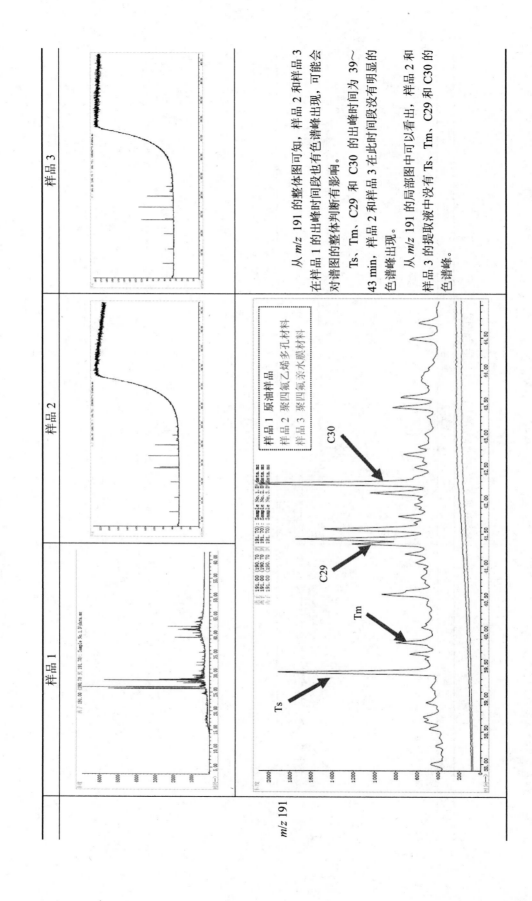

样品 1	样品 2	样品 3

m/z 191

样品 1　原油样品
样品 2　聚四氟乙烯多孔材料
样品 3　聚四氟乙烯亲水膜材料

Ts　Tm　C29　C30

从 *m/z* 191 的整体图可知，样品 1、样品 2 和样品 3 在样品 1 的出峰时间段也有色谱峰出现，可能会对谱图的整体判断有影响。

Ts、Tm、C29 和 C30 的出峰时间为 39～43 min，样品 2 和样品 3 在此时间段没有明显的色谱峰出现。

从 *m/z* 191 的局部图中可以看出，样品 2 和样品 3 的提取液中没有 Ts、Tm、C29 和 C30 的色谱峰。

样品 3

样品 2

样品 1

m/z 218

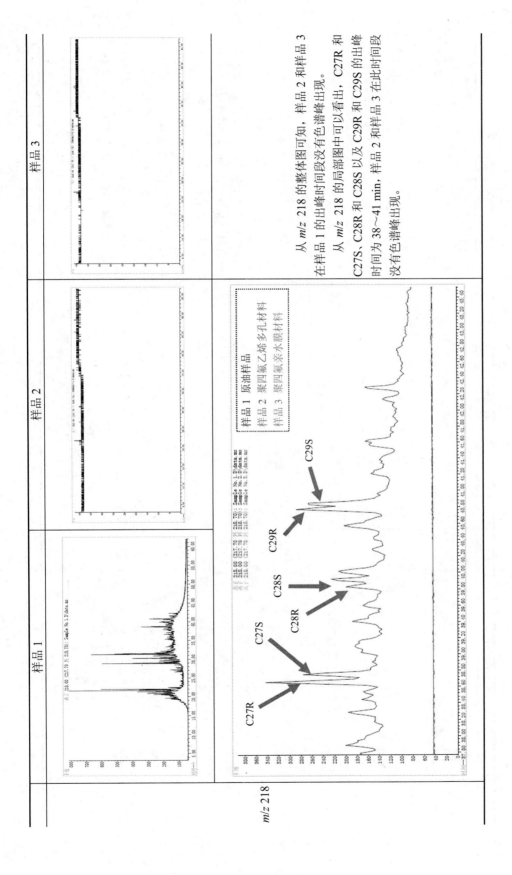

样品 1　原油样品
样品 2　聚四氟乙烯多孔材料
样品 3　聚四氟乙烯亲水膜材料

C27R　C27S　C28R　C28S　C29R　C29S

从 m/z 218 的整体图可知，样品 1、样品 2 和样品 3 在样品 1 的出峰时间段没有色谱峰出现。

从 m/z 218 的局部图中可以看出，C27R 和 C27S、C28R 和 C28S 以及 C29R 和 C29S 的出峰时间为 38~41 min，样品 2 和样品 3 在此时间段没有色谱峰出现。

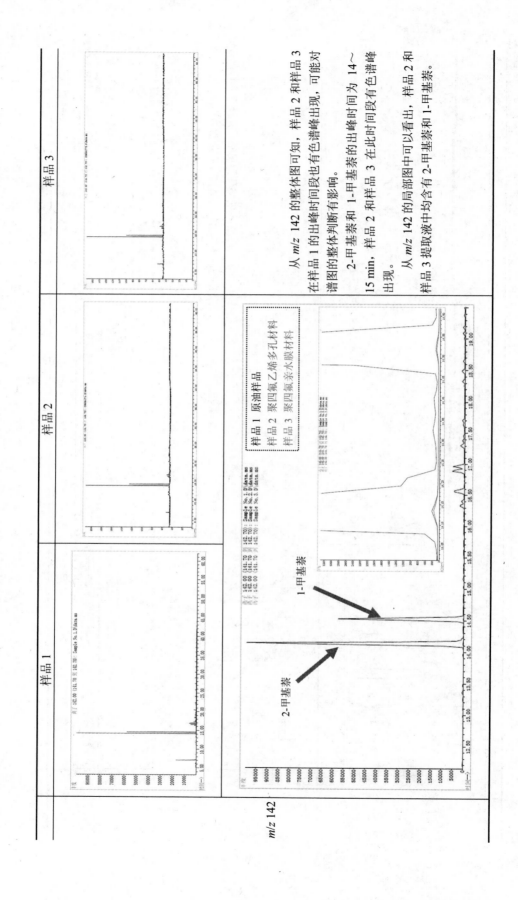

样品 1	样品 2	样品 3

m/z 142

样品 1　原油样品
样品 2　聚四氟乙烯多孔材料
样品 3　聚四氟乙烯亲水膜材料

2-甲基萘

1-甲基萘

从 m/z 142 的整体图可知，样品 2 和样品 3 在样品 1 的出峰时间时段也有色谱峰出现，可能对样品 1 的整体判断有影响。

2-甲基萘 和 1-甲基萘 的出峰时间为 14～15 min，样品 2 和样品 3 在此时间时段有色谱峰出现。

从 m/z 142 的局部图中可以看出，样品 2 和样品 3 提取液中均含有 2-甲基萘 和 1-甲基萘。

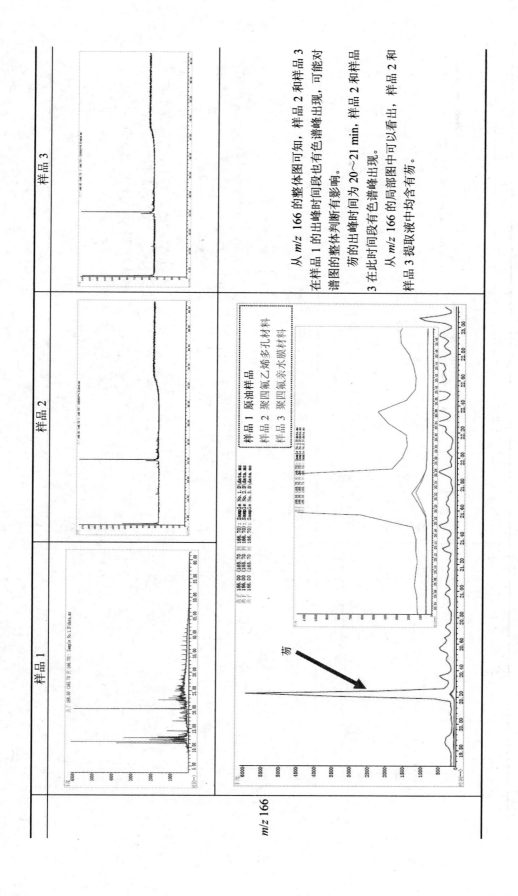

从 *m/z* 166 的整体图可知，样品 1、样品 2 和样品 3 在样品 1 的出峰时间段也有色谱峰出现，可能对谱图的整体判断有影响。

芴的出峰时间为 20～21 min，样品 2 和样品 3 在此时间段有色谱峰出现。

从 *m/z* 166 的局部图中可以看出，样品 2 和样品 3 提取液中均含有芴。

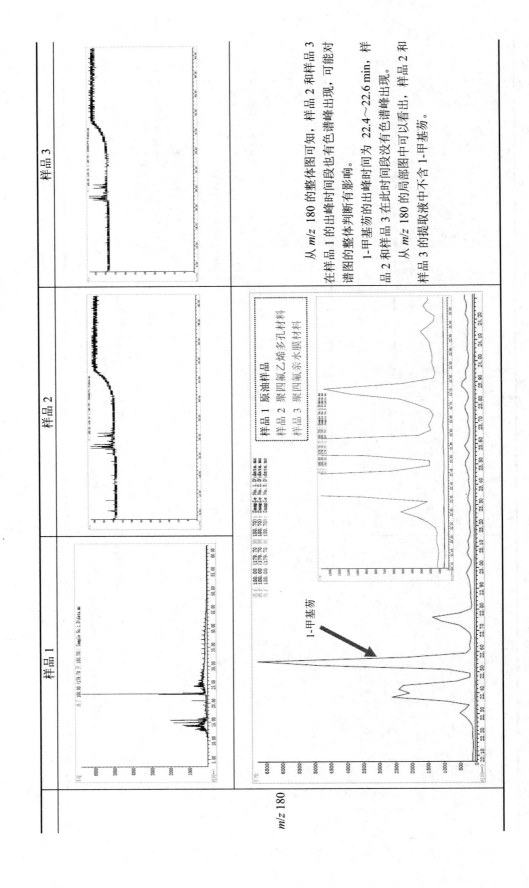

样品 1　　样品 2　　样品 3

m/z 180

样品 1　原油样品
样品 2　聚四氟乙烯多孔材料
样品 3　聚四氟苯水膜材料

1-甲基芴

从 m/z 180 的整体图可知，样品 1 的出峰时间段也有色谱峰出现，可能对谱图的整体判断有影响。

1-甲基芴的出峰时间为 22.4～22.6 min，样品 2 和样品 3 在此时间段没有色谱峰出现，样品 2 和样品 3 在此时间段没有色谱峰出现。

从 m/z 180 的提取液中可以看出，样品 2 和样品 3 的提取液中不含 1-甲基芴。

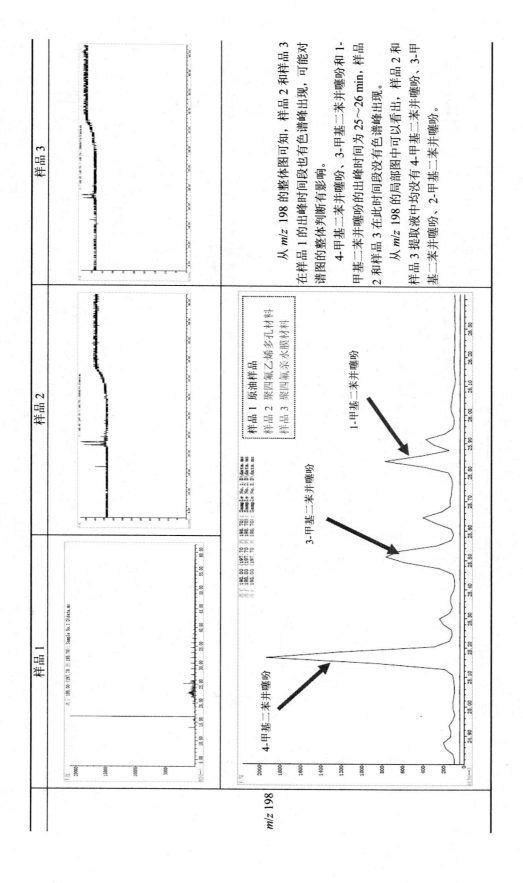

从 *m/z* 198 的整体图可知，样品 1、样品 2 和样品 3 在样品 1 的出峰时间段也有色谱峰出现，可能对谱图的整体判断有影响。

4-甲基二苯并噻吩、3-甲基二苯并噻吩和 1-甲基二苯并噻吩的出峰时间为 25～26 min，样品 2 和样品 3 在此时间段没有色谱峰出现。

从 *m/z* 198 提取液中均看不到样品 2 和样品 3 提取液中没有 4-甲基二苯并噻吩、3-甲基二苯并噻吩、2-甲基二苯并噻吩。

样品 1	样品 2	样品 3

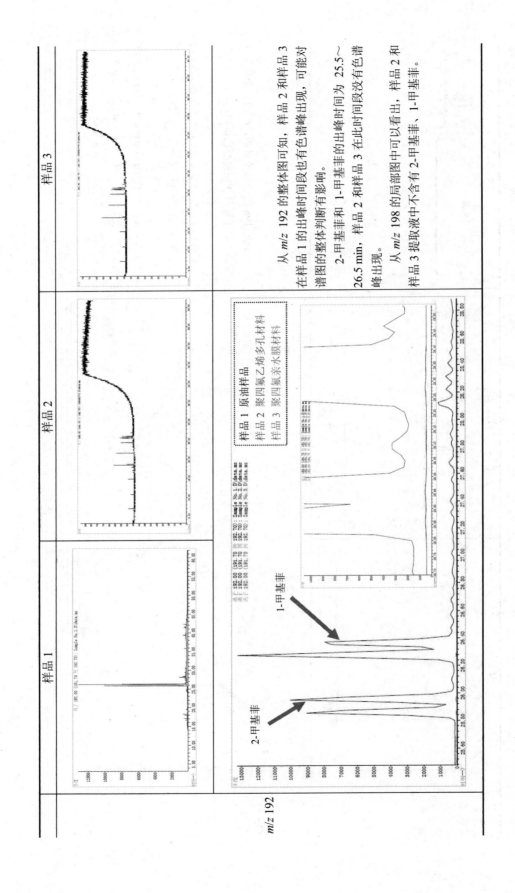

样品 1　原油样品
样品 2　聚四氟乙烯多孔材料
样品 3　聚四氟氯亲水膜材料

m/z 192

2-甲基菲

1-甲基菲

从 m/z 192 的整体图可知，样品 1、样品 2 和样品 3 在样品 1 的出峰时间段也有色谱峰出现，可能对谱图的整体判断有影响。

2-甲基菲和 1-甲基菲的出峰时间为 25.5～26.5 min，样品 2 和样品 3 在此时间段没有色谱峰出现。

从 m/z 198 的局部图中可以看出，样品 2 和样品 3 提取液中不含有 2-甲基菲、1-甲基菲。

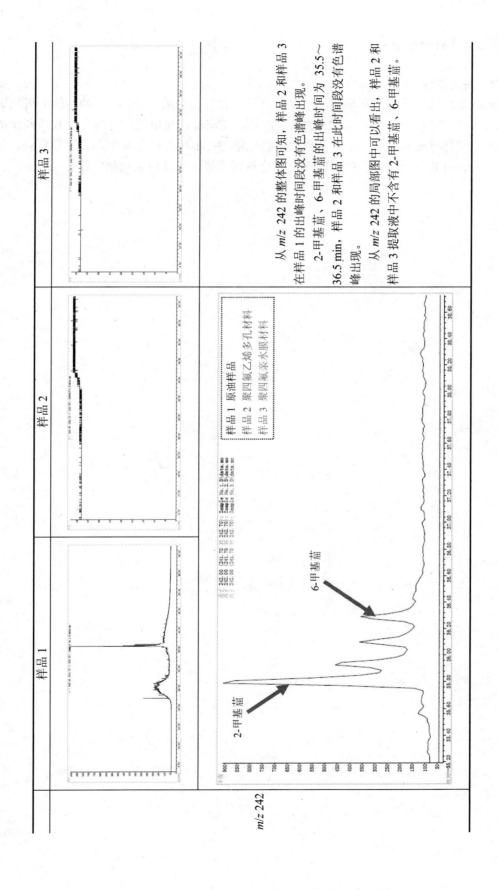

样品 1	样品 2	样品 3

m/z 242

2-甲基屈

6-甲基屈

样品 1　原油样品
样品 2　聚四氟乙烯多孔材料
样品 3　聚四氟氧亲水膜材料

从 m/z 242 的整体图可知，样品 2 和样品 3 在样品 1 的出峰时间段没有色谱峰出现。

2-甲基屈、6-甲基屈的出峰时间为 35.5～36.5 min，样品 2 和样品 3 在此时间段没有色谱峰出现。

从 m/z 242 的局部图中可以看出，样品 2 和样品 3 提取液中不含有 2-甲基屈、6-甲基屈。

3. 鉴定结论

聚四氟乙烯多孔材料和聚四氟亲水膜材料中含有的杂质较少，对原油指纹分析的影响较小。其中，检测到 nC10～nC25 的正构烷烃以及姥鲛烷和植烷，可能会对其诊断比值产生影响；没有检测到甾烷、萜烷系列的生物标记物；多环芳烃系列中，含有萘系列、芴系列，可能会对其诊断比值产生影响，没有检测到其他多环芳烃系列化合物。

参考文献

[1] 溢油采样与鉴定指南[S]. 中国海事局编译, 2001.

[2] GB/T 18606—2001. 气相色谱-质谱法测定沉积物和原油中生物标志物[S]. 2001.

[3] 水上油污染事故调查油样品取样程序规定[S]. 中华人民共和国海事局, 2002.

[4] 水上油污染事故调查油样品取样程序规定[S]. 中华人民共和国海事局, 2002.

[5] 石油液体手工取样（ISO 3170—2004）[S]. 2004.

[6] 第一部分：采样（CEN/TR 15522-1：2006）. 溢油鉴别标准[S]. 2006.

[7] GB 21247—2007, 海面溢油鉴别系统规范[S]. 2007.

[8] 中国科学院地球化学研究所. 有机地球化学[M]. 北京：科学出版社, 1982.

[9] 孙培艳, 高振会, 崔文林. 油指纹鉴别技术[M]. 北京：海洋出版社, 2007.

[10] 吴海涛, 乔冰, 谢月亮, 等. 海上溢油风化模拟装置的研制[M]//中国科协海峡两岸青年科学家学术活动月——海上污染防治及应急技术研讨会论文集. 北京：中国环境科学出版社, 2009：168-171.

[11] 余顺. 海洋环境中的溢油鉴别[J]. 海洋环境科学, 1985, 5（4）：63-72.

[12] 杨庆霄, 徐俊英, 吴之庆, 等. 溢油的物理性质在模拟风化过程中的变化[J]. 海洋环境科学, 1989, 8（3）：16-24.

[13] 张秀芝, 李筠, 隋俋. 海上溢油风化特性及化学分散效果的影响因素研究[J]. 海洋环境科学, 1997, 16（3）：40-45.

[14] 曹立新, 于沉鱼, 林伟, 等. 美国海岸警备队的溢油鉴别系统[J]. 交通环保, 1999, 20（2）：39-42.

[15] 严志宇, 殷佩海. 溢油风化过程研究进展[J]. 海洋环境科学, 2000, 19（1）：75-80.

[16] 赵瑞卿, 苏丹青, 高哲嫦, 等. 水上溢油的气相色谱-质谱法鉴别[J]. 分析测试学报, 2002, 21（5）：47-49.

[17] 陈伟琪, 张珞平. 鉴别海面溢油的正构烷烃气相色谱指纹法[J]. 厦门大学学报：自然科学版, 2002, 41（3）：346-348.

[18] 陈伟琪, 张骆平. 气相色谱指纹法在海上油污染源鉴别中的应用[J]. 海洋科学, 2003, 27（7）：67-70.

[19] 孙培艳, 包木太, 王鑫平, 等. 国内外溢油鉴别及油指纹库建设现状及应用[J]. 西安石油大学学报：自然科学版, 2006, 21（5）：72-75.

[20] 徐世平, 孙永革. 一种适用于沉积有机质族组分分离的微型柱色谱法[J]. 地球化学, 2006, 35（6）：681-688.

[21] 高振会, 崔文林, 周青, 等. 渤海海上原油油指纹库建设[J]. 海洋环境科学, 2006, 25（增刊1）：1-5.

[22] 王海燕, 王琳, 张元标, 等. 应急状态下海洋溢油源鉴别的应用研究[J]. 台湾海峡, 2007, 26（2）：226-230.

[23] ASTM D3650-93. Standard Test Method for Comparison of Waterborne Petroleum Oils By Fluorescence Analysis[S]. 2006.

[24] ASTM D 3326-07. Standard Practice for Preparation of Samples for Identification of Waterborne Oils[S]. 2007.

[25] Jan H Christensen, Asger B Hansen, John Mortensen, et al. Characterization and Matching of Oil Samples Using Fluorescence Spectroscopy and Parallel Factor Analysis [J]. Anal.Chem, 2005 (77): 2210-2217.